U0332658

水霸权、安全秩序与制度构建

——国际河流水政治复合体研究

Hydro-hegemony, Security Order and Institution Construction:
On International Rivers Political Complex

王志坚 / 著

国家社科基金后期资助项目
出版说明

后期资助项目是国家社科基金设立的一类重要项目，旨在鼓励广大社科研究者潜心治学，支持基础研究多出优秀成果。它是经过严格评审，从接近完成的科研成果中遴选立项的。为扩大后期资助项目的影响，更好地推动学术发展，促进成果转化，全国哲学社会科学规划办公室按照“统一设计、统一标识、统一版式、形成系列”的总体要求，组织出版国家社科基金后期资助项目成果。

全国哲学社会科学规划办公室

目　录

第一章　问题的提出

“水政治”最早由 John Waterbury 于 1979 年提出。[①] 此后，该词被多个学者引用，分别用来描述各个不同的国际河流流域水的缺乏和冲突、流域国之间的水紧张[②]、水的竞争性利用以及水政治关系[③]，等等。当前，水政治已成为“发展中国家和国际社会将要面对和解决的最迫切、最复杂和最有争议的问题之一”[④]。国际河流冲突的持续存在、国际河流合作的困境、不断出现的新问题（气候变化、水缺乏、生态恶化以及环境污染等），使国际河流水政治研究越来越重要。国际河流冲突与安全秩序、国际河流水政治复合体及其权力结构、水霸权与国际河流合作等已经成为水政治研究重点关注的问题。

一　国际河流冲突：挥之不去的阴影

国际河流流域是一个非常重要的地理和法律概念。它是指一个延伸到两国或多国的地理区域，其分界由水系统（包括流入共同终点的地表水和地下水）的流域界线决定。[⑤] 国际河流流域是人类重要的生存空间，对国家和地区安全有着非常重要的意义。根据 2002 年联合国环境规划署、联合国粮农组织与美国俄勒冈州立大学联合出版的《国际淡水条约图集》（*Atlas of International Freshwater Agreements*），当时共有国际河流（流域）263 条[⑥]，所涉及的河流总径流量占全球河川流量的 60%，流域面积覆盖了地球陆地表面的

---

① J. Waterbury, *Hydropolitics of the Nile Valley* (New York: Syracuse University Press, 1979).

② S. Postel, *The Last Oasis: Facing Water Scarcity* (London: Earthscan Publications, Ltd., 1992).

③ J. A. Allan, *The Middle East Water Question: Hydropolitics and the Global Economy* (London: I. B. Tauris, 2001).

④ A. P. Elhance, *Hydropolitics in the 3rd World: Conflict and Cooperation in International River Basins* (Washington DC: US Institute of Peace Press, 1999).

⑤ 参见国际法协会 1966 年第 52 次会议通过的《国际河流利用规则》第 2 条。

⑥ M. A. Giordano and A. T. Wolf, “World's International Freshwater Agreements”, *Atlas of International Freshwater Agreements*. UNEP, FAO and OSU. 2002, p. 1.

45.3%，影响的人口约占世界人口的40%。[①] 国际河流的共享性以及全球水资源的稀缺性和重要性，使国际河流流域国家围绕河流开发利用的争端不断，影响着流域地区的安全状况。

国际河流争议和冲突伴随着现代国家的出现而产生，至今仍然普遍存在。如亚洲的恒河流域、中东的约旦河流域以及两河流域、非洲的尼罗河流域，流域国之间的冲突一直没有停止。在20世纪的后50年里，由水资源问题引发的1831起事件中，有507起具有冲突的性质。其中37起具有暴力性质，并且有21件演变成为军事冲突。[②] 2003年3月16~23日在日本召开的第三届世界水论坛上，联合国环境规划署发表了一份调查报告，指出世界上263条国际河流中，有158条存在程度不同的各类管理问题。国际河流冲突在全球五大洲普遍存在，这些争端大多发生在亚洲和非洲等发展中国家比较集中的地区。[③] 长期以来，水政治研究的地理范围多集中在中东和北非。[④]

国际河流冲突给国家和地区安全带来诸多不稳定因素。国际水资源协会的一些专家在1991年第七届世界水资源大会上指出，水资源问题是国家之间冲突的根源之一，特别是那些处于干旱和半干旱地区的国际河流，更有可能成为国家之间战争的导火索。而在1998年，世界环境与发展委员会（WCED）也提出了一份报告，指出水资源问题已经成为引起世界危机的主要问题。在这种背景下，学者们将水政治和水战争概念紧密结合在一起，冲突论一度处于国际河流研究中的主流地位。

虽然学者们预期的水战争迟迟没有出现，但这并不意味着国际河流冲突已经消失，只不过这些冲突还没有达到战争的级别。一直以来，国际河流冲突大多集中在水量分配和基础设施建设的问题上。美国俄勒冈州立大学的跨界淡水争端数据库（TFDD）记录的水事件中约有64%的问题可以归为这

---

① A. T. Wolf, J. Natharius, J. Danielson, B. Ward, and J. Pender, "International River Basins of the World", *International Journal of Water Resources Development*, Vol. 15 (1999. 4), pp. 387–427.

② A. T. Wolf, S. B. Yoffe and M. Giordano, "International Waters: Identifying Basins at Risk", *Water Policy*, Vol. 5 (2003. 1), pp. 29–60.

③《联合国环境规划署：150条"国际"河流可能引起国际争端》，《世界科技研究与发展》2003年第3期。

④ 例如 Waterbry (1979); Falkenmark (1989); Wolf (1998); Elhance (1999); Allan (2001) 的研究都是围绕这些区域水问题进行的。

两类（1945～1999 年数据，其中水量分配冲突比重高达 45%）。

因而，要处理好国际河流安全问题，确定各流域国用水份额是国际河流开发利用的核心问题。但从国际河流实践中看，国际河流水分配争端问题经常被隐藏或者故意忽视，而且国际河流涉及主权问题，用水问题就成为国家安全的一部分，有些资料和数据被定性为机密[①]，这给国际河流冲突的避免与解决带来了困难。可以预见，国际河流冲突在未来很长一段时间里将继续存在。美国俄勒冈州立大学沃尔夫（Wolf）教授的“危险中的流域”（basin at risk）研究不但指出了全球水冲突的趋势，建立了国际河流状况激烈变化和机制能力之间的关系，而且根据当前的资料分析出未来最有可能发生冲突的 17 条国际河流（见表 1－1）。[②]

表 1－1　全球 17 条未来面临冲突的国际河流流域[③]

流域名	流域国	流域面积（平方公里）	流域名	流域国	流域面积（平方公里）
拉普拉塔河	阿根廷	817262	林波波河	博茨瓦纳	81068
	玻利维亚	244643		莫桑比克	86970
	巴西	1375121		南非	183049
	巴拉圭	398806		津巴布韦	62465
	乌拉圭	111148	奥卡万戈河	安哥拉	149428
伦帕河	危地马拉	2515		博茨瓦纳	357216
	洪都拉斯	5301		纳米比亚	175603
	萨尔瓦多	10156		津巴布韦	22688
库拉—阿克河	俄罗斯	55	奥兰治河	博茨瓦纳	121338
	亚美尼亚	29670		莱索托	19938
	阿萨拜疆	61830		纳米比亚	239531
	格鲁吉亚	34326		南非	563244
	伊朗	39818	库内内河	安哥拉	95066
	土耳其	27722		纳米比亚	14574

① M. Zeitoun and J. A. Allan, “Applying Hegemony and Power Theory to Transboundary Water Analysis”, *Water Policy* (2008. Supplement 2), pp. 3－12.

② A. T. Wolf, S. B. Yoffe and M. Giordano, “International Waters: Identifying Basins at Risk”, *Water Policy*, Vol. 5 (2003. 1), pp. 29－60.

③ 流域面积数据来源：俄勒冈州立大学 TFDD 数据库，http://www.transboundarywaters.orst.edu。

续表

流域名	流域国	流域面积（平方公里）	流域名	流域国	流域面积（平方公里）
鄂毕河	中国	14013	赞比西河	安哥拉	253670
	哈萨克斯坦	747149		博茨瓦纳	18717
	蒙古	169		莫桑比克	162978
	俄罗斯	2203143		马拉维	109979
萨尔温江	中国	127667		纳米比亚	17107
	缅甸	106746		坦桑尼亚	27237
	泰国	9062		刚果（金）	1197
图们江	中国	20306		赞比亚	574771
	朝鲜	8333		津巴布韦	214541
	俄罗斯	481	塞内加尔河	几内亚	30661
恒河	孟加拉国	106886		马里	150372
	不丹	39837		毛里求斯	218428
	中国	320565		塞内加尔	35057
	印度	1014953	乍得湖	中非	217382
	缅甸	87		喀麦隆	46486
	尼泊尔	147142		阿尔及利亚	89681
湄公河	中国	171363		利比亚	4633
	柬埔寨	157831		尼日尔	671812
	老沃	197254		尼日利亚	179483
	缅甸	27581		苏丹	82860
	越南	37986		乍得	1088152
	泰国	193457	因科马蒂河	莫桑比克	14618
汉江	韩国	25124		斯威士兰	2960
	朝鲜	10114		南非	29065

我国是世界上国际河流（流域）最多的国家之一，数量仅次于俄罗斯、美国、智利，与阿根廷并列第4位。[①] 在我国15条重要的国际河流中，有12条发源于中国，且多为世界级大河。国际河流流域涉及越南、朝鲜、俄

① 根据俄勒冈州立大学TFDD数据库国际河流登记统计而得。http：//www. transboundarywaters. orst. edu/database/interriverbasinreg. html。

罗斯、印度等19个国家，其中14个为陆地接壤国，影响人口近30亿。[①]我国国际河流年径流量占全国河川年径流量的40%[②]，大部分国际河流水量充沛，水力资源丰富，每年流至境外的径流量高达4000亿立方米。[③]虽然国际河流众多，但我国是世界上水资源贫乏的国家之一，特别是人均水资源水平更低，仅为世界平均水平的1/4。因此，国际河流流域安全不仅关系到我国国内经济建设和国际河流沿岸地区经济的平衡与稳定，还关系到我国与周边国家的关系。当前，我国周边国际河流流域都或多或少存在一些安全问题，对我国国家安全乃至地区安全产生了重大影响。我国有一些河流，如雅鲁藏布江—布拉马普特河、额尔齐斯河—鄂毕河、澜沧江—湄公河、怒江—萨尔温江、图们江被认为是未来5年到10年里有相当政治压力的国际河流。[④]因此，研究国际河流流域安全问题对我国来说尤为重要。

二 国际河流合作：如何实现流域和地区安全

流域国家共享一条河流，存在相互依存关系，安全利益紧密结合在一起，实现流域合作也因此成为流域国家共同的努力目标。在国际河流实践中，流域国之间签订各类国际河流条约，形成多种国际河流合作理念和模式，进行全流域合作或者区域有限合作，在一定程度上促进了流域和地区安全。但从整体情况看，目前大多数国际河流流域都处于冲突与合作并存的状态，在很多流域地区，虽然国家间缔结了条约，形成了合作机制，但冲突并没有明显消减。例如尼罗河、约旦河、湄公河、幼发拉底河等国际河流，虽然都有一定数量的条约存在，但冲突仍在继续，有些流域甚至是未来冲突的热点地区。

这种情况是国际河流流域普遍存在的权力不对称所造成的。权力结构对流域合作有着很大的影响。不对称的权力结构，使流域内的合作并不都

① 邓宏兵：《我国国际河流的特征及合作开发利用研究》，《世界地理研究》2000年第2期。

② 刘恒、耿雷华、钟华平等：《关于加快我国国际河流水资源开发利用的思考》，《人民长江》2006年第7期。

③ 刘丹、魏鹏程：《我国国际河流环境安全问题与法律对策》，《生态经济》2008年第1期。

④ A. T. Wolf, Shira S. B. Yoffe, and Mark Giordano, "International Waters: Identifying Basins at Risk", *Water Policy*, Vol. 5 (2003. 1), pp. 29 – 60.

是建立在流域国平等、自愿参与的基础之上。有些合作甚至可能是以高压或者暂时的妥协和服从为基础的。[1] 那些实力强大处于优势地位的国家，在国际河流合作中占据了主导地位，有些国家的力量甚至强大到能够占据支配地位，控制水资源合作的方式和结果，成为水霸权。地区各国权力结构对流域合作的影响如此巨大，以至于有学者认为，国际流域合作的结果大多由实力决定，当前国际河流的合作，很少是以公正规则和公平利用跨界水资源为基础的。[2]

从国际河流实践来看，国际河流流域内的合作分成以下几种情况：霸权支配中的合作，优势国家主导下的合作和流域国平等合作。霸权支配中的合作与优势国家主导下的合作，其合作受霸权和优势国家影响较大，其合作结果可能与公平合理利用背离，特别是霸权支配下的合作，其背离程度更为明显。流域国间的权力结构处于不断地变化之中。当霸权地位动摇、支配力量衰弱时，非霸权国家就会要求对等的权利和义务，合作就会处于不稳定之中。

有学者认为，虽然权力不对称是一直存在的，但流域国可以通过缔结条约来建立国际河流机制，规定一般公平性的互动规则以促进流域公平。机制的有无和强弱，决定着流域是否安全以及安全程度。“如果缺乏法律约束，相对强大的下游国家就开始通过经济和军事威胁来建立合作机制，而相对弱小的流域国则默许这种状况，从而使流域各国水利用实践相对平稳。”[3] 而沃尔夫也认为，“如果来自于流域内的自然环境或社会变化，超出了现存机制的消化能力，就可能发生冲突”[4]。例如，英帝国的坍塌造成了一些国际河流流域出现一系列激烈冲突：约旦河、尼罗河、底格里斯河—幼发拉底河、印度河，这些河流流域的约束机制普遍偏弱。有些

---

① N. Mirumachi and J. A. Allan, “Revisiting Trans boundary Water Governance: Power, Conflict, Cooperation and the Political Economy”, *International Conference on Adaptive and Integrated Water Management* (November 2007, Basel, Switzerland), pp. 12 – 15.

② M. Zeitoun and J. A. Allan, “Applying Hegemony and Power Theory to Transboundary Water Analysis”, *Water Policy* (2008. Supplement 2), pp. 3 – 12.

③ E. Benvenisti, *Sharing Transboundary Resources International Law and Optimal Resource Use* (Cambridge: Cambridge University Press, 2002).

④ A. T. Wolf, S. B. Yoffe and M. Giordano, “International Waters: Identifying Basins at Risk”, *Water Policy*, Vol. 5 (2003. 1), pp. 29 – 60.

国际河流流域未来面临政治危险，原因也在于机制能力建设不足以应对新出现的变化。[1] 因而，在流域国之间缔结国际河流条约，形成国际河流机制，是消除冲突走向合作、建构国际河流安全秩序的重要方法。

制度的形成确实有助于流域国之间形成有效的互动并促进合作，但当前存在的问题是，并不是所有国际河流流域都存在合作机制。即使有的国际河流域存在合作机制，但也并不是所有的流域国都参与其中。而且，机制的存在，并不必然保证流域国之间能够形成长久稳定的合作关系。孔卡（Conca）和他的团队选取了37条国际河流的62个条约进行分析后发现，在这62个国际河流条约中，46个条约本质上是双边条约，16个是三边或者多边条约[2]，而2/3的双边条约所涉及的流域，都有3个以上的流域国家。也就是说，有一些流域国在缔结条约时被故意忽略了。全流域条约的缺乏，极大地削弱了条约的合法性和有效性。特别是一些重要流域国没有参与的条约，其规定根本无法在现实中得到遵守。

三　国际河流水政治研究：该如何进行

国际河流河水流过静态的国家边界，将不同的流域国家联系在一起，给政治科学理论带去很多来自河水本身的特色。例如，水的流动性使意识形态、社会发展水平以及文化传统各不相同的流域国家统一于国际河流流域内；由于共享一条河流，这些各不相同的流域国之间不得不形成相互依赖却又相互矛盾的关系；各国际流域组成一个个独立的水政治复合体，并成为国际河流水政治的研究单元。学者们主要通过对国际河流水政治复合体进行动态的权力分析，分析国际河流机制的形成过程，解析流域国之间为什么要合作以及如何进行合作。

（一）国际河流水政治研究现状

国际河流水政治研究主要围绕国际河流冲突与合作、水政治复合体与

① J. H. Hamner and A. T. Wolf, "Patterns in International Water Resource Treaties: The Transboundary Freshwater Dispute Database", *Colorado Journal of International Environmental Law and Policy*, 1997 Yearbook, pp. 157 – 177.

② K. Conca, *Governing Water: Contentious Transnational Politics and Global Institution Building* (Cambridge, MA: MIT Press, 2006).

水霸权等问题进行。

1. **有关国际河流冲突与合作研究的主要学派和观点**

有关国际河流冲突与合作研究一直是水政治研究的重点。国外在这方面已经有一些有重要影响的研究。例如，沃尔夫教授领导下的跨界淡水争端数据库（TFDD）、马里兰大学孔卡领导下的全球水体系研究、奥斯陆国际和平研究所格莱迪奇（Gleditsch）领导下的国际水问题研究以及南非水问题研究所（AWIRU）特顿（Turton）领导下的南部非洲水政治复合体的研究等，都是一些有重要意义的研究。这些团队也因此成为在国际河流研究领域有着巨大影响力的研究团队。

沃尔夫主持建立的国际河流冲突和合作信息的TFDD数据库，收集了全球263条国际河流（流域）的自然地理情况、流域社会经济情况，并将20世纪后50年内的1831次水事件[①]分为15个等级，显示事件的强烈程度。沃尔夫教授团队将这些数据输入地理信息系统（GIS）平台，作为分析的基础。他们的核心观点是，制度能力是减少国际河流流域潜在冲突的关键因素。

马里兰学派（The Maryland School）利用TFDD和粮农组织FAOLEX数据库，结合国际水资源条约、宣言、行为和案例的评价指标体系，提取了从1980年到2000年涵盖36条国际河流的62个国际河流协议的数据，并对此进行了分析。[②] 结论认为，国际河流标准规范没有深化，在国际河流谈判中，国家主权的概念受到尊重，流域国家间积极合作的历史有利于减轻冲突。

奥斯陆学派（The Oslo School）的研究也是在俄勒冈沃尔夫学派的研究基础上进行的。该学派的研究人员以TFDD数据库和联合国自然资源、能源与运输中心（CNRET）1978年的研究为基础，建立了专门数据库，对水战争专家提出的观点进行检验。奥斯陆学派在有关和平互动历史方面的观点和沃尔夫学派、马里兰学派的观点是一致的，认为历史上好的互动对未来争端

① S. Yoffe, A. T. Wolf and M. Giordano, "Conflict and Cooperation over International Freshwater Resources: Indicators of Basins at Risk", *Journal of the American Water Resources Association*, Vol. 39 (2003. 5), pp. 1109 - 1125.

② See: K. Conca, F. Wu and J. Neukirchen, *Is there a Global Rivers Regime? Trends in the Principles Content of International River Agreements*, A Research Report of the Harrison Program on the Future Global Agenda, University of Maryland (September 2003).

的和平解决起着好的作用。[①] 他们的核心观点是水和冲突之间没有因果联系。换句话说，水战争观点没有得到现实世界统计数据的支持。

南非水问题研究所（AWIRU）的特顿和他的团队对 TFDD 等数据进行了更为现实和细致的研究。他们收集了南部非洲国家间协议的信息，记录了南非作为流域国的国际河流水政治历史[②]，首次编纂了南非作为签字国的正式协定的数据库，并对南部非洲水政治复合体进行了深入的剖析。

国内学者从环境科学、法律、管理学以及国际关系等不同的学科角度，剖析了国际河流水冲突、水资源对国际关系的影响，流域一体化管理以及流域生态环境等问题，取得了一些有价值的成果。例如，朱和海的中东水冲突研究、何大明主持的澜沧江流域的可持续发展研究、何艳梅对国际水资源公平合理利用原则的分析、谈广明的国际河流管理研究和王志坚的国际河流与地区安全以及国际河流法研究等，都是这方面具有一定代表意义的成果。

2. 对水政治复合体和水霸权的研究

依托 1991 年布赞（BuZan）提出的安全复合体概念，舒尔茨（Schulz）在研究两河流域时，提出了水政治复合体的概念。[③] 此后，特顿等人形成了南部非洲发展共同体（SADC）地区国际河流水政治因素的概念模型。[④]

---

① N. P. Gleditsch, K. Furlong, H. Hegre, B. Lacina and T. Owen, *Conflicts over Shared Rivers: Resource Scarcity or Fuzzy Boundaries?* (Oslo: International Peace Research Institute (PRIO) 2005).

② A. R. Turton, "The Evolution of Water Management Institutions in Select Southern African International River Basins", in Asit K. Biswas et. (eds.) *Water as a Focus for Regional Development* (London: Oxford University Press, 2004), pp. 251 – 289.

③ M. Schulz, "Turkey, Syria and Iraq: A Hydropolitical Security Complex", in Ohlsson L. (ed.) *Hydropolitics: Conflicts over Water as A Development Constraint* (London: Zed Books, 1995), pp. 91 – 122.

④ A. R. Turton, "Environmental Security: A Southern African Perspective on Transboundary Water Resource Management", in *Environmental Change and Security Project Report.* The Woodrow Wilson Centre (Summer 2003, Issue 9).

A. R. Turton, "An Introduction to the Hydropolitical Dynamics of the Orange River Basin", in M. Nakayama (ed.) *International Waters in Southern Africa* (Tokyo: United Nations University Press, 2003), pp. 136–163.

A. R. Turton and A. Earle, "Post–apartheid Institutional Development in Selected Southern African International River Basins", in C. Gopalakrishnan, C. Tortajada and A. K. Biswas (eds.) *Water Institutions: Policies, Performance & Prospects* (Berlin: Springer – Verlag, 2005), pp. 154 – 173.

在对水政治复合体进行权力分析时，吉托恩和艾伦将权力分为经济、军事、政治权力，流域国位置（上游、下游）和资源利用潜力（基础设施、技术能力）。[①]

总的来说，学者们一般承认水政治复合体内存在四种权力：地理权力、物质权力、议价权力和观念权力。地理权力来自流域国地理优势，这种地理优势赋予上游国家控制水流的能力；物质权力包括经济权力、政治权力、技术能力以及国际政治和财政支持；议价权力是指参与者控制游戏规则和设置日程表的能力；观念权力是指“统治思想的能力”，即流域强国将某一观念和理论合法化的能力。[②]

在对一些国际河流的权力结构进行案例分析时，学者们将这些理论进一步深化。吉托恩等人在对中东、北非的三条跨界河流（约旦河、尼罗河和两河）的研究中，提出隐蔽的权力在跨界水环境下更为重要。[③] 贾格斯科格则认为，流域国位置和资源利用能力是衡量某一个流域国对国际河流控制程度的重要因素，但霸权最终反映的是流域经济和政治能力。[④] 政治经济能力高的国家在国际河流开发利用和管理中处于优势地位，在流域机制建构中起着较大的作用，其中有一些流域国甚至处于支配地位，成为流域水霸权。

水霸权的概念最早由洛维在 1993 年提出。2006 年，吉托恩在分析水政治复合体权力结构时对水霸权的概念进行了界定，认为水霸权是流域最有权力的参与者，将自己的政策施加给其他的参与者。他还认为“土耳其、南非和中国是上游霸权；阿富汗、尼泊尔和埃塞俄比亚是上游国但不是霸权。埃及是下游霸权，孟加拉国和墨西哥位于下游也不是水霸权”[⑤]。在这里，水霸权是在国际河流流域拥有支配性权力的流域国，它可以运用

① M. Zeitoun and J. A. Allan, “Applying Hegemony and Power Theory to Transboundary Water Analysis”, *Water Policy*, Vol. 10 (Supple 2, 2008), pp. 3 – 12.

② S. Lukes, *Power: A Radical View* (Second Edition) (London: Palgrave Macmillan, 2004).

③ M. Zeitoun and J. Warner, “Hydro – hegemony: A Framework for Analysis of Transboundary Water Conflicts”, *Water Policy*, Vol. 8 (2006), pp. 435 – 460.

④ A. Jagerskog, “Prologue – special Issue on Hydro – hegemony”, *Water Policy*, Vol. 10 (Supple 2, 2008), pp. 1 – 2.

⑤ M. Zeitoun and J. Warner, “Hydro–hegemony a Framework for Analysis of Transboundary Water Conflicts”, *Water Policy*, (2006. 8), pp. 435 – 460.

其权力地位接受、控制河水，而不是与他国公平共享，或者以其支配方式达到它们的资源目标。这种控制没有取得非霸权流域国家的认同。霸权国可能获得更多的水流，或者控制在其他领域获得利益的水资源。当目标不同时，流域国之间围绕国际河流进行互动的本质和合作的方式由霸权国决定。①

但复合体内权力关系不是静态的，现状也不是永远不变的。权力关系不断被竞争和受到挑战，流域合作与冲突都处于不断地变化之中。埃斯卡米反对将水霸权概念化，他重点分析了埃塞俄比亚如何在积极外交、战略合作以及资金调动中运用讨价还价的能力以提高它在尼罗河流域中的地位。②

（二）国际河流水政治研究的逻辑起点

国际河流流域是一个有着社会政治意义的地理概念。流域国家因共享一条河流而相互影响、相互制约，彼此联系紧密，使国际河流流域成为一个特殊的地理区域。流域国家围绕一个核心的安全问题——水资源问题——进行互动，使水资源问题与其他问题联系在一起，形成了一组相互关联的安全关系。流域国家因为这些水政治问题紧密地联系在一起，国际河流水政治复合体的概念应运而生，并成为国际河流水政治的研究单元。

国际河流水政治复合体概念来源于国际关系理论中区域安全的研究。1983 年，布赞首次提出了“区域安全复合体理论”，开始从区域的视角来审视安全。1995 年，舒尔兹在分析两河流域安全时，根据布赞的区域安全复合体理论，提出了水政治复合体的概念，认为土耳其、叙利亚和伊拉克构成了两河水政治安全复合体，并在此基础上对两河水政治关系进行了分析。2003 年，McQuarrie 等也从水政治复合体概念出发，将约旦河流域作为一个水政治复合体，研究中东水问题。

在水政治复合体内，水是流域国家在地缘政治中必须考量的重要变量。水资源富足的国家比那些依赖外部来水的缺水国家具有更大的战略独

---

① M. Zentner, *Design and Impact of Water Treaties: Managing Climate Change* (Springer, 2012 edition).

② A. E. Cascão, “Ethiopia-Challenges to Egyptian Hegemony in the Nile Basin”, *Water Policy*, Vol. 10 (2008. S2), pp. 13 – 28.

立性和主动性，因而在竞争中占据优势地位。流域国家需要提升自己在流域权力结构中的地位，通过各种权力（硬权力和软权力）宣传观念，主导方向并最终建立起对自己有利的国际河流制度，以获取流域更多的水资源。复合体内的权力结构不但影响着流域国家的行为，而且影响着流域内资源分配机制，因而成为国际河流水政治研究的逻辑起点。

（三）国际河流水政治研究的核心问题

流域国之间形成和谐稳定的合作关系与良好的安全秩序，是流域国及国际社会希望达成的理想状态。这种理想状态的实现，需要流域国之间有着良好的互动，相互沟通达成共识，最终通过缔结条约，确立健全合理的制度并加以执行。但从现实情况看，国际河流法律制度是零碎的、不统一的，呈现“一条河流一个制度”的状态，普遍适用的国际河流法规在执行中遇到一些问题，那些零碎的只适用于单一国际河流的法律制度，其执行效果也不理想。其原因是一些流域国家缺乏参与和执行机制的动机和热情。因此，要实现国际河流流域安全的美好理想，就必须解决国际河流流域安全秩序形成的核心问题——动力问题。也就是说，我们需要回答流域国为什么要缔结条约，进行合作。只有回答了这个问题，我们才能找出促使流域国家缔结公正的条约来形成和谐的国际河流体制的对策。

四 本书的研究目的、结构和技术路线

本书的研究目的是通过对国际河流水政治复合体权力结构的分析，找出国际河流制度形成和运行的动力，寻求实现国际河流流域和谐秩序的现实路径；通过对国际河流水政治复合体理论和实践的评析，分析我国国际河流的现状和困境，提出可能的对策，为我国确立正确的国际河流政策服务。例如，书中对水霸权问题的研究，就是通过理论和实证分析，提出了全新的水霸权判断标准，为我国应对西方国家和一些下游流域国散布的“中国水霸权”舆论攻击提供理论准备。

本书共分为六章。

第一章是从国际河流理论研究和实践中存在的问题出发，对国际河流水政治研究的现实状况进行了评述，对本书的研究目的、思路和结构进行

简要说明。

第二章是有关国际河流水政治复合体的理论问题，主要包括国际河流水政治复合体的概念界定、水政治复合体的类型和特征，以及国际河流水政治复合体的权力结构。指出国际河流水政治复合体是，水政治问题非常紧密地联系在一起，其现实的国家安全不能被彼此分开考虑的一组国际河流流域国家。它们因为地缘关系而相互依赖，其安全动力主要来自对国际河流安全的共同关注。它们因为各自不同的客观地理条件以及社会、经济条件，存在敌对或者友善的关系，形成了不同的安全模式。某一流域国家对其他流域国家以及水政治复合体的影响，是通过手中拥有的权力资源来实现的。流域国家的权力资源包括地理位置、军事能力、经济实力、政治权力、理论观念等。其中，结构权力、经济权力属于硬权力，观念权力、政治权力等属于软权力。国际河流水政治复合体权力结构呈现一种非对称性的权力情境，一些国家因地理位置优势、国家军事和经济实力强大而占据水政治复合体中的优势地位甚至成为水霸权。当前对水霸权的评判标准是流域国家的客观实力和主观动机，但这种标准存在一定的局限性，不能科学地评估权力结构对水政治复合体机制构建的影响，因而必须形成新的标准，即客观要件、主观要件和结果要件，其中结果要件是评判流域国家是否成为水霸权的核心标准。

第三章对国际河流水政治复合体现状进行了分析。虽然流域国家为了避免冲突进行了一些合作的努力，但由于水资源的日益短缺以及国际河流的跨国性，使冲突的发生仍然具有潜在的可能性，气候变化、人口发展等因素使冲突有了现实的可能性。特别是在缺水地区，流域国家在水资源方面的利益冲突更为尖锐，水条约很难达成，有一些河流的水冲突相当激烈。由于复合体内权力结构的不对称性，流域国之间的合作也难以稳定持久。不对称权力结构对水政治复合体安全机制建设的影响显著而深刻，如果不能够改变这种权力结构，复合体国家间的关系将始终在冲突与合作之间徘徊。从现实情况看，国际河流流域内的水霸权确实在一定程度上维持了国际河流水政治复合体的稳定，推动了国际河流合作。但从本质上说，水霸权指导下的合作，客观上导致不公平的结果，其所形成的安全秩序，不是建立在各流域国家权利义务对等的基础上的，国际河流流域无法实现和谐秩序。

第四章对水政治复合体内流域国家间的互动进行了分析，并结合分析提出了流域国家提升软权力建构国际河流机制的问题和对策。指出在应对国际河流流域安全问题中，一部分流域国家采用了均势理论，通过相互结盟、引进外援等手段提升自己的权力，以促进合作，维持均衡。在国际关系现实主义流派中，权力是左右国际关系基本结构及其走向的决定性因素，是应对威胁的首要手段，即通过权力制约权力，通过国家间的均势和抑制，产生稳定和秩序。而流域优势国家或者水霸权则采用提升软权力的方式应对新问题，确保自己在水政治复合体中的主导地位。这主要是由于多数国际河流水政治复合体中的权力结构，都属于由一个流域国占优势或者成为水霸权的形式，但优势国家或者水霸权与其他流域国家力量差距都不大，不能实现对其他流域国家的完全控制，硬权力的使用往往使冲突的风险增加。从结果上看，均势并没有促使水政治复合体达成合作安全，而软权力的提升则在一定程度上维持了稳定，取得了一些成效。但提升软权力也必须在公平合理的原则下进行，其结果依然要实现流域国之间的权利义务对等。

第五章对建构国际河流水政治共同体的必要性、可能性和具体途径进行了探讨，分析了国际河流流域面临的制度建设困境、制度建设的可能性以及构建合法有效的国际河流机制的具体途径。指出当前国际河流水政治复合体普遍处于安全机制模式，复合体内多缺乏合法有效的合作机制。复合体内流域国家的互动，也主要表现为利用“权力均衡”“联盟”“引进外援”“关联博弈”等策略进行相互制约，即使流域内有制度也难以得到执行。在制度缺乏或者不能有效执行的情况下，水资源的竞争利用就不可避免，冲突必然发生。从冲突向合作的转变，是通过合作安全完成的。国际河流流域安全威胁的存在、流域国家的相互依存产生的共同利益，使流域国家产生了合作的需要。流域国家合作促进安全共识的达成，为建构国际河流水政治安全共同体提供了可能。由于流域国家存在缔约和履约动力不足的问题，因而国际河流水政治共同体的建构，就必须围绕如何促进流域国家缔结条约以及如何促进流域国家有效履行条约这两个问题展开。为了解决这两个问题，首先，我们要重视国际河流理论对机制建构的引导作用。其次，必须形成科学客观的机制建构的框架体系。这个框架体系必须能够体现人类共同利益，权利边界明确。最后，我们要积极促进合法有效的国际河流机制的形成，搭建数据信息交换平台，使流域国能够相互商讨，形成互信。

第六章是国际河流水政治复合体的理论和实践研究对我国的启示以及对策建议。指出中国国际河流流域安全不但关系到我国国内经济建设和区域经济平衡与稳定，还关系到我国与周边国家的关系。中国国际河流水政治复合体均处于安全机制模式，组成水政治复合体的流域国家多为发展中国家，经济发展迅速，对水的依赖程度高，国际河流水资源供求矛盾突出，水压力较大，冲突发生的可能性也较大。我国与周边流域国之间也形成了一些合作机制，但这些机制主要集中于环境保护与信息共享，不存在全流域实质分水协议，缺乏争端的解决与预防机制。虽然我国在国际河流水政治复合体中无论是地理位置还是政治经济实力都处于优势，但这些优势被下游流域国结盟或域外势力干扰等因素消减，我国在与其他国际河流流域国的谈判中处于事实上的被动地位，不但受制于名义上的水霸权舆论，而且在某些水政治复合体内丧失话语权，在机制建构方面处于弱势，未能起到应有的主导作用，没有真正体现出我国在周边国际河流流域中的优势地位。要改变这种局面，我们只能提升自己的软权力，通过构建国际河流理论以及舆论宣传，争取国际河流水政治复合体中的话语权和国际河流机制建设中的主导地位，实现国际河流公平合理利用的目标。

一方面，国际河流流域是一个自然地理区域，国际河流流域安全中的人地和谐的问题，涉及水文学、生态学、地理学等学科领域。另一方面，国际河流流域有着社会政治意义，国际河流的跨国性使国际河流流域安全牵涉国与国之间的互动，涉及法律、国际关系等学科。其中，水文、生态、地理以及法律给国际河流安全秩序的形成和国际河流水政治共同体的构建提供了科学理性标准，给国际河流安全秩序描述了静态的美好图景。国际关系则将这美好图景置于动态的情景中，通过国家间互动行为以及国际河流水政治复合体权力结构的分析，给水政治共同体的构建提供了切实可靠的路径。这是一个跨学科的理论架构，虽然笔者已尽力阐述其中的机理，但囿于知识储备和论述能力的局限，疏漏与不足在所难免。本书对于国际河流水政治复合体的研究、对国际河流水政治共同体的构想都只是初步的，目的是抛砖引玉，吸引学者们关注国际河流流域安全问题，进行更有价值的研究。

本研究的技术路线如图 1－1 所示。

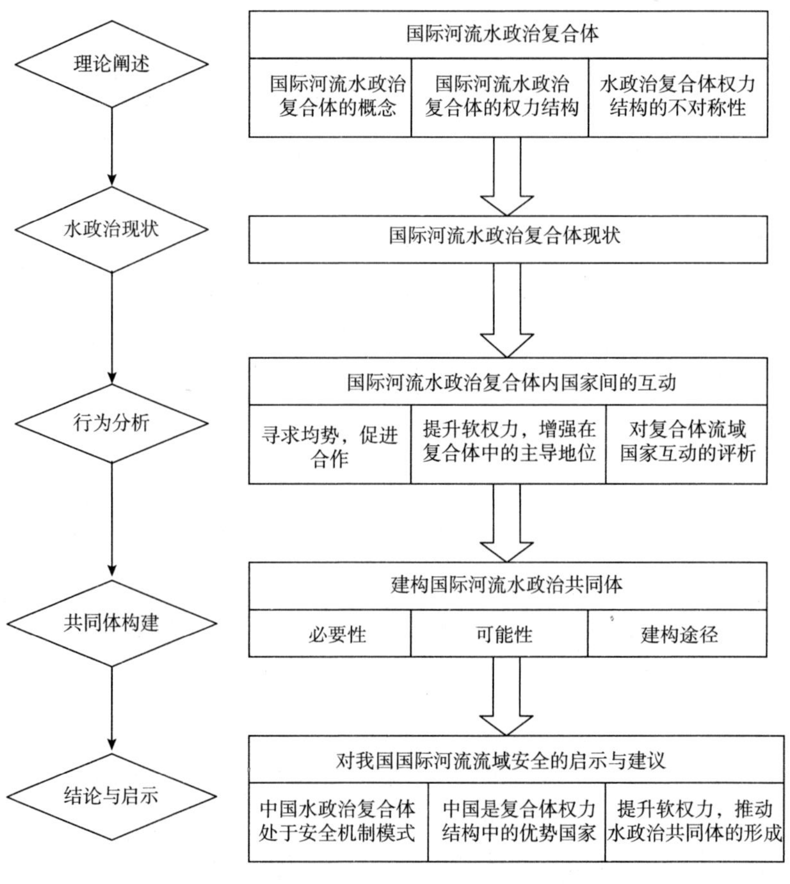

图 1－1 本研究技术路线

第二章　国际河流水政治复合体

自20世纪80年代开始，安全研究领域开始出现区域化的趋势，区域安全复合体的概念也随之出炉。在国际河流流域，流域国家之间因为共享国际河流而有着特殊的地缘关系。它们同处于国际河流这一水文系统内，甚至以国际河流为自然边界，存在相互依赖的利益关系，笔者认为可以将其作为独特的区域进行研究。在这个区域内，国际河流流域国家之间的多数问题都与水有关，流域国家因河水问题进行各种形式的对话与互动，涉及国家政治稳定、地区安全、经济繁荣、环境保护、可持续发展等问题，带有强烈的政治意味，这些国家即组成国际河流水政治复合体。

第一节　国际河流水政治复合体的概念

冷战结束后，安全研究出现了区域化的趋势，区域安全复合体理论得以产生。国际河流流域作为一个独特的区域，开始进入学者们的视野。有学者在研究两河、南部非洲一些国际河流流域安全时，提出了水政治复合体的概念，指出土耳其、叙利亚、伊拉克和南非及其部分邻国分别构成了两河及南非水政治安全复合体。国际河流水政治复合体与其他安全复合体相比，有其独有的特征。

一　区域安全复合体

冷战结束导致两极格局瓦解，世界全球化进程加速，给各国带来新的挑战。许多国家都选择通过区域层面上的反应来应对全球化的挑战[①]，“多数国家将它们的安全关系，首先视为地区系统而不是全球系统，因而，当

---

① M. Beeson, “Rethinking Regionalism: European and the East Asia in Comparative Historical Perspective”, *Journal of European Public Policy*, Vol. 12 (2005. 6), pp. 969 - 985.

它们面对全球问题时，便可能将这些问题视为由地区背景来确定，实际上地区统治着安全观念”[1]。国际体系逐渐呈现的区域化趋势，带动了区域安全研究。20 世纪 80 年代中期以来，“新区域主义”研究（以区域一体化为主要特征）和“新安全”研究（以“宽泛安全”为主要议题）逐步融合，并形成了一个全新的研究领域——安全区域主义。1991 年，布赞在《人、国家与恐惧》一书中首次提出了其核心理论成果“区域安全复合体理论”（regional security complex theory，RSCT）。几年后，沙利文（Michael J. Sullivan）提出将世界 162 个国家分为五个大区（zones）、15 个区域（regions）。[2] 在划分五个大区（欧洲、伊斯兰、非洲、亚洲、拉美）时虽然考虑到文明中心及其辐射圈的因素，但基本上是根据地域划定的。每一大区中的三个区域的划分，主要考虑的也是其地理位置的延续。

2003 年，布赞在《地区安全复合体与国际安全结构》中，进一步区分了国际安全结构中的全球层次和地区层次，地区层次的安全结构也被纳入理论研究视野。布赞认为，地区层次是“国家安全和全球安全两个极端彼此交会的地方，也是大多数行动发生的地方”[3]，从而他将全球层次与地区层次相连接，构成完整意义上的国际安全新结构。布赞认为自去殖民化以来，地区层次在国际安全结构中的重要性日益增加，地区安全的相对自治构成了国际安全关系的一种模式。一般来说，地区安全是整个国际体系安全的一个主要组成部分，只有某些世界超级大国具有极端支配性地位时，地区安全才有可能暂时退居次要地位。

布赞的区域安全复合体理论从区域的视角来审视安全，将安全复合体解释为“地理上相邻、安全关系密切联系的一组国家，这些国家之间的安全关系如此紧密，以至于这些国家必须整体考虑安全，不能分开”[4]。这些

---

① G. Evans and J. Newnham, *Dictionary of International Relations* (New York: Penguin, 1998), p. 492.

② J. Michael Sullivan III, *Measuring Global Values: The Ranking of the* 162 *Countries* (New York: Greenwood Press, 1991), p. 4.

③ 胡勇等：《一种研究国际安全结构的地区主义方法——地区安全复合体与国际安全结构评介》，《国外社会科学》2010 年第 11 期。

④ B. Buzan. *People, States and Fear: A Agenda for International Security Studies in The Post-Cold War Ear* (New York: Harvester-Wheatsheaf, 1991), p. 201.

区域安全复合体的存在有一定的前提条件和构成要素：单元安排和它们之间的差异、友善和敌对模式、主要单元中的权力分配。[①] 其中，国家之间存在足够的安全相互依赖关系，使该安全复合体与周围其他的安全区域相区别，是区域安全复合体形成的第一要素。由于大多数威胁在近距离传播比远距离传播更容易，相关国家因地理邻近而相互依赖，形成一个“次全球的、地理上紧密相关的”以地区为基础的单位。该复合体有一定的边界（区域边界），有两个以上的自治单位，单位之间有着权力分配关系，存在友好和敌对两种模式的社会关系。

与现实主义一样，区域安全复合体理论也重视复合体内的权力和权力结构。“权力”是现实主义国际关系理论的核心概念，是“某一单元的行动能力，体现了单元内不同要素之间的力量对比以及各要素的利益，表现了各要素维护自己利益的方式”[②]。而权力结构则是国际政治体系中“各单元权力的排列方式”[③]。正是每一个区域复合体内有自己独特的权力和权力结构，这些复合体才彼此区分开来，有着不同于其他复合体的特征。因而，在界定地区安全时，要分析每一个要素单元的实力对比关系。

布赞认为一个区域安全复合体可分为冲突、安全机制、安全共同体这三种结构模式。在冲突模式的复合体内，主要国家在各自利益上直接对立，其价值取向和目标也存在不可调和的矛盾和差异，体现出直接对抗的特征，呈现结果的零和性。处于冲突模式复合体内的国家，对于别国给自己造成的威胁有着深切的体会，却很难意识到自己的行为给别国造成的威胁，复合体内出现安全困境的可能性高。在安全机制模式下的复合体内，国家之间的利益难以完全协调，但不存在根本对立的情况。复合体内的国家可以根据国际规则以及国家间组织来规范各自的行为，并对其他国家的

---

① B. Buzan, *People, States and Fear: A Agenda for International Security Studies in The Post - Cold War Ear* (New York: Harvester-Wheatsheaf, 1991), pp. 35 - 50.

② B. Buzan and D. Held, "Realism vs. Cosmopolitanism a Debate between Barry Buzan and David Held, Conducted by Anthony McGrew", *Review of International Studies*, Vol. 24 (1998. 3), pp. 387 - 398.

③ B. Buzan and D. Held, "Realism vs. Cosmopolitanism a Debate between Barry Buzan and David Held, Conducted by Anthony McGrew", *Review of International Studies*, Vol. 24 (1998. 3), pp. 387 - 398.

行为做出假定和预测，复合体内出现安全困境的可能性得以减弱。在安全共同体模式的区域安全复合体中，国家之间有着强烈的和广泛的“共同体的感觉”、制度和实践①，复合体内的国家不可能用暴力手段来解决冲突，复合体内的国家都感觉较为安全，没有对其他国家对自己进行政治攻击或军事侵略的恐惧，也不需要应对这种恐惧。②

二 国际河流水政治复合体

水政治安全复合体概念的提出，正是源于布赞的区域安全复合体理论。1995 年，舒尔茨在分析两河流域安全时，根据布赞的区域安全复合体理论，提出了水政治复合体的概念，认为鉴于地理上的邻近与相互依赖，有关流域国将河流视为主要的国家安全问题，因而，土耳其、叙利亚和伊拉克构成了两河水政治安全复合体。2004 年，迈考利等人在研究中东水问题时，再一次提出了水政治复合体的概念，认为水政治复合体是“水政治问题非常紧密地联系在一起，以至于它们的水问题不能被分开考虑的一群国家”③。艾伦则认为共享水系统地区的水政治复合体具有战略意义的本质。④ 此后，通过一系列经验研究，特顿等人形成了 SADC 地区国际河流水政治因素的概念模型。⑤ 他们认为，国际河流提供了南部非洲共同体内不同国家之间的永久关联，但这种关系的精确本质太过微妙，仅就地理来说很难理解，必须运用布赞 1991 年提出的区域安全复合体概念，才能

---

① K. W. Deutsch and S. A. Burrel, *Political Community and the North Atlantic Area* (Princeton: Princeton University Press, 1957). pp. 15 - 20.

② B. Buzan, *People, States and Fear: A Agenda for International Security Studies in The Post-Cold War Ear* (New York: Harvester - Wheatsheaf, 1991), pp. 201 - 203.

③ P. McQuarrie, *Water Security in the Middle East: Growing Conflict Over Development in the Euphrates - Tigris Basin* (Trinity College, Dublin, 2004), p. 11.

④ J. A. Allan, *The Middle East Water Question: Hydro politics and the Global Economy* (London: I B Tauris, 2001).

⑤ A. R. Turton, "An Introduction to the Hydropolitical Dynamics of the Orange River Basin", in Nakayama, M. (ed.) *International Waters in Southern Africa* (Tokyo: United Nations University Press, 2003), pp. 136 - 163.

A. R. Turton and A. Earle, "Post - Apartheid Institutional Development in Selected Southern African International River Basins", in C. Gopalakrishnan, C. Tortajada and A. K. Biswas (eds.) *Water Institutions: Policies, Performance and Prospects* (Berlin: Springer - Verlag. 2005), pp. 154 - 173.

对南部非洲地区国际河流流域的合作和冲突类型进行更深入的理解。特顿还认为流域国之间的相互依赖促使国家关系走向明确的合作（友善）或者竞争（敌对）[①]，国际河流去安全化可以通过对潜在冲突的制度化，将水资源管理从安全领域移除，将其仅仅作为技术议题，使国家间的互动正常化。[②]

将国际河流作为一个区域进行研究，主要是考虑到流域国家因为共享国际河流而有着特殊的地缘关系。国际河流作为联系流域国家的地理纽带，对流域地区安全复合体内的国家安全起着重要的作用。由于同处生态系统内，流域国对水权的行使相互制约，国际河流流域因此成为一个特殊的地理区域。这种特殊性不但体现在自然生态水文方面，而且体现在社会、政治、经济、文化等各个方面，有着社会政治意义，因此，可以将国际河流流域作为一个水政治实体进行分析。在这个复合体内，存在一个核心的安全问题：水资源问题。流域国家围绕这一安全问题进行互动，使水资源问题与其他关联问题联系在一起，流域国家也因此形成了一组相互关联的安全关系，比如印巴水资源冲突就在一定程度上和克什米尔问题联系在一起。克什米尔对巴基斯坦来说具有重要意义，如果在克什米尔问题上输给印度，巴基斯坦就会失去克什米尔河水，巴基斯坦未来的经济发展甚至人民生存都将受到威胁。[③] 而对于印度来说，在克什米尔河流上兴建水利工程，不但可以应对国内日益增长的能源需求，而且可以在水问题上控制巴基斯坦。

之所以将国际河流流域称为水政治复合体，而不是单纯的国际河流安全复合体，是因为国际河流水资源与政治之间的密切关系，也正是因为水和政治在国际河流区域合作中的密切联系，才出现了“水政治”（hydro-

---

① A. R. Turton, “A South African Perspective on a Possible Benefit – sharing Approach for Transboundary Waters in the SADC Region”, *Water Alternatives*, Vol. 1 (2008. 2), pp. 180 – 200.

② A. R. Turton, “The Hydropolitical Dynamics of Cooperation in Southern Africa: A Strategic Perspective on Institutional Development in International River Basins”, in A. R. Turton, P. Ashton and T. E. Cloete (Eds.) *Transboundary Rivers, Sovereignty and Development: Hydropolitical Drivers in the Okavango River Basin* (Pretoria and Geneva: AWIRU and Green Cross International, 2003), pp. 83 – 103.

③ 周戎：《克什米尔问题出路何在》，《光明日报》2009 年 11 月 26 日。

politic）、“水霸权”（hydro-hegemony）这类将水和政治问题紧密结合在一起的词语。虽然水资源问题最初引发的是经济问题，但流域国家为了获取水资源，发展本国经济，会采用关联手段解决水问题，使国际河流水资源越来越政治化，成为“发展中国家和国际社会必须面对和在21世纪必须解决的最为急迫、复杂和有争议的问题”[①]。而当水缺乏导致国家经济增长受到限制时，水问题就变成了一个高政治问题。因为在这时候，水问题已经成为流域国家政治领导层重点关注的问题，并被纳入国家政策决策程序。

对于复合体内的流域国家来说，水是地缘政治中必须考量的重要变量。水资源富足的国家比那些依赖外部来水的缺水国家具有更大的战略独立性和主动性，因而在竞争中占据优势地位。水功用多样，不但是人们维持生命的基本需要，而且是经济发展的重要支柱。对水的占有可以获取电力等资源，减少对煤、石油等能源的依赖，水资源具备累积性资源[②]的性质。水对于流域国家经济发展的重要性是不言而喻的，水资源的开发能极大地推动国家的发展。例如在20世纪五六十年代，以色列由于特殊的国情和民族因素吸收了大量的国际资金，进行了一系列大型水利工程项目，完成了约旦河至内格夫的国家水渠计划，实现了从约旦河到内格夫沙漠的引水，使以色列的“耕地面积从1948年不足190万杜纳姆增加到了1969年的410万杜纳姆……粮食产量增长了3.6倍，蔬菜增长了2.7倍，柑橘增长了3.7倍，肉食增长了12.7倍”[③]。水资源的获取，为以色列的生存和经济发展提供了极大的助力。

经济的增长增强了流域国的国家权力，因而，为了保持经济的增长，流域国家必须保证自己可以持续可靠地获取水资源。当国际河流水资源不足以满足所有流域国家的需求时，水的竞争利用开始出现，冲突的可能性增加，国际河流水政治复合体内就开始出现水危机。如果复合体内缺乏

---

① A. P. Elhance, *Hydropolitics in the Third World: Conflict and Cooperation in International River Basins* (Washington D. C.: United States Institute of Peace Press, 1999), p. 23.

② 累积性资源是指“对一种资源的占有能容易地保存或获取其他资源”，参见斯蒂芬·范·埃弗拉《战争的原因》，何曜译，上海人民出版社，2007，第128页。

③ 肖宪：《中东国家通史·以色列卷》，商务印书馆，2001，第162～163页。

必要的安全机制，国际河流水资源的竞争有可能带来冲突，甚至被作为直接的斗争工具。特别是当国家对国际河流水资源依赖程度高，甚至国际河流开发利用影响国家边界安全、经济发展等根本利益的时候，流域国就会将水问题提升至国家战略层面，将其视为国家安全的重要组成部分，从而运用国家力量去维护自己的用水利益，甚至不惜调动军队，做发动战争的准备。

因此，将国际河流地理生态区域作为国际关系领域的一个分析单元，将流域国家纳入单独的水政治复合体进行研究，对于实现国际河流公平合理利用，形成稳定安全的利用秩序是非常重要的。在国际河流水政治复合体框架下，国际河流水政治复合体内的权力结构问题，流域国家之间就有关政治、经济、环境、生态问题的谈判与互动以及流域国家就水资源进行合作的动力与挑战，就成为解析国际河流水政治复合体安全机制的起点。

三 国际河流水政治复合体的特征

作为一种以流域地理范围为边界的有着相对自治性的次区域体系，国际河流水政治复合体与一般的区域复合体有着一些相似的特征，如国家间安全相互依存、复合体内的权力结构以及流域国之间友善与敌意（amity/enmity）的关系等。具体来说，共同之处大致有以下几点：首先，国际河流水政治复合体的地理范围和国际河流流域的范围大体是一致的，流域内的国家地理上邻近，从而具有相互依赖关系，有了冲突和合作的可能性；其次，水政治复合体主要由国际河流流域国组成，流域国家的数量至少有两个，这意味着国际河流复合体内至少存在两个自治单元；再次，流域各国实力并不一致，体现着某种权力分配关系，有着独特的权力结构；最后，流域各国之间的身份定位（友善和敌对）影响着流域复合体的安全秩序。

但国际河流水政治复合体作为国际关系安全研究中一个独立的研究对象，必定具有自己独有的特征，主要体现在以下几点。

（1）国际河流水政治复合体内的安全动力主要源自流域国解决共同水资源问题的愿望，表现为当地、国家、全流域和全球范围等多层次的互动，但国家在互动中居核心位置。一般安全复合体的动力是行为主体组织起来以平衡外部参与者的权力或者敌对的安全联盟，而水政治复合体的动力是流域国组织起来处理共同的水文生态问题或者流域国之间国际河流开发利用的冲突。一般的安全复合体中，复合体内国家的安全互动不一定都是直接的，因为在这些安全复合体中，有些国家会处于区域的两端，这些国家不一定会有直接接触。但在水政治复合体中，共享的国际河流使每一个流域国直接联系，即使在那些存在众多流域国的上下游型国际河流复合体中，最上游国和最下游国虽然相隔遥远，但仍处于同一河流水文生态系统内，会因为防洪、生态环境问题等进行直接的交流与互动。例如在尼罗河流域，上游国埃塞俄比亚和下游国埃及就因为水资源问题进行过多次直接互动，各流域国相互提供对即将到来的水资源安全冲突的预警，合作解决国际河流开发利用问题。因而，流域国家的互动是直接的，而且大都与水有关。流域国之间的友善关系的表现形式一般是水条约的签订与合作，而敌意的表现形式则不仅表现为不同程度的外交语言对抗、断绝外交关系以及对抗性军事演习、小规模冲突等，还可以表现为开发利用水资源的单边行动。

（2）国际河流水政治复合体中，人的安全问题和环境安全问题被提到重要位置。一般而言，使用饮用水以及卫生用水是所有流域国流域人口的基本权利。另外，环境的影响也被提升到一个较高的层面（这是显著区别于其他安全复合体的方面），与国际河流有关的许多经济、政治甚至军事问题，可能是由环境问题引起的。人与军事、政治、经济、社会和环境等安全问题一起，共同构成水政治复合体的安全问题。水资源不但影响人类生存，而且影响流域国的水政策，影响流域国之间的贸易关系，给复合体稳定带来深刻而长远的影响。

（3）国际河流水政治复合体更加强调地理邻近给国际河流流域各国带来的政治经济上的影响。国际研究中划分“区域”最常用的标准如下。第一，区域内成员国共同意识到它们组成一个区域，并得到其他非成员国的认同；第二，成员国有一定的地理接近性；第三，有全球或者其他体系相区分的自主性和独特性；第四，成员国之间紧密互动，这些紧密互动非常有规律性，这也就是我们常说的相互依存；第五，成员国之间有着政治、经济与文化层面的深入联系。[1] 但国际河流水政治复合体存在的主要基础是地理邻近和共同的水文（流域）单元，有些复合体也存在因地理邻近而产生的历史、文化等方面的认同，但地理邻近是主要因素。例如，在两河流域，虽然土耳其和叙利亚、伊拉克在经济、文化以及意识形态上都存在相当大的差异，但由于地理邻近并同属两河水系，这种同一生态系统的地缘关系，使它们同属于一个水政治复合体。

（4）国际河流流域安全秩序的构建以及国际河流合作的推动，不一定完全适用摩根总结出的建构区域安全秩序的“五种模式或范例”[2]。流域国都有着自主解决水政治安全事务的能力，可以从自身利益的角度参与到水政治复合体的国家互动中。在水政治复合体中，软权力的作用较硬权力的作用更为重要和显著，虽然一国的地理位置对开发利用水资源有很大的影响，但如果过分强调地理位置、军事力量等硬权力，很容易导致水冲突。因而，国际河流水政治复合体的运行，不一定都是由于强势国家的推动，也可能是弱小国家，甚至是外部势力和团体组织努力的结果，如一些国际组织对非洲一些国际河流安全的主导等。

（5）在国际河流水政治复合体内，冲突、竞争和合作关系共存，但合作占主导地位。水政治安全表现出军事、政治、经济、社会、环境等多领域的综合化趋势，但经济安全较为突出。从国际河流水政治复合体整体来看，多数国际河流流域都存在一定形式的安全框架，流域国可以通过对话、协商等方式来减少摩擦。

根据以上的分析，可以将国际河流水政治复合体定义为，因水政治问题非常紧密地联系在一起，其现实的国家安全不能被分开考虑的一组流域国家。这些国家由于地缘关系而相互依赖，其安全动力主要来自对国际河流安全的共同关注。它们因为各自不同的客观地理条件以及社会和经济条件，存在敌对或者友善的关系，形成了不同的安全模式。

---

① P. M. Morgan, "Regional Security Complexes and Regional Orders", in D. A. Lake and P. M. Morgan, *Regional Orders: Building Security in a New World* (University Park: Pennsylvania State University Press, 1997), p. 26.

② 即以权力制约权力（power restraining power）、大国协调（great - power concert）、集体安全（collective security）、多元安全共同体（pluralistic security community）和一体化（integration）。

第二节　国际河流水政治复合体的权力结构

某一流域国对水政治复合体的影响，是通过手中拥有的权力资源来实现的。这些权力资源主要包括流域国的地理位置、军事能力、经济实力、政治影响、理论观念等，权力也可以相应地划分为结构权力、经济权力、政治权力和观念权力。其中，结构权力、经济权力属于硬权力。硬权力主要是借用经济和军事手段强迫其他流域国接受对其不利的水政策，权力来源主要包括地理位置、军事力量、经济能力等。观念权力、政治权力等属于软权力。在国际河流实践中，硬权力的行使容易引发争端，因而，软权力的重要性就凸显出来。

一　国际河流流域国家的硬权力

硬权力（hard power）一般指的是国家权力资源，这些权力资源是实实在在、客观存在的，由各种有形的实力要素构成。在国际河流水政治复合体中，这些实力要素包括流域国家在国际河流中所处的地位、流域国的经济实力和军事实力。在硬权力上处于优势地位的流域国，会对处于弱势地位的流域国天然地产生不同程度的压力，从而产生一些诸如国家的硬力量不可战胜的神话。[①] 硬权力可以量化，因而可以通过比较区分出强弱。

流域国是否有上游或者靠近源头的地理位置，通常是考察其是否在该国际河流流域具有硬权力的重要标准之一。有学者将上下游位置的重要性称为“位置权力”。地理位置是水政治复合体中最为直接的影响因素，同时也是最稳定的因素。其之所以成为硬权力的重要参考标准，是因为水的流向是自上而下的，位于上游的国家在利用水资源以及控制水资源方面都有着先天的优势，从而使其处于国际河流水政治复合体中的优势地位。如果国家控制源头或者河流上游水源，该国就可以运用地理优势作为手段，对其他流域国实施战略影响。例如，埃塞俄比亚在政治、军事和经济力量上和埃及不能相提并

① J. S. Nye, *The Paradox of American Power: Why the World's Only Superpower Can't Go it alone* (Oxford: Oxford University Press, 2002), pp. 8 - 10.

论，但埃塞俄比亚控制了埃及尼罗河上游的河水。因而，埃塞俄比亚至少有一个优势可以讨价还价，并在需要的时候可以运用这种位置权力。流域国家地理位置上所得优势的强度是根据该流域国家距源头的远近来衡量的，通常来说，国家离源头越近则优势越大，河口国家最弱。

军事权力包括国内的军事力量以及国际军事支持，它的影响也非常明显和直接。例如，虽然埃及不是尼罗河源头和上游国，但相对于其他国家，埃及有明显的政治、军事优势。埃及凭借这些权力，控制有关尼罗河水资源分配的决定，迫使埃塞俄比亚等实力弱的流域国，同意明显对埃及有利的水安排，并且埃及通过军事威胁，维护其在尼罗河上的优势地位，减少甚至剥夺了其他流域国利用水的权利。例如，埃及不但宣称可能为水发动战争，而且是各种版本水战争论调的积极倡导者。[①]

水政治复合体内的经济权力是某一流域国对可能在经济上依赖该国的其他流域国家因贸易和援助而产生的影响。这种权力可以通过流域国家的经济能力、对其他流域国家贸易援助的数量、某一流域国国际财政援助占该国 GDP 的百分点等进行测量，具体为流域国家 GDP 对比、流域国家之间的贸易或者从外界获得援助的数额等数据。在水政治复合体内，经济实力强的流域国家可以以经济为手段，通过承诺提高或者威胁减少贸易和援助来促使对其有利的合作得以进行，或促使实力弱的国家接受对其不利的河水开发行为。而区域外的国家援助可以提升流域国家的经济实力，使其可以独立地完成其他流域国家反对的用水行动。例如在约旦河流域，以色列的约旦河至内格夫的国家水渠计划就遭到其他流域国家的反对。但 20 世纪五六十年代，以色列吸收了大量国际资金，包括世界犹太人的捐款、向外国政府和银行贷款以及政府债券、从德国获得的贷款等[②]，以色列得以有经济实力独自实施计划。而约旦和叙利亚虽然一直致力于在耶尔穆克河上建设大坝来发电

① 如埃及前总统萨达特曾在 1979 年宣称，唯一能让埃及再次步入战争的是水；1988 年时任埃及外长加利说，我们这个地区的下一场战争会因为尼罗河水，而不是政治。他后来在担任联合国秘书长期间，多次强调，在非洲和中东对于水资源的竞争肯定会引发战争；1995 年，世界银行前副主席、埃及人塞拉杰汀在会见《纽约时报》记者时说，21 世纪的战争将是为水而战。

② 肖宪：《中东国家通史・以色列卷》，商务印书馆，2001，第 162～163 页。

灌溉，但最终由于缺少资金支持而放弃。[①]

国家实力是一个国家综合国力的体现。学者们“通常利用国内生产总值（GDP）、人类发展指数（HDI）、人口、国土面积等多种指标来综合反映一个国家的国家实力”[②]。流域国实力的差异会影响国际河流流域合作。一般来说，在流域国实力差异悬殊的情况下，实力较强的国家在谈判中占据优势地位，其影响力较大，能够对国际河流合作的发展方向、合作内容和方法以及国际河流争端解决机制的形成发挥主导性的作用。例如约旦河下游的以色列和尼罗河下游的埃及都是地区强国，它们能够利用其经济、技术等综合优势，控制合作进程、路径与方法，最大限度地维护本国在国际河流上的开发利用利益。而在流域国实力差异不大的情况下，流域国会通过协商制定各种协议的方式，形成较为公平的合作，这样的合作范围较广泛，时间也较为持久，例如美国、加拿大的国际河流合作就是如此。[③]

二 国际河流流域国家的软权力

“软权力”（soft power）是相对于“硬权力”而言的。“软权力”概念是约瑟夫·奈（Joseph Nye）在其1990年出版的《注定领导：美国权力本质的变化》（*Bound to Lead*：*The Changing Nature of American Power*）一书中提出的。他认为软权力是价值观念、生活方式和社会制度的吸引力和感召力，是以政治权力和观念扩散的形式存在的。[④] 软权力是一种外向型的对外影响力，软权力的行使会构成国家间的影响与被影响的非对称权力关系，并非一种内在的实力或潜力。[⑤] 软权力的力量主要来自文化、政治和

① 虽然美国和世界银行多年来都曾许诺为该计划提供资金援助，但因不能确定如何将水坝中的淡水在约旦、叙利亚和以色列之间分配，援助计划一直没有获得通过。后来，以色列在第三次中东战争中炸毁了该水坝，计划就此终止。

② 胡文俊、黄河清：《国际河流开发与管理区域合作模式的影响因素分析》，《资源科学》2011年第11期。

③ B. Towfique and M. Espey, *Hydro-politics*: *Socio-economica Analysis of International Water Treaties* (Long Beach: American Agricultural Economics Association, 2002).

④ J. Nye, *Soft Power*: *The Means to Success in World Politics* (New York: Perseus, 2004), pp. 124 - 130.

⑤ 李智：《软实力的实现与中国对外传播战略——兼与阎学通先生商榷》，《现代国际关系》2008年第7期。

外交等软性因素的力量[1]，软权力的实现，离不开文化、制度、价值观等国家内在资源，是一种依托实力或者力量而产生的能力，具有同化、吸引非强制性的特点。软权力的形成，“主要是依靠某个国家思想的吸引力，或者是某个国家确立的能从某种程度上影响别国意愿的政治导向的能力……这种左右他人意愿的能力与文化、意识形态以及社会制度等这些无形力量资源关系紧密……它与军事和经济实力这类有形力量资源相关的硬性命令式力量形成鲜明对照”[2]。它有两种表现形式，政治权力与观念权力。

政治权力是控制政治决定和确保服从的能力。在国际河流水政治复合体中，流域国家的政治权力被认为是维持水分享政策能力最强的指示器之一。[3] 政治权力可以为流域国提供政治收益以及谴责威胁政治的能力，会影响水政治复合体中流域国的水政治决策，从而影响流域国家之间的关系。在国际河流流域中，政治权力的力量有时源于普遍的国际规则，并不受实力强弱的影响。同时，上游的地理位置以及流域国之间的结盟，都可以提升政治影响的能力。另外，如果地区强国不加考虑地运用已有的政治影响，可能会削弱流域国之间的信任，从而对本国软权力产生负面影响。

观念权力是指获得、形成或者传播理论、信息和先进技术的能力。流域国家存在有关国际河流的不同观点，当这些观点体现在国家的政策决策之中，成为国家层次的主流观点时，就会成为国家意愿，从而对国家是否参与国际合作、如何进行国际合作产生影响。在实践中，流域国通过宣称本国水权的合法性，并为此发展出一系列的国际河流理论，为各自的国家利益服务，如绝对领土主权论与绝对领土完整论。一般来说，流域国文化价值观念越相似，开展国际河流合作可能性越大，国际河流流域安全程度也就越高。例如美国和加拿大，由于两国客观上社会经济发展水平接近，价值观念类似，因而两国在国际河流（湖泊）上的合作

---

① 贝茨·吉尔：《中国软权力资源越来越丰富》，陈正亮、罗维译，《国外理论动态》2007年第11期。

② 约瑟夫·奈：《美国定能领导世界吗》，何小东等译，军事译文出版社，1992，第1页。

③ A. P. Elhance，“Hydropolitics：Grounds for Despair，Reasons for Hope”，*International Negotiation*，Vol. 5（2000. 2），pp. 201 – 222.

较为深入而且稳定。特别是在大湖地区，其合作程度已经达到全流域层面。

但任何一种观念都不是一成不变的，观念的更新会改变人们利用河流的方式，形成新的国际河流理论，从而影响国际河流合作的深度和广度。社会发展使人们对国际河流的认知越来越深，开发利用国际河流的途径也越来越多，流域国家对河流利益的诉求也会有所改变。人们从国际河流实践中总结出国际河流开发利用的理论，而这些理论又会推动国际河流实践向前发展。例如人们开发国际河流导致生态环境问题，引发了人们对生态环境问题的关注，形成国际河流环境保护理论，从而极大地改变了人们开发利用国际河流的方式，而国际河流生态环境也成为流域国进行国际河流开发合作时要考虑的重要内容。

也就是说，理论作为一种观念权力，可以引导流域各国形成共同观念，以确保流域国家观念向自己有利的方向转变。先进且有说服力的理论，可以为自己的国际河流水权主张提供法理支持，使自己在争端中赢得先机，这就是软权力的巨大影响力。但由于软权力是在行为体的互动中产生的，因此，流域国家具备较强的软权力资源并不意味着其在“软权力”方面必然具有优势，关键还在于如何运用这些资源，以发挥出最大的对外影响力。也就是说，软权力的发挥以一定的软权力资源为基础，通过一定的手段或者工具，影响他人的观念和行为，以实现自身的目标达成预期结果的过程。影响力的发挥是软权力形成的关键。

外交智慧和外交策略是软权力的重要表现，也是软权力发挥作用的主要环节。外交是构成国家权力的所有因素中最为重要的因素。其他的各种权力构成因素都可以通过外交结合为一个有机整体，并通过外交智慧激发出这些权力因素的潜在力量。[①] 外交智慧和外交策略的发挥体现为以下几点。

第一，流域国家对自己的身份进行准确定位。例如在国际河流关

---

① 汉斯·摩根索：《国家间政治：寻求权力与和平的斗争》，徐昕等译，中国人民公安大学出版社，1990，第190页。

系中，如果将自己定位于上游国家，就会和下游国家产生身份认同上的困难，特别是在下游国家众多的情况下，这种身份认同上的困难会给共同理论和机制建设带来极大的阻碍。如果定位于流域国家则没有这样的问题，因为上游国家和其他流域国一样，都是国际河流流域国，这种身份是平等的、共同的。一个国家是可以同时拥有多个身份的，其中有些国家身份是可以重新塑造或定位的。对国家身份的重塑可以提高该国与其他国家的同质程度，促进其软权力的构建。

第二，流域国家对国际河流体制构建中话语权的掌控。国际河流制度是流域国家的行为规范，如果一个国家能够建立和主导这种制度，它就可以影响他国对国家利益的认识，因而具备“制度权力”。这种制度权力主要表现在一国提出既能体现自己的利益诉求又能够代表国际社会以及流域国共有利益的先进国际河流理论的能力，以及在先进理念的引导下，推动流域国家缔结水条约、构建国际河流安全机制的能力。

第三，选择适当的外交策略。正确的外交策略可以在更好地推动国际河流合作的同时，维护国家在国际河流合作中的利益。国际河流水政治复合体内的合作是主权国家之间的合作，这种“合作需要通过谈判的过程（即我们常说的政策协调）将各个独立的个体或组织的行动变得相互一致起来”[①]。一旦参与谈判，流域国家就开始水资源利用的博弈过程。在这个过程中，处于相对弱势的流域国家和流域优势国家都会采取一些策略，以使自己的利益在谈判过程中得到最大程度的实现。非水霸权国家可能联合起来形成对抗霸权的策略，霸权国家或者优势国家也会采取自己的策略，以使自己的利益最大化。流域国之间博弈的结果有些会通过条约固定下来，或者形成其他书面形式的安排，以维持流域正常秩序。流域国家选用的策略大致来说有以下几个：关联问题策略、替换策略、模糊策略等。关联问题策略是流域国家经常选用的策略，它意味着一个问题的解决依赖另外一个问题的解决。例如荷兰在和比

① 罗伯特·基欧汉：《霸权之后：世界政治经济中的合作与纷争》，苏长和等译，上海人民出版社，2006，第51页。

利时就默兹河和斯凯尔特河谈判时，就几次使用这个策略。[①] 替换策略是一国在某一方面做出让步，以求在重大利益上达成协议。莱茵河管理谈判中，荷兰和一些下游流域国家为促使法国治理钾矿污染，给法国提供一定的财政支持就是这种策略。模糊策略是流域国家在解决特别尖锐的问题时经常采用的一种方法。如 1997 年水道公约为了协调各方矛盾，最终形成的公平合理利用原则与不带来重大损害义务等规定。采用模糊标准能够促使条约的签订、增加条约适应情况变化的能力，但这种模糊标准在执行时会出现问题，甚至本身也会成为争议的来源。

第四，有一批有丰富理论知识和实践经验的专家团队。专家团队可以对理论进行宣传，提升流域国家的软权力。软权力运用的主体是各类人才，因而，人才对软权力的提升是非常重要的。国际河流问题的处理与具体问题的谈判涉及科学和政治议程，不但是自然科学问题，也是政治问题，范围涵盖非常广，涉及多个学科的知识和很多技术性问题，需要各个学科专家的密切配合，使决策者更全面地了解本国国际河流相关利益以及其他国家的国际河流政策，从而选择适当的谈判策略，使谈判朝有利于己方的方向发展。而且，专家团队的专业宣传，还可以使本国理念在流域内得到认同，形成与本国理念一致的有关国际河流的认知，从而引导谈判。

三　水政治复合体内流域国家硬权力和软权力的关系

虽然对于权力内涵的认识，学者们存在分歧，但对于权力划分的认识却是一致的，那就是权力可以划分为硬权力和软权力。这两类权力是紧密联系的。首先，软权力与硬权力产生的前提和基础，是权力资源的存在。

---

① 1967 年，上游国家比利时希望讨论加深斯凯尔特河河口，以使其能够到达比利时的安特卫普港。荷兰表示，如果比利时对另外两个问题（斯凯尔特河和默兹河的污染以及默兹河的水分配）一起讨论解决的话，就考虑同意。但实际上，比利时因为国内分歧不可能同意荷兰对这两个问题的解决方案。双方直到 1995 年才妥善处理了相关问题。解决方法中还包括除水以外的其他问题，如从安特卫普到鹿特丹的高速铁路线建设。参见 V. S. Meijerink, *Conflict and Cooperation on the Scheldt River Basin: A Case Study of Decision Making on International Scheldt Issues Between* 1967 *and* 1997 (Dordrecht: Kluwer Academic Press, 1999); E. Mostert, *International Cooperation in the Scheldt and Meuse Basins: Case Study for the Toolbox Integrated Water Management* (2001), http://www.gwpforum.org。

软权力与硬权力总是要借助一定的权力资源才能产生并发挥作用。软权力的权力来源是一国的文化和价值观念，而硬权力的权力来源则是一国的客观物质和国家实力，二者相互依赖，软权力依托硬权力发挥作用，硬权力的实施大多要以软权力的发挥作为铺垫，否则会适得其反。其次，二者相互制约。软权力与硬权力并不是权力与权力的简单叠加，而是乘积的关系。如果其中一种权力为零，那么这个国家软权力和硬权力的总体也为零。最后，硬权力和软权力都是可供流域国家选择的一种权力，它们“都是以影响他人行为达到自身目的的能力”①。作为一种权力形式，软权力并不一定符合道德规范。从根本上说，这种力量也是为国家利益服务的，它比硬权力更具渗透性。重视软权力以应对国际河流的现实问题，并不是否认现实主义的传统观点，否认军事力量、经济力量等硬权力对国际河流安全的影响作用，而是在认识到这些力量在应对国际河流现实问题局限性的基础上，用自由主义的观点对其进行充实，以更好地解决国际河流问题。

但既然是不同的权力形式，软权力和硬权力也有明显的区别。首先，软权力与硬权力运用各自权力资源的方式与方法不同。软权力强调让对方自愿接受己方的价值观念，从而引导对方的态度和行为，而硬权力则强调有形的物质资源，例如地理位置和经济实力等，对其他国家的态度和行为形成一种有形的强制和威慑。

因此，硬权力和软权力之间的区别，主要在于两种权力导致的行为以及如何利用权力资源上。硬权力强调支配力和强制，而软权力强调引导性和吸纳，这两种权力导致的行为涵盖了各种层面：从武力强制到经济引诱，再到协议产生政治议程和规则，最后到观念的完全认同。硬权力是“国家表达或者展现强制能力的硬的、强制力量”（例如经济或者军事力量，运用这些权力的能力）的“有力量的权力”，其使用方式较为公开；而软权力则主要存在于观念思想领域，体现在意识形态上，比如外交理念和外交政策等，它以潜移默化的方式发挥作用，权力的运用较为隐蔽而效果明显，属于柔性权力的范畴。

① 约瑟夫·奈：《软力量——世界政坛成功之道》，吴晓辉等译，东方出版社，2005，第7页。

其次，用硬权力和软权力产生的效果是不一样的。运用软权力所形成的观念认同，其基础在于其他流域国家的自愿和理解，其效果是长久稳定的。而运用硬权力所导致的服从，其基础主要是国家有形力量的威慑，效果的维持时间会因国家实力变化而有所不同，较软权力而言，其效果持久性不强。

最后，软权力和硬权力的使用环境存在差异。和平稳定的国际环境中多倾向于软权力的运用，非常时期则一般要借助硬权力的使用，达到威慑或者削弱对方力量的效果，从而实现自身目标。在国际河流流域国互动中，由于流域国家之间存在相互依赖关系，只有借由特定的规则与平台来实现国家间的有效沟通与交流，才能够真正实现使他国在充分理解基础之上的进一步认同，达到自愿接受的效果。因而，在国际河流水政治复合体中，软权力的使用更为频繁。

全球化的发展使各国之间的相互依存度增加，各类权力的运用界限非常模糊，在多数情况下，各国家都是共同使用软权力和硬权力，以使权力的行使发挥出最大的效能。要判断流域国家使用的权力是硬权力还是软权力，就必须观察“谁在使用权力、权力的目标是什么和权力怎么用”[①]。比如流域国家为了实现对外政策的目标，会运用经济手段对其他国家提供援助，以改变流域国家对其看法，提升国家形象，传播国家政策。国际河流开发利用往往需要投入大量的资金，经济援助方式成为流域国家经常采取的发挥自己影响力、达成目标的方式。从这个意义上说，经济手段是软权力实现的工具，硬权力也具备软权力的一些特征，这就削弱了其支配性和强制性，形式上较为温和，因而容易被别国接受和认同。在国际河流流域，经济实力成为很重要的软权力资源，以软权力的方式发挥着重要作用。

在国际河流水政治复合体中，国际河流水资源问题具有跨国性质，与多个流域国家有关，“有着多边的内在性质，解决起来需要通力合作”[②]，因此流域国家的相互依赖度非常高。在这种情况下，硬权力的使用会造成

---

① Gregory F. Treverton and S. G. Jones, *Measuring National Power*, Rand, 2005.

② 约瑟夫·奈：《软力量——世界政坛成功之道》，吴晓辉等译，东方出版社，2005，第150页。

流域国家之间有关水的冲突。而且这种冲突会“由于文化冲突、社会机制无力和经济问题而加剧”[①]。因而，软权力发挥作用的空间增大。另外，在国际河流争端中，强调硬权力经常会有一些负面的效果，甚至会激化矛盾和冲突。但如果有关流域国借助对己方有利的国际河流理论，积极参与和引导立法，形成国际河流规范和制度，对其他流域国家实现柔性规制，则权力作用方式隐蔽且效果显著。因此，在合作成为主流的国际河流流域，软权力对于赢得流域和平非常重要。软权力的行使，已经成为流域国家获取利益的重要手段，如何发挥软权力，成为流域国家关注的重要问题。

第三节　国际河流水政治复合体权力结构的不对称性

在几乎所有的国际河流水政治复合体中，都存在一种非对称性权力情境，一些流域国因地理位置优势、国家军事和经济实力强大而在水政治复合体中处于优势地位。在一些特定的河流流域，一些地位优势国家甚至可以使其他国家服从自己的政策，影响、限制或阻碍其他流域国家合理开发河流，成为水霸权。当前对水霸权的主要评判标准是流域国家的客观实力，但这种标准存在一定的局限，不能科学地评估权力结构对水政治复合体机制的影响，因而必须形成新的标准。

一　国际河流水政治复合体中的优势国家

对于国际河流水政治复合体内的流域国家来说，国家领土仍然是国家存在的基础性条件，国家领土的位置、大小以及本国资源同其他国家领土、实力的比较都影响着流域国家在国际河流流域的地位和影响力。由于流域国家所处的地理位置、实力等存在差异，因而流域国家之间的互相依赖，一般是不对称的相互依赖，流域国之间的关系往往并不平等。

---

① 约瑟夫·奈：《美国霸权的困惑》，郑志国、何向东等译，世界知识出版社，2002，第119页。

这种相互依赖的不对称关系，决定了国际河流流域水政治复合体内部的权力分布是不对称的。在水政治复合体内地理上处于优势（位于上游）或者国家实力较强的国家，权力也较大，可以就某一问题，比如分水，主导谈判进程，或者形成影响、压制其他问题的能力。相互依赖程度低的国家，往往处于流域的优势地位，是流域优势国家；对他国依赖程度高的流域国家，则处于国际河流流域的不利地位。流域优势国家对国际河流的水需求，可以不依赖其他流域国家的互动而自行完成，受其他流域国家水政策的影响也不是很大。但流域地位弱势国家则不然，其对国际河流的利用，取决于其他国家对河水利用的多少，或者仅凭一己之力，不能完成用水计划。

不对称的相互依赖关系与国家间的不平等关系是一致的。水政治复合体内国家之间的相互依赖，不但来自地缘政治所引起的国家间的相互依赖，还来自水资源共享所带来的对资源的依赖。在国际河流流域，那些对水资源贡献大、水资源丰富的国家，往往对国际河流水资源的依赖程度低，因而对其他国家的依赖程度也低，在应对气候变化等不利局面时，适应和调整能力比较强；那些对国际河流水资源贡献小、水资源大多数来自境外、水资源不足的国家，往往对国际河流水资源的依赖程度高，对其他国家的水政策敏感，在应对气候变化等不利局面时，适应和调整能力差。这也使它们在国际河流问题上讨价还价的力量有所降低。

因而，在一个国际河流水政治复合体内，总有流域国家因地理位置、军事经济实力较强而处于优势地位，它们有着较强的观念引导能力、互动能力以及权力关系的传导链条，将其他流域国家被动地裹挟到国际河流开发利用行为中，形成对自己有利的安全秩序。这些流域国就是国际河流水政治复合体中的优势国家。

流域优势国家是流域综合实力最强的国家。对于国家综合实力的评定，国际关系学界普遍接受的单一测量指数是国家产品和服务的产出总量。[①] 因此，流域优势国家的评定，可以用代表国家总产出的数值——国

① 秦亚青：《霸权体系与区域冲突：论美国在重大区域武装冲突中的支持行为》，《美国研究》1995 年第 4 期。

民总产值（GNP）或国内总产值（GDP）来评定。秦亚青在有关霸权体系与区域冲突的文章中提出测量标准，即区域强国的GNP/GDP值不但要高于其所在区域其他任何一国的GNP/GDP值，而且要比区域次强国的GNP/GDP值至少高出1倍。[①] 据此，GNP/GDP最强可以作为水政治复合体优势国家的第一个标准。

另外，在国际河流水政治复合体内，流域国家地理位置的不同会带来获取水资源能力上的差异。受地形、气候特点等的影响，处于上游的国家在获取水的能力上较强，它们在使用河水上自由度较大。如果它们对河水贡献大，则更增加了它们对河水的控制能力。因此，对河流径流贡献量的大小，是判断国际河流流域优势国家的第二个标准（见表2-1）。

表2-1 主要国际河流流域国的水量贡献率及其GDP[②]

所在洲	流域名	流域国	年径流量（立方千米）（贡献率）	GDP（百万美元）
南美洲	亚马逊河	玻利维亚	278（4.36%）	27035
		巴西	4846（76.02%）	2254109
		哥伦比亚	746（11.70%）	369813
		厄瓜多尔	36（0.56%）	87495
		法属圭亚那	0	无数据
		圭亚那	9（0.14%）	2851
		秘鲁	433（6.79%）	204681
		苏里南	0	5012
		委内瑞拉	26（0.41%）	382424
	拉普拉塔河	阿根廷	76（11.28%）	477028
		玻利维亚	19（2.82%）	27035
		巴西	483（71.66%）	2254109
		巴拉圭	59（8.75%）	25935
		乌拉圭	37（5.49%）	49919

① 秦亚青：《霸权体系与区域冲突：论美国在重大区域武装冲突中的支持行为》，《美国研究》1995年第4期。

② 流域国水量数据来源：俄勒冈州立大学TFDD数据库，http://www.transboundarywaters.orst.edu，数据经整理计算。国别GDP数据来源：2013年联合国各国GDP列表，http://unstats.un.org/unsd/snaama/dnltransfer.asp?fID=2。

续表

所在洲	流域名	流域国	年径流量（立方千米）（贡献率）	GDP（百万美元）
北美洲	科罗拉多河	墨西哥	0	1183655
		美国	14（100%）	16244600
	哥伦比亚河	加拿大	68（30.91%）	1821445
		美国	152（69.09%）	16244600
	格兰德河	墨西哥	4（44.44%）	1183655
		美国	4（44.44%）	16244600
欧洲	莱茵河	奥地利	0	394458
		比利时	5（6.10%）	483402
		瑞士	26（31.70%）	631183
		德国	34（41.46%）	3425956
		法国	10（12.20%）	2611221
		意大利	0	2013392
		列支敦士登	5（6.10%）	5827
		卢森堡	1（1.22%）	55143
		荷兰	2（2.44%）	770067
	多瑙河	阿尔巴尼亚	0	12044
		奥地利	69（26.54%）	394458
		保加利亚	18（6.92%）	50972
		波斯尼亚和黑塞哥维那	26（10%）	17319
		瑞士	3（1.15%）	631183
		捷克	3（1.15%）	196446
		德国	28（10.77%）	3425956
		克罗地亚	21（8.08%）	56447
		匈牙利	5（1.92%）	124600
		意大利	0	2013392
		摩尔多瓦	0	7253
		黑山	8（3.08%）	4046
		波兰	1（0.38%）	489852
		罗马尼亚	32（12.31%）	169396
		斯洛伐克	11（4.23%）	91349
		斯洛文尼亚	16（6.15%）	45380
		塞尔维亚	12（4.62%）	38491
		乌克兰	8（3.08%）	176309

续表

所在洲	流域名	流域国	年径流量（立方千米）（贡献率）	GDP（百万美元）
亚洲	印度河	尼泊尔	0	18029
		阿富汗	16（9.70%）	20364
		中国	31（18.79%）	8358400
		印度	101（61.21%）	1895213
		巴基斯坦	17（10.30%）	215117
	约旦河	埃及	0	254671
		以色列	1（33.33%）	241069
		约旦	1（33.33%）	30937
		黎巴嫩	1（33.33%）	42490
		叙利亚	0	46540
	恒河	孟加拉国	96（7.95%）	127195
		不丹	41（3.39%）	1861
		中国	225（18.63%）	8358400
		印度	702（58.11%）	1895213
		缅甸	0	59444
		尼泊尔	144（11.92%）	18029
	湄公河	中国	90（18.60%）	8358400
		柬埔寨	97（20.04%）	14038
		老挝	176（36.36%）	9100
		缅甸	10（2.07%）	59444
		越南	33（6.82%）	155820
		泰国	78（16.12%）	385694
	咸海流域	巴基斯坦	0	215117
		阿富汗	36（34.29%）	20364
		中国	0	8358400
		哈萨克斯坦	9（8.57%）	202656
		吉尔吉斯斯坦	25（23.81%）	6475
		乌兹别克斯坦	10（9.52%）	51414
		塔吉克斯坦	23（21.90%）	7633
		土库曼斯坦	2（1.90%）	33466

续表

所在洲	流域名	流域国	年径流量（立方千米）（贡献率）	GDP（百万美元）
非洲	尼日尔河	贝宁	10（2.86%）	7557
		布基拉法索	3（0.86%）	10687
		科特迪瓦	8（2.29%）	24406
		喀麦隆	40（11.43%）	26094
		阿尔及利亚	0	207021
		几内亚	52（14.86%）	6092
		马里	21（6.00%）	10262
		尼日尔	3（0.86%）	6773
		尼日利亚	209（59.71%）	262545
		乍得	3（0.86%）	10183
	尼罗河	布隆迪	3（0.93%）	2257
		中非	0	2184
		埃及	0	254671
		厄立特里亚	0	3108
		埃塞俄比亚	134（41.45%）	41605
		肯尼亚	19（5.88%）	40697
		卢旺达	6（1.86%）	7103
		苏丹	123（38.08%）	51453
		坦桑尼亚	15（4.64%）	28249
		乌干达	22（6.81%）	51453
		刚果（金）	1（0.30%）	18823
	奥卡万戈河	安哥拉	24（92.30%）	116308
		博茨瓦纳	2（7.70%）	14410
		纳米比亚	0	12807
		津巴布韦	0	9802
	奥兰治河	博茨瓦纳	0	14410
		莱索托	2（40.00%）	2443
		纳米比亚	0	12807
		南非	3（60.00%）	384313
	塞内加尔河	几内亚	10（40%）	6092
		马里	12（48%）	10262
		毛里求斯	1（4%）	11452

续表

所在洲	流域名	流域国	年径流量单位（贡献率）	GDP（百万美元）
	塞内加尔河	塞内加尔	2（8%）	13962
非　洲	乍　得　湖	中非	25（24.04%）	2184
		喀麦隆	13（12.50%）	26094
		阿尔及利亚	0	207021
		利比亚	0	95802
		尼日尔	0	6773
		尼日利亚	20（19.23%）	262545
		苏丹	5（4.81%）	51453
		乍得	40（38.66%）	10183

注：本表中少量原始数据有误差，因数据库正在完善之中，故笔者未做修改。

同时符合这两个标准的就是典型的优势国家。例如在恒河的主要流域国尼泊尔、印度和孟加拉国中，印度经济实力位居前列，较尼泊尔和孟加拉国的综合实力强，是当然的优势国家。

优势国家的这两个标准中，国家实力是最重要的标准，地理位置的优势往往处于次要地位。如在一些国际河流流域中，虽然一国处于最下游，对水的依赖程度也高，但其仍是优势国家。例如在尼罗河流域，埃及是当然的优势国家。在约旦河流域也是如此，下游的以色列凭借其较强的经济军事实力，成为约旦河当然的霸主。

当然，这些地理位置、获取水资源等方面都强的国家成为国际河流流域的优势国家，国家自身实力有时并不是直接原因，或者说不是唯一原因。特殊时期形成的制度优势，对于某些流域国家来说是其成为流域优势国家的不可或缺的因素。例如埃及在尼罗河流域优势地位的形成，与英国在该地区的殖民历史和流域国结构上的不平等分不开。历史和结构上的不平等，强化了核心—外围的不平等，也影响了水政治复合体内的权力结构。水政治复合体在世界大背景的影响下，像一个“微型世界系统”那样运行[①]，弱国有着结构性的劣势，使它们以复制附属地位的方式发展[②]。英

① W. M. Immanuel, *The Modern World-system: Capitalist Agriculture and the Origins of the European World-economy in the Sixteenth Century* (New York and London: Academic Press, 1974).

② C. Chase-Dunn and P. Grimes, “World-systems Analysis”, *Annual Review of Sociology*, Vol. 21 (1995), pp. 387-417.

国缔结的有利于埃及的水条约，至今仍然是尼罗河分水制度的基础，使埃及克服了其下游地理位置的弱势，成为水政治复合体中有权力优势的一方。而以色列成为约旦河霸主，则与美国的支持有一定的关系。

二 国际河流水政治复合体中的水霸权及其判定标准

在一些国际河流流域，流域国家的优势地位，最终转化为不公平不合理的分配结果，使水使用权的分配以及利益的获取，远远背离了水权，这些优势国家，也就具备了流域水霸权的性质。

"霸权"（hegemony）一词源于希腊语（hegemonia），意指"领导、支配、优势，尤其是指邦联或联盟中一国对他国的支配"[①]。从学术上来说，对霸权的认识有多个层面，不仅包括"物质资源方面"的经济上的霸权[②]，还包括"居支配地位"的政治上的霸权[③]。罗伯特·基欧汉认为，霸权是指由单一国家进行统治的国际权力结构所形成的一种国际体系，这个单一国家拥有与其他国家比起来最强大的军事和经济实力，从而能够影响国际体系内国家的行为，影响国际事务的进程，操纵国际体系的形成。[④] 因此，霸权是国际行为主体之间的特殊权力关系，其核心内容是支配与优势地位。

当前对于水霸权的界定，一般来说有客观地位的静态状态、行为判断以及意图揣测三种标准。第一种以客观地位的静态状态为标准，认为只要某国在国际河流地理位置上占据优势地位，在经济、政治、军事上处于优势，就是水霸权；第二种则是以国家行为作为判定水霸权的标准，认为只要某一流域国在国际河流利用中存在单边开发、单边毁约等行为，就是水霸权；第三种以流域国家可能的意图作为判定标准，认为只要某国在国际

---

① See definition of "hegemony" in *Oxford English Dictionary*, Vol. 5 (Oxford: Clarendon Press, 1978).

② R. Keohane, *After Hegemony: Coorperation and Discord in the World Political Economy* (Princeton: Princeton University Press, 1984), p. 32.

③ R. Keohane and J. S. Nye, *Power and Interdependence: World Politics in Transition* (Boston: Little & Brown, 1977), p. 44.

④ R. Keohane, *After Hegemony: Coorperation and Discord in the World Political Economy* (Princeton: Princeton University Press, 1984), pp. 39 – 40.

河流关系中有以实力操纵或控制别国的意图，就构成水霸权。例如土耳其的水计划，其他国家认为它有可能有联合以色列等国操纵地区水资源的意图，因此土耳其就是水霸权。

由于国家的实力优势是建立霸权的重要客观条件，而且霸权国家一般在本区域具有较强的影响力，因而，在国际河流流域，一些学者将国际河流优势国家等同于水霸权。这实际上是将水霸权的标准，等同于单纯的物质和自然地理环境标准，不利于科学客观地分析国际河流水政治复合体的权力结构及其影响。

曾有学者对这样的霸权标准提出质疑。如周丕启认为，仅靠物质力量不足以确定霸权，霸权的构成要素有两个——物质力量强大但不一定最强大、对别国有支配作用。两者都是霸权的主要标志，缺一不可。并在此基础上划分了霸权的三种类型：位于力量顶端并主导国际系统进程的霸权；力量上不一定处于顶端，但主导国际系统进程的霸权；处于力量顶端但并不完全主导国际系统进程的“弱霸权”。[①] 这个标准包括了物质力量和支配能力，在评价水霸权方面比单纯的物质力量标准较为客观和全面。

但这个评判依然存在一些问题，因为实力优势和支配能力的存在，并不一定必然导致某种结果的发生。有一些学者也认识到了这一点。如王逸舟认为，一个国家要成为霸权，必须有明显超出其他任何国家的国家实力和影响力，要具备在一定范围内使用包括武力在内的各种手段，迫使其他国家和民族屈服，强制推行自己意志的能力，并且在历史上的某个时段做到了这一点。[②] 这个观念强调了结果的重要性，虽然其并没有指明何种结果构成了霸权，但可以将其适用于水霸权的分析判断。

从本质上说，水霸权不但包括水政治复合体内权力分布的现状，还应该包括权力分配的结果，即依靠这种权力分配，水霸权获取了不对等的利益，这种利益超出其应得的水权利益。也就是说，判断某一流域国是不是某一水政治复合体内的水霸权，必须根据该国是否有支配别国的动机、是否有支配别国的能力、是否造成了某种结果并且这种结果使水分配和利用

---

① 周丕启：《霸权稳定论：批判与修正》，《太平洋学报》2005 年第 1 期。

② 王逸舟：《霸权 · 秩序 · 规则》，《美国研究》1995 年第 2 期。

不对等，超出了公平合理利用的范畴，从而使该流域国成为某一国际河流流域事实上的水霸权。或者说，判断水霸权，不能只看一个国家强大不强大，表面上做了什么或者得到了什么，还要看它的应有权利是什么，它所得到的与它应该得到的是不是一致。

因而，实力优势是水霸权存在的重要条件，但仅仅实力优势并不必然产生水霸权。流域国家的实力优势要发展为水霸权，必须具备三个要件。一是客观要件。水霸权的产生和存在，有其客观的历史必然性。只有当一国具有将本国客观存在的优势转化为霸权的条件时，水霸权才能产生，而且霸权的存在时间与该国优势转化后维持的时间是一致的。二是主观要件。从现实中看，一国即使有着成为水霸权的客观条件，也并不一定会将本国优势地位转化为现实中的水霸权。只有当优势国家存在成为霸权的主观意愿，并利用既存的客观条件，在现实中将优势力量转化为霸权的强制力时，水霸权才会真正地形成。三是结果要件。流域国家的优势地位必须转化为客观上不平等的结果，即优势国家凭借其政治、经济、军事以及地理上的优势，支配和操纵了其他流域国家，获得了巨大的收益，并且这种收益损害了其他流域国家的利益，与自己合法的水权极不对称，造成了国际河流水分配和利用的不公平不合理的结果，水霸权才产生。

三　对主要国际河流水政治复合体权力结构的分析

如前所述，传统的水霸权判定方法，主要以流域国家的客观条件为基础，这样很容易将流域强国或者优势国家等同于水霸权。比如对中国在湄公河水政治复合体内地位的认定就是如此。由于中国处于湄公河上游，客观地理位置有利，而且相对于湄公河其他流域国家来说，中国社会经济力量处于优势地位，因而一些学者认为中国在湄公河水政治复合体中处于水霸权的地位。

但这种标准并不客观，因为实力占优并不必然形成霸权。流域存在水霸权必须符合三个条件：某一国家比其他国家实力强大；该国有成为霸权的动机；该国在客观上运用其强大实力谋取了额外的收益，使国际河流水资源及其收益的分配，远离了公平合理的结果。这样就将流域优势国家和水霸权区别开来。从总体上来说，在所有的国际河流流域，都必定存在优势国家，因为各国的地理位置和经济发展是不平衡的；并不是所有国际河流流域都一定存在水霸权，因为优势地位不一定转化为对其他国家压倒性的、不公平不合理的结果。

根据新的水霸权标准，要确定某一流域内某流域国家是否形成了水霸权，应该包括以下几个步骤。第一，判断其是否符合客观要件，即某流域国综合实力强大；第二，判断其是否满足主观要件，即某流域国有成为霸权的动机；第三，判断其是否满足结果要件，即某流域国通过强大实力获取了与其水权不对等的利益，并且没有任何形式的受益补偿。如果这三个问题的答案都是肯定的，则该流域国形成了水霸权。如果只符合第一条和第二条，则只是流域优势国家，不能定义为水霸权。图 2－1 为对国际河流水霸权进行评估的初步设想。

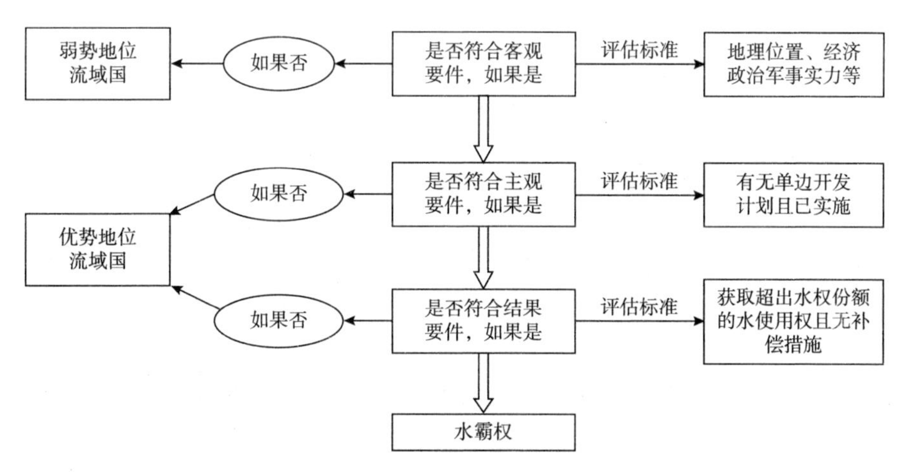

图 2－1　水霸权评估方法示意

下面以新的水霸权标准，对世界上几个著名的国际河流水政治复合体，如两河、尼罗河、约旦河、恒河的权力结构进行分析，并借以说明依据新的水霸权标准评估国际河流流域水霸权的具体步骤。

（一）土耳其在两河水政治复合体中的优势地位

两河流域位于西亚地区，由幼发拉底河和底格里斯河组成，源头位于土耳其东部的安纳托利亚高原。两河流域有六个流域国，土耳其、叙利亚、伊拉克、伊朗、约旦、沙特阿拉伯。国际河流争端主要发生在土耳其、叙利亚、伊拉克三个国家之间。其中，土耳其居上游，地理位置优越，雨量较为充足，经济军事力量也较其他两个下游国家强大。不但如此，它还单方开发水资源，引发了三国间的水冲突。1957 年凯班大坝的兴建，就引发了三国间最早的争端。20 世纪 80 年代，土耳其实施的安纳托利亚东南部开发计划（GAP），也造成了三国关系紧张。阿塔图尔克大坝 1990 年初的蓄水更是一度引发了严重危机。

土耳其实力强大而且单边行动（如 GAP 计划），已经符合传统的霸权标准。但从新的霸权标准来看，土耳其还必须符合最后一个条件，其单边行动已经使其获取超出自己应得的利益，造成了两河国际河流水资源和收益的不合理分配结果。土耳其是否符合这个条件呢？

第一步，确定三国的水权份额。土耳其的降水相对充沛，为幼发拉底河和底格里斯河提供的水量占两河年总径流量的 52.65%。叙利亚为 1.75%，伊拉克为 19.3%，伊朗为 26.3%。据此计算出的两河水权份额分别为土耳其 44.42 立方千米，叙利亚 1.48 立方千米，伊拉克 16.28 立方千米，伊朗 22.19 立方千米。[①]

第二步，明确三国对两河水的实际使用量（实际占有的水使用权）。土耳其实际只使用了两河总水量的 24%。GAP 项目全部实施完成后，土耳其每年将从幼发拉底河和底格里斯河分别引水 10.9 立方千米和 7 立方千米，水资源开发利用率将提高 30% 以上。[②]

第三步，评估土耳其是否凭借其实力对国际河流采取单方开发，获取了不正当收益。这种评估非常简单，只要将土耳其的水权份额与实际用水量进行比较就可以得出结论。如果土耳其对水资源的利用，超出了它的水权份额，则它获得了不正当收益，构成了水霸权。两河流域土耳其、叙利亚、伊拉克水权份额与水的实际使用量比较见表 2-2。[③]

---

① 王志坚：《国际河流法研究》，法律出版社，2012，第 209 页。

② Patrick MacQuarrie, *Water Security in the Middle East* (Dublin, Ireland: Trinity College, 2004), pp. 14-15.

③ 水权份额资料来自王志坚《国际河流法研究》，法律出版社，2012。实际用水量占总水量的比例资料来自 *Water Disputes in the Euphrates-Tigris Basin*, Ministry of Foreign Affairs, Republic of Turkey, http//www. mfagov. tr/。

表 2-2 两河水政治复合体三国水权份额及水的实际使用量

国家	水权份额（立方千米）	水的实际使用量（立方千米）
土耳其	44.42	24% ×114 = 27.36
叙利亚	1.48	5.65% ×114 = 6.44
伊拉克	16.28	63% ×114 = 71.82

从表 2-2 中我们可以看出，土耳其在水分配和利用上，并没有超出其水权的合法利益。相反，伊拉克实际使用量与水权份额相差很大，占用了其他国家的水资源。

因此，土耳其是两河优势国家，但其优势地位被许多因素消减，外部阿拉伯联盟、内部库尔德问题等都牵制了土耳其的精力。虽然开发 GAP 客观上使土耳其控制河水的能力增强，但土耳其发展安纳托利亚工程的最主要目的，并不是对抗，而是发展东南部经济，缓解国内库尔德民族问题。另外，从两河水资源分配的结果看，土耳其并没有依据其优势地位获取不正当收益，甚至其合法利益还被其他流域国侵占。从实际情况看，同叙利亚、伊拉克甚至阿拉伯联盟的宣告与恐惧相反，土耳其没有选择完全控制或者大规模地限制两河的水流。① 因此土耳其在两河水政治复合体中，并没有形成水霸权。但由于下游两国流域面积大，对境外来水的依赖度大，要使两国放弃既得利益难度也较大。为了维持现有利益，它们必然会论证土耳其的水霸权性质，以赢得国际上舆论的支持。

（二）尼罗河水政治复合体中埃及水霸权

尼罗河干流流经坦桑尼亚、卢旺达、布隆迪、乌干达、刚果（金）、肯尼亚、厄立特里亚、埃塞俄比亚、苏丹和埃及。流域中下游大部分处于干旱半干旱地区，流域国家水资源都很短缺。布隆迪、卢旺达、苏丹、厄立特里亚等国家水资源有限，属于水资源紧张国家，而埃及、肯尼亚水资源匮乏，属于水短缺国家。贫穷、社会不稳定、人口的过快增长、环境恶化以及经常

---

① I. Turan, "Chapter 10 in The Future of Turkish Foreign Policy", in L. G. Martin and D. Keridis (eds.) *Water and Turkish Foreign Policy* (Cambridge, MA: MIT Press 2004), p. 208.

发生的自然灾害已经是尼罗河流域各国的共同特征，这使尼罗河流域成为世界上因水、食物、贫穷等问题而具有高度风险的五个地区之一[①]。

通过几个条约，埃及在历史上确立了其在尼罗河上的优势地位。埃及独立后，英国代表苏丹等国与埃及在1929年达成《关于利用尼罗河水进行灌溉的换文》（简称“1929年尼罗河水协议”）。该协议基于1920年尼罗河工程委员会估计的尼罗河840亿立方米年径流量，对520亿立方米水量在埃苏两国间进行了分配（剩下的320亿立方米未分配）。埃及每年享有480亿立方米的尼罗河水份额，苏丹可分得40亿立方米。协议给予埃及超越其他沿岸国使用尼罗河水资源的特殊“优先权”，上游国家未经埃及同意不能在尼罗河及其支流上建设可能影响流入埃及境内尼罗河水量的水利工程（这也就是此后埃及一再强调的关于对下游国家“无害”的规定）。

1959年，埃及和苏丹修改了两国于1929年签订的备忘录（即1959年尼罗河水资源协定），与1929年协议相比，两国用水量都有所增加。其中，埃及增加了75亿立方米水量，苏丹则增加了145亿立方米水量。1959年尼罗河水资源协定基本上是1929年尼罗河水协议确立的传统秩序的延续，排除了埃及、苏丹以外其他沿岸国的开发用水权（每年用水量不能超过10亿~20亿立方米）。[②]

那么，埃及在尼罗河水政治复合体中是否形成了水霸权呢？

首先，埃及虽然处于尼罗河下游，地理位置不利，但不可否认它是尼罗河流域实力最强的国家，符合水霸权构成的第一个条件。尼罗河流域国家经济社会发展普遍落后，世界上最贫穷的10个国家中尼罗河流域占5个，人均年收入不足250美元。

其次，埃及有着主观上以自己的实力获取水资源的动机并且采取了单边行动。为了维持自己在用水上的优先地位，埃及不但凭借实力维持殖民时期的分水框架，而且公开表示必要时会采取武力保护其利益。埃及对尼

① D. Y. Mohamoda, *Nile Basin Cooperation, a Review of the Literature.* Current African Issues (Nordic Afrika Institute, 2003. 26).

② 数据来源：A. T. Wolf and T. J. Newton, *Case Study of Transboundary Dispute Resolution: The Nile Waters Agreement*, http://www.transboundarywaters.orst.edu/research/case_studies/Nile_New.htm。

罗河水的严重依赖使其将上游国家试图改变尼罗河现状的所有行为都视为战争行为。[1]

1970年，埃塞俄比亚大旱。此后，埃塞俄比亚将青尼罗河流域的90000公顷土地和巴罗河流域（白尼罗河索巴特河的一条支流）的28000公顷土地纳入灌溉计划，遭到埃及前总统萨达特的威胁。他声称，对于埃塞俄比亚采取的改变青尼罗河河道的行动，埃及的应对措施中将包括发动战争。1979年，萨达特强硬地表示："水是将来唯一能导致埃及再次走向战争的导火索。"[2] 1979年12月，埃及再一次非常强硬地向埃塞俄比亚驻开罗大使重申了这个警告。[3] 埃及对上游国家开采水资源的计划一律持反对态度，为了阻止埃塞俄比亚使用尼罗河水，其甚至竭尽全力使埃塞俄比亚政局动荡，长久地延缓了沿岸国家使用尼罗河水的计划。

埃及在阻碍其他流域国家开发尼罗河的同时，不顾其他流域国家的反对，积极开发尼罗河。其中有一项计划是将尼罗河河水引入位于苏伊士运河东部的北西奈半岛。通过实施该计划，"尼罗河水将……开始通过和平运河（Peace Canal）流出……并将灌溉埃及北西奈半岛沙漠中的600000英亩的土地"[4]。此计划遭到尼罗河上游国家的强烈反对。埃塞俄比亚认为，埃及企图把尼罗河河水引到以色列以及把尼罗河河水引出它的自然航道和河谷而引入位于西奈半岛沙漠里的土地改造和开发工程的做法违反了国际法[5]，但埃及最终还是实施了该计划。

1996年埃及开始建设从尼罗河阿斯旺高坝水库提水55亿立方米到西部沙漠开发耕地的新河谷工程（预计历时20年，耗资600亿美元）。[6] 埃塞俄比亚

---

① M. Plaut, "Nile States Hold 'CrisisTalks'", *BBC*, March 7, 2004.

② K. Dawoud, "Taming the Nile's Serpents", Magazine Article from UNESCO Courier, http://www.unesco.org/courier/2001_10/uk/doss07.htm.

③ J. Bulloch and A. Darwish, *Water Wars: Coming Conflicts in the Middle East* (London: Victor Gollanz, 1993), p. 84.

④ R. Bleier, "Will Nile Water Go to Israel? North Sinai Pipelines and the Politics of Scarcity", *Middle East Policy*, Vol. 5 (1997.3), pp. 113 – 124.

⑤ R. Bleier, "Will Nile Water Go to Israel? North Sinai Pipelines and the Politics of Scarcity", *Middle East Policy*, Vol. 5 (1997.3), pp. 113 – 124.

⑥ A. Turton, P. Ashton and E. Cloete (eds.) *Transboundary Rivers, Sovereignty and Development: Hydropolitical Drivers in the Okavango River Basin*, South Africa: African Water Research Unit (2003).

对埃及、苏丹两国的尼罗河分水十分不满[①]，对于埃及将要实施的新河谷工程表示了强烈反对。埃塞俄比亚认为埃及的新河谷工程将会造成埃及用水得到事实上的承认，从而对埃塞俄比亚等上游国家的利益造成损害。

最后，笔者对埃及是否凭借其实力获取了超出其水权的利益进行评估。

第一步，明确尼罗河各流域国家的水权。水权的确定标准是各流域国家对尼罗河的贡献量，可分配的水权是扣除流域生态需水（包括流域人口用水）的河水总量。流域国对尼罗河的贡献量分别为布隆迪 0.93%，坦桑尼亚 4.64%，卢旺达 1.86%，肯尼亚 5.88%，乌干达 6.81%，刚果（金）0.30%，中非 0，厄立特里亚 0，埃塞俄比亚 41.45%，苏丹 38.08%，埃及 0。我们在扣除尼罗河生态需水后，计算出流域国家的水权份额为布隆迪 2.28 立方千米/年，坦桑尼亚 11.39 立方千米/年，卢旺达 4.57 立方千米/年，肯尼亚 14.43 立方千米/年，乌干达 16.72 立方千米/年，刚果（金）0.74 立方千米/年，中非 0，厄立特里亚 0，埃塞俄比亚 102.2 立方千米/年，苏丹 93.48 立方千米/年，埃及 0。[②]

第二步，明确尼罗河水政治复合体中各流域国家对尼罗河水的实际使用量。

埃及对尼罗河水没有贡献，但其用水量 1993 年已达 55.1 立方千米，目前每年的实际用水量已超过 1959 年尼罗河水资源协定规定的分水量（2004 年引水量已达到 64 亿立方千米），埃及声称其可用水量（包括尼罗河分配水量、地下水、海水淡化、水的重复及高效利用等）仅能维持到 2017 年。[③]

第三步，对埃及是否获取了超出其水权份额进行评估。埃及对尼罗河河水的贡献率为 0，其水权份额为 0，它对尼罗河水资源的利用仅限于尼罗河的生态需水，包括维持河流水生态和流域人口所需要的水量。但从当前

---

① 埃塞俄比亚代表在 1997 年出席关于水资源利用的年会中曾声明："在上游国家连自己的公平权力都不能保证的时候，下游国家（埃及和苏丹）却在完全地利用尼罗河水资源，尼罗河流域的这种局面极不公平，将来绝不能再继续下去。"

② 王志坚：《国际河流法研究》，法律出版社，2012，第 208 页。

③ S. A. Mason, *From Conflict to Cooperation in the Nile Basin* (Switzerland: Swiss Federal Institute of Technology Zurich, 2003).

的情况看，埃及对尼罗河的实际用水量已经远远超过本国生态需水，达到了 58.3 立方千米/年，对于额外用水也没有对上游国进行补偿。[①] 也就是说，埃及所使用的尼罗河水，大部分属于别国的水权份额。

因此，埃及符合水霸权构成的主客观要件，已经成为尼罗河流域水政治复合体中的水霸权。

（三）约旦河水政治复合体内以色列水霸权

约旦河是中东地区重要的水资源，对于水资源奇缺的约旦、以色列和巴勒斯坦等国来说极端重要。约旦河流域的水资源形势十分严峻，中东许多国家生活和生产用水都依赖地下水。“在以色列，全年用水量的 25% 取自地下水。而在约旦，此份额占 55% 以上。约旦河西岸地区和加沙地带，目前地下水占全年用水量的比例几乎达到了 100%。”[②] 加沙地带的水资源状况比西岸地区还要严峻。加沙地带基本上没有地表河流，只有有限的地下水，而这些地下水由于多年过量开采，海水开始渗透。当地居民基本用水保障部分依靠境外输水。

1948 年以色列建国。从那年开始，如何分配约旦河水，成为以色列和阿拉伯国家之间实际存在的问题。1953 ~ 1955 年，美国曾 4 次派遣特使约翰斯顿到中东进行调查研究，最后形成了一般称之为“约翰斯顿计划”的约旦河分水方案。依据该计划，各国所得的供水配额为，叙利亚和黎巴嫩分别得到 1.32 亿立方米/年和 0.32 亿立方米/年的供水，约旦的供水为 4.8 亿立方米/年，以色列的配额则为 4.3 亿立方米/年到 4.6 亿立方米/年。也就是说，“约翰斯顿计划”将以色列的分水配额提高到了总额的 40% 左右。[③] 但该计划遭到阿拉伯国家的拒绝，至今没有生效。

目前约旦河水政治复合体用水制度的基础是巴勒斯坦和以色列以及约旦和以色列之间的两个协议。《以色列—巴勒斯坦西岸和加沙地带过渡协

---

① M. El-Fadel, Y. El-Sayegh, K. El - Fadl and D. Khorbotly, “The Nile River Basin: A Case Study in Surface Water Conflict Resolution”, *Journal of Natural Resources & Life Sciences Education*, Vol. 32 (2003), pp. 107 - 117.

② 王联：《论中东的水争夺与地区政治》，《国际政治研究》2008 年第 1 期。

③ 宫少朋：《水资源与中东和平进程》，《阿以冲突——问题与出路》，国际文化出版公司，2002，第 383 ~ 384 页。

议》（即“临时协议”或“奥斯陆第二协议”）是巴勒斯坦和以色列之间就水资源问题达成的最重要协议。该协议是1995年9月28日在华盛顿签订的，其中的第40条是巴勒斯坦和以色列之间目前解决水资源问题的原则性条款。第40条第1款规定，以色列承认巴勒斯坦人享有西岸的水资源权，但没有确定有关各种水资源的来源。第3款规定在保持目前取水量的前提下，对各方行为进行了一些协调。第6款承认未来西岸巴勒斯坦人每年所需的用水量为7000万~8000万立方米。第7款规定在承认将西岸巴勒斯坦人在过渡期间可得到的水量提高到每年2860万立方米的基础上，以色列做出供水和修建供水管道的承诺。[①] 如果供水不足，巴勒斯人可以使用东部蓄水层和其他双方同意的西岸水源地的水。

约以之间的有关水的协议包括1993年9月14日约以之间签订的《议程框架协议》和1994年7月25日签署的《以色列和约旦哈希姆王国和平条约》[②]，该协议承认尊重对方主权，第6条及附件二规定了约以双方抽取雅穆克河和约旦河水量的分配额度，即以色列抽取的雅穆克河河水限定在每年0.25亿立方米，与约翰斯顿计划分配给以色列的配额一致。在冬季，由于约旦用水需求量减小，因而，约旦允许以色列从雅穆克河抽取额外的0.2亿立方米河水；在夏季，由于约旦用水量增加，约旦可以从以色列境内的加利利海获得0.2亿立方米水量，作为以色列冬季用水的补偿。另外，约以还规定，在未来时间进行合作，以开发以色列境内新的水源。通过开发新水源，以色列再向约旦提供额外的0.5亿立方米的可饮用水。[③] 另外，该条约还制定了水资源短缺时的合作机制和水质保护机制，建立了混合水资源管理委员会。

以色列在约旦河水政治复合体的水霸权地位也非常明显。

---

① 以色列承诺：①每年增加对希伯仑和伯利恒地区供水100万立方米，并修建一条供水管道；②每年增加对拉马拉供水50万立方米；③每年增加对萨尔费特地区内双方确定的一个取水点供水60万立方米；④每年增加对纳布卢斯地区供水100万立方米；⑤在杰宁地区打一口新的供水井，每年增加供水140万立方米；⑥每年增加对加沙地带供水500万立方米；⑦上述第①⑤项建设所需费用由以色列承担。

② D. J. Stewart, *Good Neighourly Relations: Jordan, Israel and the* 1994 - 2004 *Peace Process* (London, New York: Tauris Academic Studies, 2007), pp. 147 - 173.

③ 徐向群、余崇健：《第三圣殿——以色列的崛起》，上海远东出版社，1994，第270页。

首先，以色列的经济和军事实力较其他流域国家强，再加上美国的支持，其实力已经远远超过其他流域国家。另外，1967 年第三次阿以中东战争使以色列得以占领戈兰高地、约旦河西岸等地，这些地域都是原属于阿拉伯国家的水源地。实际上，加沙和约旦河西岸 80% 以上的水资源被以色列占有。一国的自然地理位置对国家安全有着重大的影响。“一国在世界上的地理位置从根本上决定了它的安全问题。”[①] 以色列建国后的地缘政治环境非常恶劣。以色列地形狭长，邻国包括埃及、约旦、叙利亚和黎巴嫩等，邻国之间关系差，地形上缺少战略纵深，“周边阿拉伯国家的导弹射程，覆盖了以色列的整个基础设施”[②]。但第三次中东战争后，以色列的外部地缘政治环境完全得到了改观，以色列在中东地区的强势地位得以确立，在该地区处于地缘政治上的优势地位，成为该地区掌握战略主动权的国家。再加上控制了主要水源地，国际河流地理环境硬权力因而大增。

其次，以色列不但有单边用水行动，而且有凭借军事实力夺取水权的动机和行为。虽然约翰斯顿计划由于阿拉伯人反对而没有生效，但美国政府认为阿拉伯国家并不会阻止以色列从中获得规定的水量，因为它们将会非正式地接受约翰斯顿计划。此后，在美国的支持下，以色列根据约翰斯顿计划，单方面进行了约旦河改道和输送计划——全国输水工程（National Water Carrier，NWC）。通过该工程，约旦河河水被引入以色列的南方地区。虽然该工程遭到阿拉伯国家的反对，但以色列仍然在 1964 年完成了国家输水工程，干旱的内格夫沙漠得到约旦河水的灌溉，这极大地推动了以色列的经济发展。

另外，以色列还多次为了水资源和流域国动武。约旦河改道和河水输送计划遭到了阿拉伯国家的坚决反对。[③] 先是巴勒斯坦解放运动法塔赫发动了对以色列输水管道的武装袭击，作为应对，以色列空袭了叙利亚的水利工程。[④] 为反对以色列国家输水工程，阿拉伯联盟计划将哈斯巴尼河和

---

① 斯皮克曼：《和平地理学》，刘愈之译，商务出版社，1965，第 44 页。

② 左渐晓：《以军战略重点将转向海上》，《环球时报》2004 年 6 月 17 日。

③ O. Seliktar, “Turning Water into Fire: The Jordan Rivers the Hidden Factor in the SixDay War”, *The Middle East Review of Internationl Affairs*, Vol. 19 (2005. 2), pp. 51 – 71.

④ 王联：《论中东的水争夺与地区政治》，《国际政治研究》2008 年第 1 期。

巴尼亚斯河改道注入雅穆克河，并决定改道工程主要由叙利亚实施。此计划遭到以色列的强烈反对，认为这个计划是一种敌视行为，危害了以色列合理利用水资源的权利。[①] 1965 年以色列炮轰了该工程，这一行为成为"六五战争"的导火索。沙龙认为，"河水改道问题，在叙利亚和我们（以色列）的边界争议日益突出的情况下，成为生死攸关的大问题"[②]。另外，以色列还竭力反对上游国家开发水资源计划。1987 年，叙利亚和约旦达成了一项合作兴建雅穆克河大坝的协议，但由于以色列的反对，世界银行拒绝为该工程提供贷款。[③]

最后，也是最重要的，以色列凭借其强大的实力，已经造成约旦河流域国用水不公平不合理的结果，损害了别国用水的合法权益。1984 年，约旦指责以色列使用雅穆克河河水的额度超出"约翰斯顿计划"的分配配额。"约翰斯顿计划"分配给以色列河水为 0.25 亿立方米/年，但以色列每年使用的河水达 1 亿立方米，远远超过了计划额度。1994 年约以和平条约中规定的以色列对约旦河的用水量，也远远超过了约翰斯顿计划所分配的量。就地下水资源来说，在 1967 年以色列占领西岸地区后，以色列赖以生存的地下水中有 40% 来自西岸地区，每年超过 1/3 的用水来自阿拉伯被占领土。[④] 约旦河西岸和上约旦河的水资源，成为以色列自 1967 年以来增加的用水量的主要来源。

（四）印度在恒河水政治复合体中的优势地位

恒河是南亚地区最长、流域面积最大的国际河流。它有三个流域国家，尼泊尔、印度和孟加拉国。其中，尼泊尔是恒河的最上游国。在如何使用恒河水的问题上，尼印、孟印之间长期争吵不休，恒河水的使用问题成为三国关系紧张的根源。

---

① Y. Lukacs, *Israel*, *Jordan and the Peace Process* (Syracuse: Syracuse University Press, 1996), p. 88.

② C. Mcgreal, "Deadly Thirst", *The Guardian*, January 13, 2004, http://www.guardian.co.uk/environment/2004/jan/13/water.israel.

③ A. T. Wolf and J. T. Newton, *Jordan River*: *Johnston Negotiations*, 1953-1955; *Yarmuk Mediations*, 1980's. http://www.transboundarywaters.orst.edu/projects/casestudies/jordan_river.html.

④ 王联：《论中东的水争夺与地区政治》，《国际政治研究》2008 年第 1 期。

当前恒河水秩序主要由尼印双边协议以及孟印双边协议确定。尼印双边条约有《柯西河条约》（1954年）、《甘达克河条约》（1959年）、《塔那普协议》（1991年）以及《马哈卡利河条约》（1996年）。这些条约的内容涉及共同开发水利水电项目、河流航运、洪水治理和水文信息交换等方面。印孟之间则是由一系列双边协议来约定供水，这些协议包括1977年印孟两国就分享恒河水问题签订的一项为期5年的临时协议、1996年签订的为期30年的第三个恒河水分享条约等。

毫无疑问，印度在恒河流域处于优势地位。首先，在三个流域国家中，印度虽只处于中游位置，但无论是经济实力还是政治、军事实力，印度都最强。而且，尽管处于尼泊尔下游，但在尼印关系中，印度无疑处于主动甚至控制地位。1950年7月31日，尼泊尔和印度签订了《印度—尼泊尔和平友好条约》。该条约是尼印双边关系的框架性文件，也是两国曾经形成"特别关系"的重要标志。[①] 条约在安全上将尼泊尔置于不平等地位，"成功地将尼泊尔纳入自己的安全体系"[②]。尼泊尔长年动乱，1996～2006年基本上处于内战状态，政府对部分地区失控。由于地缘关系，"尼泊尔与印度相互依赖，其利益不可避免地联结在一起……印度政府对于任何国家对尼泊尔的侵略行为都不能容忍……因为这些行为都直接关系到印度的国家安全"[③]。但这是一种不对称的相互依赖关系。尼泊尔是内陆国家，经济上对印度严重依赖，这种依赖使尼泊尔处于弱势地位。1989年尼泊尔和印度双边关系恶化，印度对尼泊尔进行经济封锁，直接影响了尼泊尔的经济发展，并造成尼泊尔的政局动荡。

孟加拉国更是在印度的帮助下建立的，孟加拉国西南部地处恒河三角洲，三角洲面积占其国土总面积的36%。1971年印度发动了对巴基斯坦的第三次战争。印度通过此次战争确立了对巴基斯坦进而在整个南亚格局中的绝对优势。1972年3月，印度和孟加拉国签订了《友好合作和平条约》，

---

① 吴兆礼：《尼泊尔—印度关系：传统与现实》，《南亚研究》2010年第3期。

② S. C. Nayak, "Nepal's Perception of India's Role in South Asia", in M. D. Dharamdasani (ed.) *Contemporary South Asia* (Varanas: Shalimar Pub House, 1985), p. 102.

③ A. S. Bhasin (ed.) *Nepal-India*, *Nepal-China Relations*: *Documents* 1947-*June* 2005, Volume-I (New Delhi: Geetika Publishers, 2005), pp. 26 - 27.

同时发表了印孟双方的联合声明。1975 年 8 月，孟加拉国军事政变后成立的军法管制政府与巴基斯坦建立了外交关系，这是印度不愿意面对的局面，因而做出了强硬的应对，恒河河水就成为印度利用的重要工具之一。而且孟加拉国处于恒河的下游，地理位置不利，因而处于绝对的弱势。

其次，印度还经常不履行协议，进行单方行动，有控制水的意图。自独立以来，印度想控制周边小国家，不允许它们游离自己的影响范围。1947 年印度独立后一直将尼泊尔视为本国势力范围和印中的缓冲地带。1950 年，印度通过《印度—尼泊尔和平友好条约》将尼泊尔纳入自己战略防御体系，排斥区域外大国对该地区事务的干涉。印度认为，它不会对这一地区任何国家的内部事务进行干涉，除非被这些国家要求这么做。另外，印度也不会容忍外来大国对本地区事务的干涉行为；它认为，如果实在有必要借助外部援助应对内部危机，地区国家应该首先考虑从本地区内寻求帮助，这种理念被称为英迪拉主义。冷战结束后，印度的南亚政策调整为"古杰拉尔主义"，该政策较为温和，但印度将周边国家纳入自己安全范围的策略没变。而且，印度在履行条约、进行单边行动上，都相当自主和随意，曾经给相邻国家带来损害。例如，印度在 1975 年 11 月至 1976 年 5 月曾经将恒河河水改道，此时正值当地的缺水季节，河水改道给孟加拉国的航运、灌溉、工农业生产和生活以及河流生态都带来非常严重的影响。1980 年 4 月，印度不执行印孟之间的临时协议，缺水使孟加拉大片土地干旱，农业生产遭受了巨大损失。1982 年，第二个恒河水分享协议到期，印度不同意与孟加拉国再续签协定，开始截流河水，此行为使孟加拉国再一次遭受缺水之害。[①]

在与尼泊尔的水资源合作开发中，印度也一直没有放弃在水资源合作上的主导地位，一直有着对尼泊尔开发自己境内水资源进行干涉的企图。从 20 世纪 80 年代开始，印度就在马哈卡利河上修筑塔那克普尔（Tanakapur）大坝。此一单方面修建大坝的行为，使 1983～1990 年尼泊尔境内 36 公顷土地被淹没[②]，尼泊尔国内因此掀起了声势浩大的示威游行。2008 年

---

① K. Jacques, *Bangladesh, India and Pakistan: International Relations and Regional Tensions in South Asia* (*International Political Economy*) (London: Palgrave Macmillan, 2000), P. 99.

② D. N. Dhungel and S. B. Pun (eds.) *The Nepal-India Water Resources Relationship: Challenges* (Dordrecht, The Netherlands: Springe, 2009), p. 42.

在普拉昌达执政期间，印度准军事部队突然占领马哈卡利河北岸两块有争议的土地，此举被尼泊尔指责为企图霸占界河水量。[①]

但印度是否在恒河流域形成霸权，还必须满足最后一点，即它是否因自己的实力而使恒河流域水分配陷入不公平不合理的状态，自己因此获得了不正当的利益。

恒河径流量的46%是由尼泊尔境内河流注入恒河的，而在枯水期尼泊尔境内注入恒河的水量则占恒河径流量的71%。[②] 从尼印两国水的使用权的情况来看，尼印之间的《柯西河条约》《甘达克河条约》《马哈卡利条约》等，都不涉及水资源的分配，而一些工程合作项目，除满足防洪、灌溉等目的，只进行了一些水益分配。例如《柯西河条约》规定，为了控制洪水，尼泊尔同意印度在柯西河上修筑水坝，并同意将此水坝的地点定在尼泊尔境内的比哈姆那加尔（Bhimnagar）。为了保证大坝项目建设的顺利进行，《柯西河条约》约定印度在尼泊尔境内的某些地区开采所需矿产，并以此偿还印度占有尼泊尔的土地使用费；印度有处置工程所使用的木材资源的权利；印度可以使用尼泊尔境内的土壤石砂。柯西河工程中印度可灌溉土地达96.911万公顷，而尼泊尔可灌溉土地只有2.448万公顷。[③]《甘达克河条约》规定，印度政府可以在甘达克河上修建水坝，积蓄的河水用于灌溉尼泊尔和印度的土地，水坝形成的水力可以供应同时修建的水电站，该水电站可以为尼泊尔提供水电资源。《马哈卡利条约》则规定，尼泊尔有权从塔那克普尔拦河坝工程（印度修建）中分享7000万千瓦时电力。虽然协议没有对印度可以获取的用水量进行规定，但规定了印度可以获取优先灌溉权。

可以肯定，印度在恒河水政治关系中处于掌控的优势地位，利用这种优势地位，它在尼印水资源利用中获得了好处，但这些好处并不是超过自身水权而获取的利益。在孟印关系中，虽然印度有一些不履行条约、单方行动的行为，而且这些行为给下游带来损害，但从水权上看，它并

---

① 李敏：《尼泊尔—印度水资源争端的缘起及合作前景》，《南亚研究》2011年第12期。

② D. N. Dhungel and S. B. Pun (eds.) *The Nepal-India Water Resources Relationship: Challenges* (Dordrecht, The Netherlands: Springe, 2009), p. 11.

③ 李敏：《尼泊尔—印度水资源争端的缘起及合作前景》，《南亚研究》2011年第12期。

没有获取超越于其水权之上的利益，因此不符合新水霸权标准的结果要件。

在恒河中下游，印孟达成过两次协议、两次临时性安排以及一份于1996年达成的、有效期为30年的《印孟恒河河水分享条约》(1996)。这些条约的执行情况不是太好，印度的单方行动，往往给下游孟加拉国带来损失。人们一般会谴责印度，因为它是上游国家，处于优势地位。但从结果来看，印度的优势地位并没有给自己带来利益。孟加拉国的下游国位置，为其带来了许多优势。孟印签订的条约内容对印度来说，并不公平。如1975年法拉卡大坝建成之后，争端激烈，为了安抚巴基斯坦，印巴签署了临时协定，印度同意在当年4月21日到5月31日恒河旱季期间，孟加拉国的可得水量为44000立方英尺/秒到49500立方英尺/秒，而印度可得水量则在11000立方英尺/秒至16000立方英尺/秒。[①]

这个临时协议并没有得到严格执行，主要原因就在于，恒河河水有很大一部分来自印度，孟加拉作为恒河的河口国，虽然使用时间长、使用河水量大，但是贡献率少，分水的方案对印度不利，因而印度不愿意执行。

因而，印度是恒河流域的优势国家，但还不构成水霸权。上述分析总结如表2-3所示。

表2-3 国际河流流域的优势国家与水霸权案例

国际河流	流域国家	是否有优势国家	是否存在水霸权
两　河	土耳其、叙利亚、伊拉克、伊朗、约旦、沙特阿拉伯	是	否
约旦河	黎巴嫩、以色列、叙利亚、约旦、埃及	是	是
尼罗河	埃塞俄比亚、布隆迪、中非、坦桑尼亚、肯尼亚、卢旺达、苏丹、乌干达、厄立特里亚、刚果（金）、埃及	是	是
恒　河	中国、尼泊尔、印度、孟加拉国	是	否
湄公河	中国、缅甸、老挝、泰国、柬埔寨、越南	是	否

① I. Hossain, "Bangladesh-India Relations: The Ganges Water-Sharing Treaty and Beyond", *Asian Affairs*, Vol. 25 (1998. 3), pp. 133-150.

第三章　国际河流水政治复合体的现状

处于同一国际河流流域的国家因为共享一条国际河流，相互之间存在利益冲突。国际河流水政治复合体内的冲突普遍存在，特别是那些位于干旱地区的水政治复合体，其冲突的可能性更大，也更难调和。而气候变化、人口增加等因素，使水短缺问题加剧，冲突有可能成为现实。虽然流域国家为了避免冲突进行了一些合作努力，但流域内权力结构的不对称使流域国家的合作很不稳定，冲突难以消解。

第一节　国际河流水政治复合体内冲突普遍存在

从当前状况看，由于水短缺、竞争用水、环境恶化以及生态危机的存在，国际河流水政治复合体内冲突普遍存在。特别是在缺水地区，流域国家在水资源方面的利益冲突更为尖锐，水条约很难达成，大多数国际河流流域至今没有任何协调机制，有一些河流流域的水冲突处于相当激烈的层级。目前国际河流水政治复合体的安全状况对应着冲突模式、安全机制模式和安全共同体模式，其中，安全机制模式是全球国际河流水政治复合体中的主要类型，而冲突模式主要存在于干旱半干旱的缺水地区。

一　几乎所有的国际河流水政治复合体都存在不同形式的冲突

国际冲突是指国际关系各行为主体之间因为谋求的利益、实现的目标出现差异，或者政治文化观念等不同引发矛盾和冲突，相互之间处于一种对立和对抗的状态。……国际社会中矛盾是绝对的，所以国际冲突是永恒的，是国际关系中常见的一种状态。[①] 在国际河流水政治复合体中，流域国家因为水及相关资源的争夺、民族和宗教矛盾、意识形态差异、社会制度的不同

---

① 杨曼苏：《国际关系基本理论》，中国社会科学出版社，2001，第135页。

等，极易发生冲突，这些冲突成为水政治复合体内国家关系的常态。

实际上，国际河流争议和冲突伴随着现代国家而出现，从来就没有停止过。虽然国际社会做出了很大的努力对国际河流利用进行规范，以避免纷争，解决冲突，但从目前的情况来看，国际河流冲突仍然是普遍存在的。如亚洲的恒河流域、中东的约旦河流域和两河流域、非洲的尼罗河流域，由于共同依赖单一的水源满足它们的基本需要和国家经济的发展，流域国之间的冲突一直没有停止过。联合国前秘书长加利多年前曾警告中东的那些阿拉伯国家说，中东这个危机震荡的地区将来可能为正在减少的水资源打仗。①

从世界范围看，虽然国际河流合作已经成为各国的共识，在现实中也有一些流域国在国际河流开发上进行了密切的合作，但这些合作的存在只说明，在这些河流流域的冲突不是十分激烈，并不说明相互之间没有摩擦。各流域国从自身角度和利益考虑，对国际河流开发利用采取单边的开发方式依然存在，生态问题仍然突出，即使在欧洲发达地区也是如此。如意大利和瑞士不顾奥地利反对，坚持在多瑙河的支流斯波尔河上修建引水工程。人类对水体任何形式的利用，都会给国际河流水体本身及其生态环境带来影响，使国际河流出现生态问题。随着国际河流开发实践的深入，人们开始认识到该问题的严重性，强调对国际河流生态环境问题的保护，也形成了一些国际河流环境保护规则，但这些举措仍然未能将人类对水生态环境的冲击限制在国际河流承载力以内，国际河流污染问题在大多数国际流域未见缓解。

长期以来，出于现实利益的考虑，许多国际河流流域国家所签订的条约和协议都以航行、水电和防洪等为主要内容，没有将当前利益与相关流域国利益、流域长远利益，乃至全人类的长远利益一起考虑，未能充分考虑有限的可更新资源的承载力和自然环境的容量。在污染防治方面，受损或受益各方之间也没有建立起合理的关系；在水分配方面，由于没有确立水权问题，没有普遍可以接受的分水标准，污染的责任也难以最终确定；

① 德国《商报》展望2010年系列之三：《水将决定中东的未来》，《参考消息》1999年3月3日，第3版。

在生态和经济利益的衡量方面，流域国家往往会倾向于经济利益，缺乏对河道生态和其他环境因素的考虑或者考虑不周，有些流域国几乎只考虑了生产和生活用水需求，而不考虑河道生态维护的基本水量问题。

从国际河流冲突的历史数据来看，国际河流的冲突一直存在，且数量不断增多，争端地区范围不断扩大。虽然美国俄勒冈州立大学的研究人员通过收集整理大量数据，表明20世纪50年代到20世纪末，流域国之间共发生国际水资源冲突事件1831起，而其中的1228件通过流域国之间的合作得到了解决；但从总体来看，世界上263条国际河流中，至少有158条仍然存在不同程度的管理问题。①

从目前情况看，存在争端的国际河流遍布全球五大洲，尤其在亚洲和非洲等发展中国家比较集中的地区，国际河流争端问题更为突出。从一定历史时期的数据来看，全球范围的水冲突甚至呈现加速爆发的趋势。据彼得·格雷克的统计，自公元1500年到1997年的497年间，全球共发生水冲突37起，频率为0.074。而在20世纪的97年间，就发生了34起，频率为0.351，比前400年增加了3.7倍多。特别是在“二战”以后的50年间，共发生水冲突30起，频率高达0.60，比20世纪的前50年（频率为0.08）增加了6.5倍。②

二　国际河流水政治复合体冲突程度不同，处于不同的安全模式

由于各条国际河流自然地理水文状况、流域国经济发展程度、对水的依赖程度以及应对危机的能力各不相同，水政治复合体冲突的程度并不一致。有的冲突激烈，甚至因为水而发生战争，如约旦河流域；有的已经建立相对完善的安全机制，流域国之间的关系相对较好，合作程度较高，如莱茵河流域。

根据布赞的区域安全复合体理论，区域安全模式可以划分为冲突模

① 《联合国环境规划署：150条“国际”河流可能引起国际争端》，《世界科技研究与发展》2003年第3期。

② 彼得·格雷克：《世界之水：1998～1999年度淡水资源报告》，左强等译，中国农业大学出版社，2000，转引自任世芳、牛俊杰《国际河流水资源分配与国际水法》，《世界地理研究》2004年第6期。

式、安全机制模式和安全共同体模式三种不同的类型。在冲突模式下，水战争并不一定会出现，但其安全秩序依赖流域国之间形成的均势。流域国对权力的争夺，会引发安全困境。当均势打破，“水战争”就有可能是流域国政治家用来威胁对方的主要论调。在安全机制模式下，国际河流水政治复合体内部存在一些双边或者多边条约，流域国开发利用国际河流的行为有了一定的规则限制，流域内使用武力的期望降低，安全困境在很大程度上被弱化。而安全共同体模式下的水政治复合体，有着稳定有效的国际河流安全机制，和平是地区安全关系的基调，运用暴力手段解决冲突变得不可想象，安全困境已经被化解。

中东约旦河水政治复合体和两河水政治复合体目前仍处于冲突模式。它们位于干旱半干旱地区，流域国家多为发展中国家，对国际河流水资源的依赖性较强，应对危机的能力弱，流域国家意识形态、宗教等都有相当大的差异，而且没有形成具备安全保障的制度性安排。“水资源是半干旱地区发展的关键问题，它给本地区所有国家带来了范围更广的安全问题。”① 在亚洲发展银行已确定的全世界70多个可能因为水引发冲突的热点地区中，最可能首先爆发的就是中东的约旦河（以色列与约旦之间的冲突）。② 约旦河水量本来就不大，而其流经的约旦和以色列水资源都奇缺，再加上种族、宗教因素，该流域的水政治更为复杂。

在两河流域，叙利亚、伊拉克与土耳其之间围绕幼发拉底河的争端长期存在。叙利亚、伊拉克对两河依赖性都大，对两河的开发利用历史长。土耳其在幼发拉底河上游筑坝拦水，全面开发水资源，对两国的利益有很大影响。为了维护利益，叙利亚甚至采取了支持土耳其国内分裂势力（主要是库尔德工人党）的政策，以寻求在水利用上的优势地位。1998年10月，叙利亚与土耳其围绕幼发拉底河开发与利用而产生的矛盾与敌意，甚至将两国关系引向战争的边缘。

大多数国际河流水政治复合体都处于安全机制模式状态，在这种模式下，每一个国家仍然作为潜在威胁存在。由于流域存在一些水协议，尽管

---

① R. H. Salmi, “Water, the Red Line: The Interdependence of Palestinian and Israeli Water Resources”, *Studies in Conflict and Terrorism*, Vol. 20 (1997.1), pp. 15–51.

② 陆忠伟：《非传统安全论》，时事出版社，2003，第226页。

冲突的可能性依然存在，但流域内安全困境减弱。流域国家多为发展中国家，水的获取与人们的生存息息相关，流域国家应对水危机的能力弱，对水的依赖程度高，容易发生水资源相关的冲突。最为典型的是尼罗河、中亚等地区的河流流域等。

尼罗河流域大部分地区干旱少雨，沿岸国家多为发展中国家，经济发展和人口增长都很快。预计到 2025 年，尼罗河流域国家除了刚果（金）人均水资源量较为充沛外，其他 10 个国家都为水资源紧张或短缺国家，总人均水资源量仅约为 853 立方米/年。[①] 为了发展经济，尼罗河的开发利用被提到了重要位置，多数流域国家都有一系列河流开发计划，这引发了一系列矛盾，水的问题已被视为该流域一个日益突出的安全问题。[②] 当前尼罗河水主要利用历史上形成的关于尼罗河水的条约进行规范，但这些规范并不是全流域条约，而且内容本身也引发了一些国家争议。上游国埃塞俄比亚就多次声明，因为条约的合法性和有效性都存在问题，本国不受条约约束。20 世纪 90 年代，在埃及的主导下，各国在一定程度上普遍推动了流域国之间的合作，但冲突依然存在。

而在中亚咸海流域，各流域国独立后沿袭了苏联的水利用制度，旧的制度在实际执行中已经出现许多问题，易货制度的执行遇到困难。下游国不能履行能源供应合同，不能付清所欠款项，而上游国家计划收取水费，并且切断对下游国家的供水，使流域国关系一直处于冲突的边缘。该流域"与水相联系的冲突的可能性正在增加"[③]，阿姆河流域的乌兹别克斯坦、土库曼斯坦两国的边界和水冲突已经上升到紧张的水平[④]。中亚各国对水资源的过度开发和利用，导致注入咸海的水量越来越少，引发了严重的生态问题，"中亚地区的灌溉水源短缺情况日益严重，成为该地区政治局势

---

① S. J. Mason, *From Conflict to Cooperation in the Nile Basin* (Switzerland: Swiss Federal Institute of Technology Zurich, 2003).

② 扎尔米·卡尔扎德、伊安·O. 莱斯：《21 世纪的政治冲突》，张淑文译，江苏人民出版社，2000，第 132 页。

③ P. H. Gleick, "Water and Conflict: Fresh Water Resources and International Security", in S. Lynn-Jones and S. Mille. (eds.) *Global Dangers: Changing Dimensions of International Security* (Cambridge, Massachusetts, London: Themit Press, 1995).

④ G. Gleason, "Uzbekistan: From Statehood to Nationhood", in Bremmerand R. Taras. (eds.) *Nations and Politics in the Soviet Success or States* (Cambridge: Cambridge University Press, 1993).

紧张的重要原因之一”[①]。水危机向社会、经济领域渗透，有时甚至与民族冲突、宗教矛盾联系在一起，引发了许多安全问题。例如中亚的费尔干纳盆地，聚居了中亚地区总人口的20%，由于贫困，1989年以来已经发生多起为争夺土地和水资源的民族流血冲突。

在印度河流域的印巴之间，1960年《印度河水条约》极大地缓解了两国用水矛盾，缓和了冲突，“假如没有这样一个条约的话，印巴之间可能会发生五次或六次战争”[②]。但条约没有彻底解决两国水争端。多年来，印巴围绕双方在印度河以及支流上的大坝建设和其他截留工程建设发生了一系列争端。[③]例如，巴基斯坦认为印度的图布尔航运工程、乌拉尔大坝、吉萨冈戈大坝等水利工程违反了《印度河水条约》第一条第11款、第三条第4款的规定；印度则认为巴基斯坦有意制造恐慌，试图在其国内制造出另一个反印话题。

欧洲的莱茵河流域、北美洲的五大湖流域则处于安全共同体模式，周边流域国家经济发展水平高、政治稳定，不存在水资源竞争利用的压力，流域各国受到的安全威胁不大，流域国家关系较为友善，但生态环境问题依然存在。

虽然各国际河流水政治复合体冲突程度不一，处于不同的安全模式，但从总体来看，几乎所有国际河流流域都存在不同形式的安全问题。根据2007年3月世界自然基金会发布的《世界十大河流面临严重危险》报告（该报告评估了河流所面临的自然威胁）[④]、沃尔夫的跨界淡水争端数据库以及美国太平洋研究所格雷克的河流与冲突数据库和表格[⑤]，可以看出，几乎所有的国际河流水政治复合体都存在程度不一的安全问题（见表3－1）。

---

① 诺曼·迈尔斯：《最终的安全——政治稳定的环境基础》，王正平、金辉译，上海译文出版社，2001，第50页。

② M. Z. Husain, “The Indus Water Treaty in Light of Climate Change”, http://www.ce.utexas.edu/prof/mckinney/ce397/Topics/Indus/Indus_ 2010.pdf.

③ Emma Condon et al., *Resource Disputes in South Asia: Water Scarcity and the Potential for Interstate Conflict*, Research Report, Workshop in International Public Affairs, School of Public Affairs University of Wisconsin Madison (June 1, 2009), p. 5.

④ 《世界十大河流面临严重危险》，《人民日报》2007年11月15日，第16版。

⑤ 参见 http://www2.worldwater.org/conflict/list/。

表 3-1　主要国际河流安全状况①

流域名	植被与土地利用	冲突事件	冲突内容
亚马孙河	森林覆盖率 73.4%，草原、稀树、灌木覆盖率 10.2%，湿地覆盖率 8.3%，农田 14.1%，灌溉田 0.1%，干旱半干旱地区 6%，城市与工业区 0.6%，原始森林丧失率 13.2%	共 2 件：2007 年（负 2），1990 年（负 2）	基础设施、水质
拉普拉塔河	森林覆盖率 18.1%，草原、稀树、灌木覆盖率 33%，湿地覆盖率 10.9%，农田 43.3%，灌溉田 0.5%，干旱半干旱地区 6%，城市与工业区 4.2%，原始森林丧失率 70.6%	共 24 件：无负 4 及更剧烈冲突	水量、基础设施、水电、联合管理、边界、航行
科罗拉多河	森林覆盖率 17%，草原、稀树、灌木覆盖率 74.9%，湿地覆盖率 2.5%，农田 0.9%，灌溉田 0.5%，干旱半干旱地区 92.5%，城市与工业区 6.9%，原始森林丧失率 42.8%	共 12 件：2007 年（2 件负 1），2005 年（负 2，3 件负 1），2004 年（负 1），1994 年（负 1），1989 年（2 件负 3，负 2），1972 年（负 1）	水量、水质
哥伦比亚河	森林覆盖率 50%，草原、稀树、灌木覆盖率 35.5%，湿地覆盖率 6.3%，农田 6.6%，灌溉田 3.6%，干旱半干旱地区 61.8%，城市与工业区 7.3%，原始森林丧失率 21.6%	共 5 件：2004 年（负 1，负 2）；2003 年（负 1）；2001 年（负 1）；1962 年（负 2）	水质、防洪、水电、基础设施
格兰德河	森林覆盖率 7.5%，草原、稀树、灌木覆盖率 80.9%，湿地覆盖率 2.1%，农田 5.2%，灌溉田 2.6%，干旱半干旱地区 98.8%，城市与工业区 6%，原始森林丧失率 52.1%	15 件：均 1994 年以后，无负 4 及更激烈冲突	水量

① 数据来源：俄勒冈州立大学 TFDD 数据库，国际水事件数据库 1948～2008 年。冲突等级：负 7 为国家正式宣战（统计年间没有发生），负 6 为造成死亡、混乱以及重大战略损失行为的军事冲突，负 5 为小规模的军事行动，负 4 为政治—军事敌对行为，负 3 为外交—军事敌对行为，负 2 为强烈的敌对语言互动，负 1 为温和的言语不和谐互动。参见 http://www.transboundarywaters.orst.edu/database/interwatereventdata.html。植被与土地利用数据来源：世界资源研究所电子地图及数据，http://multimedia.wri.org/watersheds_2003/。

续表

流域名	植被与土地利用	冲突事件	冲突内容
莱茵河	森林覆盖率6.8%，草原、稀树、灌木覆盖率1.4%，湿地覆盖率1%，农田64.7%，灌溉田3.3%，干旱半干旱地区0%，城市与工业区25.7%，原始森林丧失率71.1%	0	0
多瑙河	森林覆盖率18.2%，草原、稀树、灌木覆盖率3.2%，湿地覆盖率1.4%，农田66.9%，灌溉田5.2%，干旱半干旱地区13.7%，城市与工业区10.7%，原始森林丧失率63.1%	共95件：发生于1984~2008年，大多数为负1性质冲突，负4性质的事件1件	水质、基础设施、水电、航行、水量、联合管理
印度河	森林覆盖率0.4%，草原、稀树、灌木覆盖率46.4%，湿地覆盖率4.2%，农田30%，灌溉田24.1%，干旱半干旱地区63.1%，城市与工业区4.6%，原始森林丧失率90.1%	共115件：没有负4性质及更严重事件	水量、水电、基础设施、联合管理
约旦河	无数据	共191件：32件为负4及更为剧烈的冲突	水量、基础设施
库拉—阿克河	森林覆盖率7.1%，草原、稀树、灌木覆盖率30.6%，湿地覆盖率0.9%，农田54%，灌溉田10.7%，干旱半干旱地区68.5%，城市与工业区6.3%，原始森林丧失率79.9%	共8件：2001年（负2），1993年（负3），1992年（负4，2件负5，负3，2件负2）	基础设施
底格里斯—幼发拉底河	森林覆盖率1.2%，草原、稀树、灌木覆盖率47.7%，湿地覆盖率2.9%，农田25.4%，灌溉田9.1%，干旱半干旱地区99.2%，城市与工业区6.2%，原始森林丧失率99.9%	共52件，负4及更剧烈冲突6件	水量、基础设施、航行、边界、水质
鄂毕河	森林覆盖率33.9%，草原、稀树、灌木覆盖率16%，湿地覆盖率11.2%，农田36.9%，灌溉田0.5%，干旱半干旱地区99.2%，城市与工业区3.0%，原始森林丧失率38.4%	共3件：2004年（负12件，负3）	水质、水量

续表

流域名	植被与土地利用	冲突事件	冲突内容
萨尔温江	森林覆盖率43.4%，草原、稀树、灌木覆盖率48.3%，湿地覆盖率9.5%，农田5.5%，灌溉田0.5%，干旱半干旱地区0.1%，城市与工业区0.5%，原始森林丧失率72.3%	共14件：均为1993年后发生，无负4及更剧烈冲突	基础设施、水电、边界
恒河	森林覆盖率4.2%，草原、稀树、灌木覆盖率13.4%，湿地覆盖率17.7%，农田72.4%，灌溉田22.7%，干旱半干旱地区58.0%，城市与工业区6.3%，原始森林丧失率84.5%（此统计不包括布拉马普特拉河流域）	共76件：负4性质以上的4件	联合管理、水量、防洪、水质、基础设施、灌溉、水电
湄公河	森林覆盖率41.5%，草原、稀树、灌木覆盖率17.2%，湿地覆盖率8.7%，农田37.8%，灌溉田2.9%，干旱半干旱地区0.8%，城市与工业区2.1%，原始森林丧失率69.2%	共17件：除1992年（负2），其余均是1992年以后发生的负1性质冲突	基础设施、水电、水量、航行、渔业、联合管理
汉江		共8件：无负4及更剧烈冲突	水电、基础设施
伊犁河—巴尔喀什湖	森林覆盖率4.0%，草原、稀树、灌木覆盖率61.1%，湿地覆盖率4.7%，农田23.2%，灌溉田1.9%，干旱半干旱地区94.5%，城市与工业区1.5%，原始森林丧失率26.3%（此统计流域面积为512015平方公里）	共1件：2006年（负1）	水质
黑龙江	森林覆盖率53.8%，草原、稀树、灌木覆盖率8.8%，湿地覆盖率4.4%，农田18.4%，灌溉田0.8%，干旱半干旱地区34.2%，城市与工业区2.6%，原始森林丧失率33.4%	共9件：2007年（负1），2006年（3件负1），2005年（负1），1997年（负1），1974年（负2），1969年（2件负5）	边界
咸海流域	森林覆盖率2.4%，草原、稀树、灌木覆盖率67.2%，湿地覆盖率2%，农田22.2%，灌溉田5.4%，干旱半干旱地区93.7%，城市与工业区3.2%，原始森林丧失率45.4%（此统计仅为锡尔河流域）	共8件：2008年（负1），2007年（负1），1997年（负2，负3，负4），1992年（负5，负4），1989年（负5）	水质、基础设施

续表

流域名	植被与土地利用	冲突事件	冲突内容
刚果河	森林覆盖率44%，草原、稀树、灌木覆盖率45.4%，湿地覆盖率9%，农田7.2%，灌溉田0%，干旱半干旱地区0.2%，城市与工业区0.2%，原始森林丧失率45.8%	0	0
林波波河	森林覆盖率0.7%，草原、稀树、灌木覆盖率67.7%，湿地覆盖率2.8%，农田26.3%，灌溉田0.9%，干旱半干旱地区82.5%，城市与工业区4.5%，原始森林丧失率99%	共1件：1999年(负3)	移民
尼日尔河	森林覆盖率0.9%，草原、稀树、灌木覆盖率68.6%，湿地覆盖率4.1%，农田4.4%，灌溉田0.1%，干旱半干旱地区71.1%，城市与工业区0.5%，原始森林丧失率95.9%	共1件：1982年(负2)	基础设施
尼罗河	森林覆盖率2.0%，草原、稀树、灌木覆盖率53%，湿地覆盖率6.1%，农田10.7%，灌溉田1.4%，干旱半干旱地区36.8%，城市与工业区1.0%，原始森林丧失率91.2%	共52件：负4及更剧烈冲突5件	联合管理、水量、经济、基础设施、领土问题、技术合作
奥卡万戈河	森林覆盖率1.7%，草原、稀树、灌木覆盖率91.1%，湿地覆盖率4.1%，农田5.5%，灌溉田0%，干旱半干旱地区86.4%，城市与工业区0.2%，原始森林丧失率0%	0	0
奥兰治河	森林覆盖率0.2%，草原、稀树、灌木覆盖率85.5%，湿地覆盖率0.8%，农田6%，灌溉田0.5%，干旱半干旱地区82.8%，城市与工业区2.2%，原始森林丧失率99.9%	共4件：1998年（负2，负4，负6），1996年（负5）	基础设施
库内内河	森林覆盖率3.3%，草原、稀树、灌木覆盖率90.9%，湿地覆盖率2.9%，农田2.6%，灌溉田0.1%，干旱半干旱地区30.9%，城市与工业区0.1%	共4件：1999年（负2），1997年（负1，负2），1990年（负5）	基础设施、水量

续表

流域名	植被与土地利用	冲突事件	冲突内容
赞比西河	森林覆盖率4.0%，草原、稀树、灌木覆盖率72%，湿地覆盖率7.6%，农田19.9%，灌溉田0.1%，干旱半干旱地区31.9%，城市与工业区0.7%，原始森林丧失率42.8%	共2件：1997年（负6，负2）	水电、军事
塞内加尔河	森林覆盖率0.1%，草原、稀树、灌木覆盖率68.2%，湿地覆盖率3.6%，农田4.8%，灌溉田0%，干旱半干旱地区95.5%，城市与工业区0.1%，原始森林丧失率99.9%	共7件：2000年（23件负，负3），1999年（负5，负3），1990年（负2）	水量、基础设施、边界
乍得湖	森林覆盖率0.2%，草原、稀树、灌木覆盖率45.2%，湿地覆盖率8.2%，农田3.1%，灌溉田0%，干旱半干旱地区59.2%，城市与工业区0.2%，原始森林丧失率99.9%	共1件：1992年（负2）	基础设施
因科马蒂河	无数据	共1件：1995年（负1）	水量

三　冲突最易发生在处于缺水地区的水政治复合体中

国际河流流域的安全问题产生于流域国家对水资源的忧虑，这种忧虑会引发流域国之间对国际河流水资源的争夺，从而导致各种安全问题的发生。一般来说，流域国家对于水的忧虑来自三个方面。

第一，流域国家对水资源本身的忧虑，主要体现为对水缺乏、水质下降等水量水质问题的忧虑。“水资源安全一般是指由于水资源水量短缺或者水质下降引发水资源不能满足需求的现象，并由此危害到国家经济发展、当地人类生活以及生态环境。水资源安全不但是水量和水质的问题，还与国家的经济安全、食品安全、生态环境安全等密切相关，甚至还影响到一国的政治安全，对流域国家的发展造成影响。”①

① 封志明：《资源科学导论》，科学出版社，2004，第12页。

自20世纪80年代以来，水缺乏作为一个安全问题受到愈来愈多的关注。学者们将水资源短缺作为引发水政治复合体安全问题的重要因素，认为某一地区水缺乏与冲突之间有着因果联系，高度的水缺乏可能会引发严重的集体行动问题，导致流域国家为了获得充足的水资源而开始对国际河流的竞争利用①，从而"使国家将获得水作为国家安全来看待"②，使合作制度化成功的可能性降低。水资源的稀缺性会导致人们对水资源的竞争利用与争夺，甚至可能会导致暴力冲突。约旦河流域水资源的严重缺乏，确实使约旦河流域存在集体行动问题，这也是水缺乏导致水冲突观点经常采用的例子。有学者预测，到2050年逐渐增加的水需求将在除了少量的水充足地区外的其他所有地区都引发紧张的竞争性关系。③

虽然水资源短缺已经成为当今世界普遍存在的问题，但从总体来看，流域国家和地区水缺乏程度是不相同的，有一些国家和地区的水缺乏问题相对突出。④ 一般来说，水危机可能会引发流域地区的社会不稳定，间接诱发政治冲突。国内水短缺可能引发当地以及某一流域国的动荡，并且扩散到局部地区，引发地区安全问题。如中东地区幼发拉底河、约旦河和尼罗河流域发生的国际水冲突。⑤ 另外，水短缺会影响流域国的外交政策，水短缺引发的流域单方开发行为可能会引发国家间的冲突。

在中东，地区可更新水资源的获取量在减少，相关流域国面临较为严重的地区性缺水问题。中东国家的水资源状况可以分为以下三类。第一类是水量较为充裕但水质问题严重的国家，包括埃及、伊拉克、黎巴嫩、阿尔及利亚、摩洛哥、伊朗、突尼斯和叙利亚。这些国家可更新水资源足以

---

① M. T. Klare, "The New Geography of Conflict", *Foreign Affairs*, Vol. 80 (2001. 3), pp. 49 - 61.

② P. H. Gleiek, "Water and Conflict: Fresh Water Resources and International Security", *International Security*, Vol. 18 (1993. 1), pp. 79 - 112.

③ M. T. Klare, "The New Geography of Conflict", *Foreign Affairs*, Vol. 80 (2001. 3), pp. 49 - 61.

④ 非洲水资源缺乏比较严重，6个东非国家和5个邻地中海的北非国家都属于严重缺水的国家，2/3的非洲地区每年都面临干旱的威胁。参见刘登伟、李戈《国际河流开发和管理发展趋势》，《水利发展研究》2010年第5期。

⑤ A. T. Wolf, "Conflict and Corporation along International Waterways", *Water Policy*, Vol. 1 (1998. 2), pp. 251 - 265.

满足其消费，但由于水质不好，这些国家的水资源面临一些问题。从总体上来说，这些国家的水资源状况在中东地区是比较好的。第二类是水资源不充裕，但水质问题不太严重的国家，包括沙特阿拉伯、也门、科威特、卡塔尔、以色列、阿联酋、利比亚、巴林和阿曼。这类国家水资源消费量超过可更新水资源供给量，但由于水质较好，问题也不太突出。第三类国家和地区的水资源状况较为严重，不但水资源消费量超过可更新水资源供给量，而且水质问题也较为严重，这类问题主要集中在加沙和约旦。从总体上看，中东地区水资源短缺状况在全球是最为严重的。世界上水资源奇缺的国家有 15 个，中东地区就有 12 个，包括阿联酋、沙特阿拉伯、阿尔及利亚、利比亚、约旦、卡塔尔、以色列、巴林、突尼斯、阿曼、科威特和也门。[①]另外，这些水资源奇缺的国家中，有很多国家的水资源来自境外，不在本国的控制之内，而且在本地区缺乏可以公平分配和利用水资源的政治合作与地区合作环境[②]，使中东地区的流域国家充满了对国际河流开发利用问题的焦虑，因而引发了安全问题。

第二，流域国家对是否可以持续稳妥地获得可靠的水资源的忧虑。水既是人类赖以生存的基础性自然资源，又是推动国家社会经济发展的战略性经济资源。一国能否得到充足的水资源，是国家能否实现经济可持续发展的关键和核心要素，也是流域国家安全的重要保证。国际河流的共享性质，使每一流域国得到多少水，充满着不确定的因素，由此引发流域国对国家水安全的担忧和对其他国家在未来多用水的恐惧。

那些位于水压力大的国际河流流域、境外来水占国家水资源份额多的流域国，对于能否获得、在多长时间内获得安全可靠的水资源，担忧更甚，为水发生冲突的可能性也较大。比如中亚咸海流域下游流域国、尼罗

① 研究水问题的专家们往往采用每人每年可用淡水总量这一概念来衡量一国水资源紧张与否的程度，当一国每人每年可用淡水总量在 1000 立方米到 1700 立方米之间时，这个国家就被归入“用水紧张”（water stressed）的行列，而低于 1000 立方米的国家，则属于“水资源奇缺”（water-scarce）行列。参见 R. Farzaneh，L. Creel and R. De Souza，*Finding the Balance*：*Population and Water Scarcity in the Middle East and North Africa*（Washington，DC：Population Reference Bureau，2002）。

② N. Raphaeli，“The Looming Crisis of Water in the Middle East”，The Middle East Media Research Institute（MEMRI），*Inquiry & Analysis Series Report* No. 124（February 21，2003），http：//www. memri. org/report/en/print815. htm.

河流域的埃及，在巨大的水压力面前，水成为“威胁放大因素”，加剧了地区的不稳定。亚洲的约旦河流域、中亚地区、两河流域、恒河流域，不但面临竞争利用问题，而且面临严重的自然生态问题，这些流域的水政治复合体面临较大的环境压力。

第三，流域国家对能否得到满足所有国人生活需要的水资源的忧虑。尽管河流水资源是可更新资源，但真正可为人类所利用的淡水资源只有江河湖泊以及地下水中的一部分，约占地球总水量的0.0072%。[①] 虽然这些宝贵资源是可更新的，但由于经济发展带来污染以及气候变化等，可用资源越来越少。联合国环境计划署“面向21世纪的世纪水资源委员会”在2003年的一份调查报告中指出，世界的大江大河污染程度日渐加重、水质欠佳。[②] 全球人均淡水资源可用量已经从1950年的17000立方米下降到1995年的7000立方米。[③]

流域国的缺水指数可以用干旱指数来衡量。干旱指数是当前评价某一国家水缺乏程度的标准之一，它包括4个不同的指数反应变量，即①水需求和水供应的比率，②与人口增长相关的人均水数量，③年人均消耗水量超过1000立方米的可能性，④进口水供应和国内水供应的比率。

根据第一个指数，如果水消费对于水供应超过国家可更新水资源的1/3，就可以认为是水缺乏或者面临水缺乏的危险。因而，部分中东国家只有少量的降雨，面临水缺乏的危险，如埃及、伊朗、伊拉克、约旦、也门、科威特、利比亚、沙特阿拉伯、突尼斯、阿联酋和巴林。第二个指数将水利用和人口数量考虑在内。根据这个指数，经历缺水的国家在2025年人口会翻番，真正的缺水威胁就在眼前。[④] 根据第三个指数，国家人均可

① E. Schroeder-Wildberg, “The 1997 International Watercourses Convention-background and Negotiations”, *Working Paper on Management in Environmental Planning*, Technical University of Berlin 2002 (4), p. 3.

② 《世界主要江河水质堪忧》，《人民政协报》2003年3月25日，第B01版。

③ 亚历山大·基斯：《国际环境法》，张若思编译，法律出版社，2000，第186页。

④ C. Zehir and M. E. Birpinar, “Trans-boundary Waters in and Around Turkey, Historical Development, Legal Dimensions and Proposed Solution Offers”, *Proceedings of Conference on Transboundary Waters and Turkey*, 1st Edition (Istanbul: February 2009), pp. 99 – 122.

用水低于1000立方米就可以被认为是缺水国家。因而，除了埃及、伊朗、伊拉克、苏丹和土耳其，中东的其他国家都缺水。[①] 而且根据未来的人口预测，埃及将会是缺水国家。第四个指标对可用水与跨界水资源进行比较。如果一个国家的水主要来自境外，该国对水的控制减弱，会加剧忧虑，从而使水政治复合体内冲突的可能性增加。

世界上有许多国家的水资源都来自境外，这些国家对水的依赖程度视境外水资源占国家水资源的百分比不同而有所不同（见表3－2）。

表3－2　严重依赖境外地表水资源的国家[②]

国　家	境外流量占总流量的百分比	国　家	境外流量占总流量的百分比
埃及	97	伊拉克	66
匈牙利	95	阿尔巴尼亚	53
毛里塔尼亚	95	乌拉圭	52
博茨瓦纳	94	德国	51
保加利亚	91	葡萄牙	48
荷兰	89	孟加拉国	42
冈比亚	86	泰国	39
柬埔寨	82	奥地利	38
罗马尼亚	82	巴基斯坦	36
卢森堡	80	约旦	36
叙利亚	79	委内瑞拉	35
刚果	77	塞内加尔	34
苏丹	77	比利时	33
巴拉圭	70	以色列	21
尼日尔	68		

一般认为，如果一个国家的水资源总量中，有1/3的水资源源于境外，该国与别国发生水资源冲突的可能性较大。根据这个标准，除中东以外，其他一些国家和地区也有可能发生水资源冲突，例如，在亚洲位于国际河

① C. Zehir and M. E. Birpinar, "Trans-boundary Waters in and Around Turkey, Historical Development, Legal Dimensions and Proposed Solution Offers", *Proceedings of Conference on Transboundary Waters and Turkey*, 1st Edition (Istanbul: February 2009), pp. 99－122.

② 朱和海：《中东，为水而战》，世界知识出版社，2007，第35～42页。

流中下游的一些国家如巴基斯坦、孟加拉国、柬埔寨，非洲的博茨瓦纳、纳米比亚，欧洲的匈牙利、德国、捷克和斯洛伐克等，因为其主要水源都来自境外。水资源供需矛盾的突出、对境外来水的依赖，使流域国家都尽力为自己争取更多的水资源，以满足国家和人口生存的需要，消除水资源不足带来的恐惧。而流域国家竞相争夺水使用权的行为，使相关国家和地区之间的关系呈现不同程度的对抗状态，影响水政治复合体的稳定。因此，这些国家所在的流域未来发生国际河流冲突的可能性较大，水政治复合体可能会产生安全问题。

第二节　各种不确定因素增加了国际河流冲突的概率

国际河流水文地理上的整体性、政治上的分段归属性以及水资源与鱼类等资源的自由流动性，使国际河流内在地包含了冲突的可能性。而国际河流法律制度的不健全使这种冲突在某些流域凸显。另外，人口增加、城市化进程加快以及气候恶化，使人类对水量和水质的关注程度提高，加剧了水资源需求与水资源供应之间的各种矛盾。

一　国际河流属性使水政治复合体本身具备冲突的因子

从地理学上说，河流是一个有机的整体，不能被人为分割。但国家的出现，使河流被人为地划分为两个或多个国家所有，成为有着两个或者多个沿岸国家的国际河流，兼具自然地理和政治属性。对于界河来说，其分界线两边的水域分属于两边沿岸国，沿岸国对自己一边的水域享有排他的管辖权；对于上下游型国际河流来说，理论上各段分属于沿岸国。沿岸国虽然对属于自己一段或者一边的水域享有完全的排他的权利，但国际河流中的河水不是静止不动的，而是处于不断的流动之中。上游国的部分水资源会越过国界线，流入下游国家的国界线内，成为下游国的水资源。同样的情况也出现在河水中的鱼类资源中。鱼类自由地越过边界，穿梭于不同国家的水域之中。这样，流域国家在现实中难以对这些界限内的水资源和鱼类资源进行切实的分割管理，容易导致流域国之间的矛盾和危机。国际河流流域出现危机主要有以下几个原因。

首先，国家边界线的形成，并不总是以地形和河流的自然边界为依据的。国际河流打破了流域各国领土的完整性与封闭性，使国际河流水资源成为多国共享资源。国际河流由多个沿岸国共享，周边也就存在多个利益主体，例如多瑙河有19个流域国。世界上流域国数量超过5个的国际河流有19条，包括著名的亚马孙河、尼罗河、恒河、印度河、莱茵河、约旦河、湄公河、底格里斯—幼发拉底河等（见表3-3）。这些流域的主权国家不但要为各自利益展开有关国际河流的竞争与合作，也要注意维护本国的主权，这使同一河流的流域国之间的妥协和让步成为非常复杂的问题。

表3-3　流域国家数量超过5个的国际河流流域①

国际河流流域	流域国家数量（个）	流域国家名称
刚果河流域	13	乌干达、安哥拉、加蓬、布隆迪、卢旺达、喀麦隆、刚果民主共和国、中非共和国、马拉维、刚果、坦桑尼亚、苏丹、赞比亚
多瑙河流域	19	瑞士、黑山共和国、马其顿王国、匈牙利、波斯尼亚和黑塞哥维那、奥地利、意大利、塞尔维亚、克罗地亚、阿尔巴尼亚、捷克、保加利亚、摩尔多瓦、德国、斯洛伐克、波兰、斯洛文尼亚、罗马尼亚、乌克兰
尼日尔河流域	11	尼日利亚、阿尔及利亚、马里、贝宁、几内亚、布基纳法索、科特迪瓦、喀麦隆、尼日尔、乍得、塞拉利昂
尼罗河流域	11	卢旺达、布隆迪、肯尼亚、中非共和国、埃塞俄比亚、刚果民主共和国、苏丹、埃及、坦桑尼亚、厄立特里亚、乌干达
莱茵河流域	9	荷兰、奥地利、卢森堡、比利时、列支敦士登、法国、意大利、德国、瑞士
亚马孙河流域	9	委内瑞拉、玻利维亚、苏里南、巴西、秘鲁、哥伦比亚、圭亚那、厄瓜多尔、法属圭亚那
赞比西河流域	9	赞比亚、安哥拉、坦桑尼亚、博茨瓦纳、纳米比亚、刚果民主共和国、莫桑比克、马拉维、津巴布韦
咸海流域	8	土库曼斯坦、阿富汗、塔吉克斯坦、中国、巴基斯坦、吉尔吉斯斯坦、哈萨克斯坦、乌兹别克斯坦

① 联合国开发计划署：《2006年人类发展报告》（中文版），第206页。

续表

国际河流流域	流域国家数量（个）	流域国家名称
乍得湖流域	8	尼日利亚、阿尔及利亚、尼日尔、乍得、喀麦隆、利比亚、中非共和国、苏丹
湄公河流域	6	泰国、柬埔寨、缅甸、中国、老挝、越南
恒河—雅鲁藏布江—梅克纳河流域	6	缅甸、孟加拉国、印度、不丹、中国、尼泊尔
约旦河流域	6	黎巴嫩、埃及、被占领巴勒斯坦领土、以色列、不丹、叙利亚
底格里斯—幼发拉底河流域	6	伊朗、叙利亚、伊拉克、沙特阿拉伯、约旦、土耳其
沃尔塔河流域	6	马里、贝宁、科特迪瓦、布基纳法索、加纳、多哥
印度河流域	5	尼泊尔、阿富汗、印度、中国、巴基斯坦
塔里木河流域	5	巴基斯坦、阿富汗、吉尔吉斯斯坦、中国、塔吉克斯坦
维斯瓦河流域	5	斯洛伐克、白俄罗斯、波兰、捷克、乌克兰
涅曼河流域	5	波兰、白俄罗斯、立陶宛、拉脱维亚、俄罗斯
拉普拉塔河流域	5	巴拉圭、阿根廷、巴西、玻利维亚、乌拉圭

其次，国际河流地理分布的不均衡。国际河流不但在世界各大洲之间分布不均，而且在水文方面的差异非常显著。在世界各大洲中，欧洲的国际河流最多，有 69 条国际河流；非洲的国际河流数量位居第二，有 59 条；亚洲的国际河流或国际湖泊的数量为 57，居第三。北美和中美洲有国际河流 40 条，南美洲为 38 条。大洋洲没有国际河流或湖泊。在水量方面，南美洲仅亚马孙河一条河的径流量就约占整个地区年平均径流量的 80%，而非洲径流总量的约 30% 来源于刚果—扎伊尔河流域。许多发展中国家处于干旱或者半干旱地区，它们因为开发利用、竞争使用国际河流河水而产生了一系列矛盾与冲突。如果冲突的根本原因不能解决，那么有关国际河流利用而发生冲突的可能性就会长期存在。

最后，流域国家语言、文化、宗教和法治传统的差异。国家边界线的分割与河流的整体自然属性的不一致是流域国家可能发生冲突的潜在因素，流域国家的语言、文化、宗教和法治传统的不同，也是导致流域国家冲突的重要原因。特别是在中东和非洲地区，这些地区的国家多在“二战”后才独立，前殖民国家在划界时忽视其文化、民族与宗教因素，由此留下许多历史问题，使这些地区国际河流冲突与宗教文化民族等因素联系在一起，问题异常复杂难解。例如，英国在结束对尼罗河的殖民统治之前，与埃及在1929年缔结条约，规定尼罗河河水的89%归埃及和苏丹所有，未经埃及许可禁止其他上游国家修建水利工程。“二战”后，世界银行的贷款政策也明确，在未经尼罗河下游国家许可的情况下，不会向这些水利工程项目提供贷款。这些条约和政策虽然保障了埃及用水安全，却损害了上游国家的利益，带有很明显的不公平性。20世纪60年代以来，尼罗河上游国家纷纷独立，为了开发国际河流以及发展本国经济，理所当然地反对这些约束它们开发河水的条约，由此引发了尼罗河流域相关国家长期的用水冲突。另外，中东地区国家之间特别是阿、以之间河水的分配冲突，很大一部分也是由英、法等国家殖民统治结束时的不合理划界行为所造成的。

二　气候变化使水政治复合体内冲突的可能性增加

一般来说，气候变化等不确定因素对所有的河流系统都有一定的影响，但对于国际河流影响尤其大。世界自然基金会（WWF）统计的10条最危险的河流中，除了默累—达令河和长江是国内河流，其他8条河流都是国际河流。这8条河流是萨尔温江、多瑙河、拉普拉塔河、格兰德河、恒河、印度河、尼罗河、湄公河，其中有4条位于经济快速发展的亚洲。在这些国际河流流域，都面临不同程度的水短缺的压力。

气候变暖也使国际河流问题变得更加严重。仅在21世纪的前9年，许多冰川、冰盖和冰架都相继消失，这些消失的冰川中，有很多是大型国际河流的发源地。如青藏高原拥有45000多个冰川，这些冰川融化的水流入恒河、湄公河等亚洲主要国际河流。[1] 目前，喜马拉雅山脉的冰川融化速

① 大喜马拉雅地区拥有的冰川群仅次于南北极地区，是亚洲10大河流的发源地。参见刘登伟等《国际河流开发和管理发展趋势》，《水利发展研究》2010年第5期。

度在加快，到2035年这些冰川有可能完全消失。如果喜马拉雅山脉的冰川真的消失，则恒河、湄公河等都面临严重的威胁。国际河流水量的减少，将会导致数以亿计的人口缺乏饮用水，水资源的供需矛盾加大，国际河流争端发生的概率也随之增加。另外，气温升高和冰雪消融不但会导致水量减少甚至河流干涸，也有可能导致洪水发生。水量的巨大变化，可能会引发生态灾难。一些面临气候变化威胁最严重地区的国际河流，例如印度河与尼罗河，甚至有从地球上消失的危险[①]，从而严重影响当地人民的生活以及流域环境与生态。

三 人口增长带来的水资源压力不断激化流域国之间矛盾

人口增加、城市化进程加快以及气候变化，使国际河流的水质恶化、水量减少，加剧了水资源需求与水资源供应之间的各种矛盾，国际河流冲突的可能性大大增加。据统计，从1940年到1990年，世界人口从23亿猛增到53亿。与此同时，人均耗水量翻了一番，从年人均400立方米增加到800立方米。[②] 这意味着全球人类的耗水量在50年中增加了极为惊人的3倍多。按照世界人口目前的增长速度，到2050年，全世界人口将接近100亿。人口增加使人类对河水需求呈急剧增长趋势，对河水供应造成极大的压力。因为全球的淡水资源总量大致是恒定的，人口的不断增长意味着全球能够提供的人均最大供水量相应地减少。由于人口增长，人均可用水估计在2025年下降20%。到那时，30亿至40亿人口——几乎占世界人口的一半——将生活在中度或者严重水紧缺的国家。[③] 在中东、北非地区，由于人口增长快，水资源状况更为严峻。

该地区1960年水资源可用量为人均3500立方米，1990年已经下降到1500立方米。如果现有的人口增长率维持下去，到2025年中东地区人均可用水量将进一步地下降，一些国家如约旦、沙特阿拉伯等国家的水资源甚至将无法满足人类的基本需求。中东国家可用淡水统计及预测情况见表3－4。

---

① 刘登伟、李戈：《国际河流开发和管理发展趋势》，《水利发展研究》2010年第5期。

② 郑守仁：《世界淡水资源综合评估》，湖北科学技术出版社，2002，第52页。

③ W. J. Cosgrove and F. R. Rijsberman, "World Water Vision: Making Water Everybody's Business", in I. A. Shiklomanov, *World Water Resources and Their Use* (Paris: UNESCO, 1999).

表 3-4 中东国家可用淡水统计及预测（立方米/每人每年）①

国家	1955 年	1990 年	2025 年
科威特	147	23	9
卡塔尔	808	75	57
巴林	1427	117	68
沙特阿拉伯	1266	306	113
阿联酋	6196	308	176
约旦	906	327	121
也门	1098	445	152
以色列	1229	461	264
突尼斯	1127	540	324
阿尔及利亚	1170	689	332
利比亚	4105	1017	359
摩洛哥	1763	1117	590
埃及	2561	1123	630
阿曼	4240	1266	410
黎巴嫩	3088	1818	1113
伊朗	6023	2203	816
叙利亚	6500	2087	732
土耳其	8509	6029	2356
伊拉克	18441	6029	2356
苏丹	11899	4792	1993

另外，除了人口增加引发的用水减少，农业、工业生产的发展也会增加用水的紧张。作为耗水大户的农业生产（耗水量占全球用水量的 65% 左右），其用水总量从 1900 年到 2000 年整体增长了大约 6.5 倍。工业和其他途径的用水量也大大增加。农业化肥和农药的大规模使用，使许多国家和地区的淡水资源受到严重的污染。许多河流被过度使用，已经不能同时满足灌溉、电力、航行、洪水控制以及维持良好生态的需要。

与此同时，人类对水的需求量随着经济发展呈现越来越大的趋势。据

① A. Darwish, *Water War*, *Lecture Given at the Geneva Conference on Environment and Quality of Life*, June 1994, http//www. mideastnews com /WaterWars. htm.

估计，维持人类生活的最低水需要量为每天 25 升，即每人每年消费约 10 立方米；维持合理健康水平的最低水需要量是每人每天 100~200 升，即每年 40~80 立方米。在发达国家，家庭用水超过每天 300~400 升[①]，即每年 150 立方米以上。很多国家都达不到这样的标准。2008 年 11 月，美国国家情报委员会发布了一份题为《2025 年的全球趋势》的研究报告，报告显示，目前世界上约有 21 个国家面临水短缺，致使约 6 亿人缺乏充足的饮用水。而到 2025 年，预计将有 36 个国家面临水短缺，缺乏饮用水的人口也将增加到 14 亿。[②] 由于人口增长，人均可用水估计在 2025 年下降 20%。人口的迅速增长、工农业的飞速发展、人们生活水平的提高，会增加流域国水资源的供水压力，使流域国对水的竞争利用加剧，从而激化流域国之间的用水矛盾。

第三节 水政治复合体内难以形成稳定的合作

当前，国际河流合作已经成为水政治复合体内大多数流域国的共识，流域国对国际河流进行合作开发利用是今后发展的趋势。但合作趋势的存在并不意味着国际河流流域国之间就一定能够合作或者进行富有成效的合作。国际河流本身的复杂性以及流域之间的利益差异，都在一定程度上使合作问题复杂化。而水政治复合体内权力结构的不对称，更是给国际河流合作带来了许多阻碍。

不对称权力结构对国际河流流域安全的影响是显著而深刻的，甚至有学者认为，如果不能够改变这种权力结构，合作将不可能最终形成。[③] 虽然水政治复合体内的优势国家不一定运用权力获得利益，但以隐蔽或者公开形式存在的水霸权，却可以凭借其强大的经济军事实力以及对水谈判规则的控制能力，推行自己的国际河流理念，使国际河流合作朝着有利于自

① 杨光：《中东可持续发展问题的挑战——新世纪中东经济发展问题之三》，《西亚非洲》2008 年第 1 期。

② National Intelligence Council (NIC), *Global Trends 2025: A Transformed World*, http://www.dni.gov/nic/NIC-home.htm.

③ H. Haftendom, "Water and International Conflict", *Third World Quateriy*, Vol. 21 (2000. 1) pp. 51-68.

己的方向发展，最终获得超过其水权份额的水使用权，构建有利于己的国际河流安全秩序。从现实情况看，国际河流流域内的水霸权确实在一定程度上维持了国际河流水政治复合体的稳定，推动了国际河流合作。但从本质上说，水霸权指导下的合作，导致不平等的结果，其所形成的安全秩序，不是建立在各流域国家权利义务对等的基础上的，不是一种长期稳定的合作。

一　流域国权力地位不同使合作动力差异较大

国家利益是决定一个国家生存和发展的核心问题，流域国家的水政策必定是围绕国家利益而展开的。例如，印度河流联网工程之所以一直处在印度国家计划内，就是因为它可以为该国带来巨大的国家利益。虽然下游国孟加拉长期以来不断指责该工程会造成孟加拉国大片地区严重缺水、土地沙漠化和盐碱化，给印度造成了大的外部压力，但印度从未表示放弃这一工程。因为对于印度而言，河流联网工程将会使国内北部丰富的水源输送到缺水的南部和东部各邦的目标得以实现，印度也会因此摆脱长期以来面临的缺水困境。

在国家利益的驱使下，水政治复合体中权力地位不同的国家，其合作动力是不一样的。在不能保证自己的利益能够实现的情况下，优势国家往往会采取维持现状、辅以单边开发的做法，不急于缔结水条约。而流域弱势国家为了保证自己利益的获取，往往成为合作制度构建的积极推动者。在大多数情况下，对国际河流河水依赖程度高的国家，特别是那些下游国，为了保证自己的用水，往往会积极推动有利于己方的国际河流用水规则的建立。如果已经建立的制度对下游有利，下游国家就会阻挠新制度的形成，以维持本国在国际河流方面的权益，哪怕是不正当的用水权益。如在尼罗河流域，上游国家如埃塞俄比亚等积极要求形成新的合作机制，而埃及只想维持现状。中东地区的叙利亚和伊拉克，中亚地区的乌兹别克斯坦和土库曼斯坦等国家，都处于国际河流流域的中下游，有着悠久的农业灌溉历史，农业灌溉系统发达。但这些国家2/3以上的水源都来自邻国，为了保障自己的农业生产，它们力争使既得利益合法化，为此它们也在不断努力地推进合作进程。

从理论上说，国际河流水政治复合体内权力的相对不平等或者不对称，可以影响国际河流水政治复合体内流域国家的成本和收益。优势国家有可能根据自己的国家利益来引导国际河流水资源利用以及分配的方向和模式，决定合作的形式和利益获取的多少。但从现实中看，优势国家的能力不一定转化为利益。这主要是由流域国之间的相互依赖关系决定的。共享国际河流的地理特性使流域国家之间存在较为紧密的相互依赖关系。虽然各流域国家依赖程度并不一致，但依赖程度较低的国家，能够获得控制其他流域国家以及按照自己意愿行动以获取更多利益的能力。比如说优势国家的单方行为是目前在国际河流流域普遍存在的一种自助行为。但优势国家进行单边行为是非常谨慎的，在国际河流流域，流域国家之间的相互依赖越强烈，优势国家对权力的运用越慎重，以避免该行为可能带来的不必要的冲突。在两河流域，土耳其在进行建设大坝的单方行为的同时，注重对下游国家的安抚。另外，在国际河流流域，“资源的权力结构与控制结果并以结果模式来衡量的权力之间并不存在一致。能力转化为结果，有赖于政治进程。政治谈判的技巧也影响该转化”①。比如中国虽然处于周边几乎所有流域国家的上游，但由于其不谋取进攻性的战略态势和控制性权力优势，中国的上游位置和实力优势，并没有被用于谋取不合法不合理的河流利益。

如前所述，水政治复合体中的优势国家与水霸权的差别，就在于是否用优势地位获取不公平的利益。分析优势国家是否运用了优势权力、如何运用优势权力以及权力运用的最终结果，可以更准确地看到优势国家在国际河流中的真正地位。

在国际河流实践中，经常出现的情况是，由于国际河流水权制度不明确，权利义务无法界定，下游国家的相互联合与结盟，削弱了上游国家的优势地位，甚至使优势地位进行了转换，上游国成为弱势国家。例如在湄公河流域，从客观情况看，中国是优势国家，也有一些单边开发的行为。也正因如此，长久以来，中国威胁论、中国水霸权的言论经常出现。但从

---

① 罗伯特·基欧汉、约瑟夫·奈：《权力与相互依赖》，门洪华译，北京大学出版社，2002，第55页。

结果看，中国在水问题上根本不存在威胁。中国与周边国家长期以来，没有出现由水问题而直接引发的国家层面的暴力冲突。中国也并未运用优势地位获取不正当的利益。根据 TFDD 的数据，中国对湄公河水量的贡献率为 18.6%，湄公河生态需水比例为总流量的 28%（该比例参照 Smakhtin，Revenga 和 Döll 的文章数据[①]，这个数据可能比实际的生态需水量大一些，确切的数据需要在精确资料基础上进行科学的计算），则中国的水权份额是 18.6% ×（1－28%）＝13.4%。目前中国境内水利用量不足出境水量的 5%。因此，依据水权公式，即使运用国外的数据，中国对澜沧江水资源依然存在很大的开发利用空间，远远够不上不当得利，因为中国可以以澜沧江总水量的 13.4% 作为开发利用目标。[②] 甚至可以说，目前中国正常的国际河流开发利益因不合理的国际舆论制约而得不到有效的保障。在尼罗河流域，埃塞俄比亚是地理位置上的优势国家，贡献了至少 80% 的河水，但用水很少，开发河流受到埃及的限制。虽然它非常需要水，但由于国家实力弱，不可能通过谈判得到它们所认为的公平分配的水，只好进行单边行动以获取自己应得的利益。但是，单边行动很容易导致冲突，因而流域国必须充分协商，基于流域国本身的水权，签署权利义务对等的条约。

国内问题的存在、外部势力的参与，也会在一定程度上弱化流域优势国家的地位。国际河流水政治复合体处于国际政治外部关系的影响之中，这些外部势力的存在，一方面可以平衡优势国家和水霸权，另一方面可能促使优势国与弱势国之间发生地位转换。在两河流域中，土耳其是当然的优势国家，但是国内的不稳定因素，如库尔德问题，被下游国家叙利亚和伊拉克利用，因而牵制了其优势的发挥。叙利亚只控制了幼发拉底河很少的水流，底格里斯河只有几十公里流过其东南边界，它自身水资源选择也不多，弱势地位明显，但它与伊拉克、阿拉伯联盟的联合，在一定程度上增强了它的力量。

国际河流实践中，经常有下游国家达成协议，将上游国家排除在外的例子。例如约旦河流域、尼罗河流域、湄公河流域等都是这样。以 1994 年

① V. Smakhtin，C. Revenga and P. Döll，“A Pilot Global Assessment of Environmental Water Requirements and Scarcity”，*Water International*（2004. 3）.

② 王志坚：《国际河流法研究》，法律出版社，2012，第 210 页。

约旦和以色列之间的和平条约为例，参与谈判的约旦水官员，公开宣称他们低下的地位，以提高其在对其他更重要的国家间问题的讨论中讨价还价的能力。[①] 因为约旦所得到的水使用权，超出了其应有的水所有权，约旦当局公开认为条约中的水条款是国家成就。[②]

二 水霸权国与其他流域国家的不对称关系

从水霸权的界定标准可以推断出，水霸权国是指在国际河流流域，相对于其他流域国，在军事、政治、经济以及自然资源等方面有优势，并且通过一定的行为维持这种优势，在客观上造成了其他国家利益受损、自己利益增加，使国际河流水资源分配与利用结果不公平不合理的国家。如果在某一国际河流水政治复合体中存在水霸权，霸权国家就会凭借实力，将本国有关水的想法、原则向外投射，其影响力也会通过权力的不对称得以实现，影响到流域缔约过程及条约内容。[③] 这些水条约是形成国际河流水政治复合体安全机制的基础，其内容丰富多样，其中最重要的是流域国家间的水分配。

但在国际河流流域，要形成控制型的国际河流机制是非常困难的。由于国际河流流域国家是因为国际河流紧密联系在一起的，区域位置较为狭小和封闭，国家间的实力对比不是十分鲜明，因此，水霸权国一般没有绝对的控制性的实力。也就是说，国际河流流域之内，一般不存在完全控制性的国际河流机制，而是以保险性机制的权力结构为主导。在保险性机制之下，虽然水霸权也在一定程度上存在，但水霸权国与其他流域国家之间没有控制与被控制的关系，而只是一种不对称的合作关系。水霸权国主要通过软权力，实现对其他流域国家的影响，形成对自己有利的机制。可以说，一国强大的领导力量不一定是来自本国所拥有的（经济）财富或政治

---

① M. Haddadin, *Diplomacy on the Jordan*: *International Conflict and Negotiated Resolution*. Kluwer Academic Publishers (Kluwer Academic Publishers, 2002).

② M. Haddadin, *Diplomacy on the Jordan*: *International Conflict and Negotiated Resolution*. Kluwer Academic Publishers (Kluwer Academic Publishers, 2002).

③ D. Whittington and J. Song, "Why Have Some Countries on International Rivers been Successful Negotiating Treaties? A Global Perspective", *Water Resources Research*, Vol. 40 (2004.5), pp. 1 - 18.

军事实力，思想和观念的力量也是国际河流流域某一流域国家强大领导力的重要来源。

（1）通过话语权的控制，引导流域国家的认知，并形成对自己有利的国际河流水权的共同认识。国际河流流域水权机制的价值基础是流域国之间主导性的共识，也是国际河流水权制度合法性建立和维系的重要因素。流域国家的主导性共识对国际河流水权制度的产生有着深刻的影响，主导性共识的消失，会使国际河流水权制度出现合法性危机。因而，通过话语权的控制，引导形成有利于霸权国家国际河流水权制度的合法性认知，是水霸权国家对国际河流水分配方式最重要的影响。“国家的实力与一国话语方式是紧密结合在一起的，甚至可以说，话语方式能够重新塑造国家权力。”①

水霸权国家有着较强的政治影响力，在国际河流领域拥有话语权。它可以形成有利于己方的国际河流理论，并且通过各种形式的宣传，推行自己的意识形态，从价值观念上影响别国对共享水的认知和行为，确立对他国在相关理论形态上的主导地位，确保自己的领导力量。另外，水霸权国家还可以为其支持的国际河流水权制度进行权威的论证。通过对话语权的控制，水霸权国家控制了水政治的参与国家与进程，使流域国家认同其倡导的价值观念，引导其他国家做出有利于其本国利益的相关政策。

（2）引导水条约内容，形成有利于己方的国际河流水权体系。水霸权国家不但在话语权上占优，可以推行自己的国际河流理论，还有较强的军事、经济力量将这些国际河流理论在实践中推行。它们凭借其强大的军事经济实力，通过威胁、援助等手段，影响流域国家缔结条约的意愿，引导国际河流谈判的内容。在实践中甚至有水霸权国家利用军事力量将流域国推上谈判桌的事例。例如在尼罗河流域，埃及多次运用军事威胁的手段，将尼罗河流域国家推上谈判桌，然后利用经济技术优势，操控谈判内容，使条约结果对自己有利。但由于多数情况下使用军事力量不仅代价高昂而且结果难以预料，这种情况并不多见。

（3）水霸权国家是维持或改变本流域水权制度的力量。在制度有利于

① 安东尼·吉登斯：《民族——国家与暴力》，胡宗泽等译，三联书店，1998，第254页。

己方的时候，水霸权国家会以自己的力量维持水条约所创立的国际体制，使水政治复合体在一定时期内得以稳定，并通过军事、经济、政治手段，确保水条约的履行。但如果水条约对水霸权国家不利，水霸权国家则会单方面撕毁条约，或者单方面开发国际河流，获取不正当的收益，从而带头破坏水条约所创设的水分配体系。

在水权未定的国际河流流域，依靠实力能够获取更多的利益，水霸权控制水的意图更加明显，动力也更强。如果最终造成各流域国用水结果不对等的程度很高，则其他流域国家对抗水霸权的意图较为强烈，冲突发生的可能性也大。因此，水霸权的消解只能通过明确水权，使流域各方的利益获取建立在公平合法的水权之上，这样就减少了利益获取的不可预见性，从而减少或者消除冲突。

三 水霸权指导下的合作是一种不稳定的合作

“霸权国家通过建立国际机制的方式来维护霸权并管理国家间关系是国际关系（尤其是20世纪的国际关系）的一个重要特点。”[①] 在国际河流水政治复合体中，水霸权国家通过签订水条约，不但使自己的行为以及所得到的利益合法化，而且可以通过流域各国对于机制合法性的承认，降低国际河流流域的管理成本，使该流域内有利于水霸权国家的秩序得以维持。但这种条约是从霸权国自己的国家利益出发的，客观上使其他流域国家利益受损严重，权利义务严重不对等，造成不公平的水权分配结果。那些利益受损的流域国会不断寻找措施，应对和改变这种状况，以使流域国之间的利益趋于平等。因而，流域各方之间的权利义务是否对等，是造成冲突或者促进合作的一个关键的变量。[②] 由于不公平的水权分配结果一般来说对霸权国家是有利的，因此，在这种情况下，水霸权国家往往成为维持现状、强调稳定的重要力量。如果水霸权力量足够强大，其存在会使国际河流形成暂时的稳定结构。

虽然国际河流流域的稳定是流域国家的共同利益，所有流域国家都能

---

① 秦亚青：《制度霸权与合作治理》，《现代国际关系》2004 年第 7 期。

② B. Spector, “Motivating Water Diplomacy: Finding the Situational Incentives to Negotiate”, *International Negotiation* (2000. 5), pp. 223 – 236.

从稳定中获得一定的收益，享受安宁的国内和国际和平建设环境。但由于水霸权指导下的合作是以不平等的分配和收益为基础的，这种不平等的分配和收益，是水霸权国家凭借其在水政治复合体中的优势，限制其他流域国家利益要求而获取的。水霸权国家通过话语权影响流域国家的国际河流开发理念，创建一种利己的国际制度，建立起国际河流开发利用所要遵循的原则、规章和决策程序，规定何为合法、何为非法，使自己的利益得到保证，并且限制其他国家利益的实现。弱国迫于各种压力，会接受一些对自己不利的利益分配结果。但随着情况改变和自身认知的提高，流域弱国为了维护权益，必然会提出权利义务对等的要求，从而对霸权稳定秩序形成挑战。因而，霸权稳定是在霸权结构下的结构和单元的暂时稳定，是霸权国家利用实力维持的一种弱性强制状态。这种不平等的稳定，潜藏着巨大的冲突因素。

实践中，至少有三种因素会导致水霸权指导下的国际河流水政治复合体合作的不稳定，从而引起国际河流流域国际关系的不稳定和动荡，阻碍国际河流流域安全的实现。

一是水霸权指导下的国际河流合作秩序是建立在牺牲其他流域国家的利益的基础之上的，是按照霸权国家利益而建立的一种秩序和稳定，这种秩序和稳定会由于各国独立意识的增强、民族意识的觉醒以及对不平等条约的反抗而受到挑战，甚至会演变成地区动荡，影响水政治复合体的稳定。这种情况往往是因为弱国想得到公平对等的权利，而水霸权不愿意让步而发生的，表现为既得利益与应得利益之间的矛盾。比如尼罗河、约旦河流域当前的冲突就是如此。

二是水霸权指导下的国际河流水政治复合体的稳定秩序，会随着流域内水霸权的衰落而出现动荡。流域国家的经济发展速度不一致，各国的关系也随时会发生变化，因而那些实力增长迅速的国家，必定会对水霸权下的国际河流制度提出质疑，威胁水霸权在国际河流中的地位，从而使国际河流发生冲突的可能性增加，甚至有导致战争的可能。而对水战争的预测也正是在这种思维下出现的。在约旦河流域，美国对以色列的偏袒，造就了约旦河流域的水霸权——以色列。但以色列在维持水霸权地位时遭遇阻力，因而引发了约旦河流域的不稳定与动荡。在尼罗河流域，埃及不是尼罗河的源头国，而且严重依赖其他流域国家对尼罗河水的贡献[①]，但埃及在英国的支持下，成为尼罗河中的水霸权国家，获得了不成比例的水利用权益。随着流域国家的独立，各国经济发展的强烈需要，必然会使埃及的霸权地位受到挑战。因此埃及水霸权是“不完全的”[②]，不能对尼罗河其他流域国形成完全的控制。目前埃及采取了变通的做法，积极参与尼罗河倡议，试图通过控制议程、引导谈判内容，继续维持其尼罗河水霸权的地位。

三是水霸权破坏现有制度，导致不稳定。“如果一种现存的国际机制，对霸权国的利益有损害，从而使霸权国处于不利地位，该霸权国在有能力承受改变机制带来的成本时，就有可能反对并改变这个制度。”[③] 国际水条约一旦制定出来，就有了一定的独立性，因此，在某些情况下，国际制度可能会约束水霸权实现国家利益，如果这种约束超出了水霸权所能承受的范围，则霸权国就会破坏现有的制度。比如自然条件变化，使水短缺情况更为严重，在水权没有确定的情况下，水使用权的争端必然会加剧，水霸权国家必然要多使用水，而其他国家为了生存也必然要多要求水权，从而引发新的混乱局面，使国际河流水政治复合体内出现冲突与动荡。特别是在水缺乏形势特别严峻的情况下，霸权国的利益有可能受到严重挑战，使其难以应对复杂局面时，“霸权国会主动放弃自己创立的体系，带头破坏国际规制，或者制定新的规制来维护自己的利益，以致造成国际体系的不稳定”[④]。

---

① M. Klare, *Resource Wars: The New Landscape of Global Conflict* (New York: Henry Holt and Company, 2001).

② M. Zeitoun and J. Warner, “Hydro-hegemony: a Framework for Analysis of Transboundary Water Conflicts”, *Water Policy*, Vol. 8 (2006. 3), pp. 435 - 60.

③ 门洪华：《国际机制与美国霸权》，《美国研究》2001 年第 1 期。

④ 牛震：《关于霸权稳定论及其评价》，《世界经济与政治》2000 年第 10 期。

第四章　国际河流水政治复合体内国家间的互动

在国际关系现实主义流派中，权力是左右国际关系基本结构及其走向的决定性因素，是应对威胁的首要手段，即通过权力制约权力，通过国家间的均势和抑制，产生出稳定和秩序。在国际河流水政治复合体中，流域国家大多是采用均势来应对各种威胁、寻求自身安全的。优势地位国家与水霸权国在开发利用国际河流中占有一定优势，但弱国也不一定就是无所作为的。它们有很多手段对优势国家和水霸权进行制衡。这些制衡措施除了利用水霸权等概念发起对霸权主义强权政治的指责外[①]，还有诸如相互结盟、引进外援、问题关联策略[②]等其他手段。流域弱国通过这些手段提升自己在流域内的权力地位，以使国际河流流域国之间的权力趋于平衡，阻止水霸权的产生或者对抗水霸权在水开发利用上的控制或主导地位，从而获取公平的用水权利。但遗憾的是，这些实践并没有实现国际河流水政治复合体内的稳定，反而使流域国家间的冲突不减反增。一些流域国家在水危机日益严重的情况下，采取了提升软权力的方式，取得了一些成效。

第一节　寻求均势以促成合作

均势与霸权是国际政治现实主义理论中使用非常频繁的两个概念。均

---

① 对水霸权的指责一般出现在上游国家未同下游国家商议就对国际河流采取开发措施时。J. Warner, "Contested Hydro-hegemony: Hydraulic Control and Security in Turkey", *Water Alternatives*, Vol. 1 (2008.2), pp. 271 - 288。

② S. Meijerink, "Explaining Continuity and Change in International Policies: Issue linkage, Venue Change, and Learning on Policies for the River Scheldt Estuary 1967 - 2005", *Environment and Planning*, Vol. 40 (2008.4), pp. 848 - 866.
K. Wegerich, Hydro-hegemony in the Amu Darya Basin, *Water Policy*, Vol. 10 (2008. S2), pp. 71 - 88.

势是一种国际关系的均衡模型，通常被认为是对霸权的否定，因为均势必然意味着国际体系不被一个单一霸权国控制。均势理论认为国家之间的均势可以带来和平。“纵观人类历史，我们可以发现，只有当国家间力量呈现均势的时候，人类才能够享有持久和平。而相对于其他潜在竞争对手来说，当一个国家的力量变得过于强大，国家间的力量对比悬殊时，人类就可能面临战争的危险。”① 力量不均衡、力量对比过于悬殊引发冲突或者战争的原因是显而易见的：一国占有支配性的力量，必然会利用这种支配性的力量，去寻求形成有利于自己的利益分配，从而引起别国的反抗，引发冲突。因此，传统均势理论认为，国家间力量的均衡分配（均势）最有利于国际稳定。均势是国家在一定的对外关系政策指导下，通过国家间的多次互动，按照均衡原则建立起来的体系。在国际河流水政治复合体中，流域国家现实中应对安全问题的对策，正是通过结盟、引进外援以及关联博弈等手段，寻求国际河流水政治复合体内国家间力量的平衡。

一　利益相同的流域国之间的结盟

根据均势理论，当国际社会力量出现不平衡的时候，国际社会内的部分国家，会通过诸如结盟等方式进行对抗，以使国际体系重新回到均衡状态。“当国际体系中有一个国家的力量有可能或者已经变得过于强大时，其他国家，无论是对手还是朋友都会做出如下的反应：缩小力量对比，设法恢复力量均势。”② 因而，在面临某一国家力量急剧增长，有成为霸权的可能，或者实际上有着成为霸权的主观意图时，其他国家必然会奉行均势策略，以挫败该国成为霸权的企图，使国际体系恢复均势的状态。任何一个国家在需要制衡他国的霸权企图时，均势是一种最为广泛的应对，也是任何一个需要制衡霸权的政治家最合乎逻辑的行为反应。③

---

① J. Chace and N. X. Rizopoulos, “Towards a New Concert of Nations: An American Perspective”, *World Policy Journal*, Vol. (1999. 3), pp. 1 – 10.

② K. Waltz, “Globalization and American Power”, *Political Science and Politics* (Spring 2000), pp. 46 – 57.

③ E. V. Gulick, *Europe's Classical Balance of Power: A Case History of the Theory and Practice of One of the Great Concept of European Statecraft* (New York: Norton & Company, 1967), pp. 197 – 299.

在实践中，流域国家为也正是这么做的。当国际河流流域出现水霸权或者某一国权力增长可能危及水政治复合体稳定时，国际河流水政治复合体内的其他国家就会“采取单独或国家联合的方式，对该国增长的权力或者霸权野心进行制衡，以恢复被霸权破坏的权力平衡”[①]，使水政治复合体回到均势的状态。抗衡霸权是国家为了保持国家安全和独立的合乎逻辑的理性行为，其实现的手段包括增强本国经济和军事能力、采取智慧抗衡战略的内部手段以及加强和扩大国家间联盟、削弱霸权国一方联盟的外部手段。[②]

根据均势理论，流域国家为恢复水政治复合体内国家间的均势可以采取的基本手段有两种。一是独立应对。这一策略要求该流域国具备一定的经济和军事实力或者其他关联优势，这种实力和优势可以与称霸国家力量相抗衡，从而使水政治复合体权力状况呈现均势。二是流域国之间结盟，通过力量的联合和叠加，增加本方的实力，使其能与霸权国力量相抗衡，以遏制霸权国家的称霸企图。也就是说，流域内如果存在与霸权国力量相当的国家，则它可以独立应对霸权；如果霸权国实力过于强大，流域内没有哪一个国家有力量单独对其进行制衡，则力量弱小的流域国就必须结盟，以增强自己的实力，使其能够与霸权国家相抗衡。

国际河流流域是国际关系的一个独特的舞台，流域国之间的关系因为河水开发举措而趋于紧张。[③] 处于冲积平原的下游国家由于农业生产条件较好，总是最先开发国际河流。上游国家的后开发行为，会使下游国家担忧其控制河流的能力，导致用水缺乏或者因河流改道而导致洪水。因而它们会采取一些措施，形成同盟以平衡上游国家的水利开发能力以及减少未来的损失。[④] 实际上，在国际河流流域，流域各国之间的结盟是实践中应

---

① K. Waltz, *Theory of Internationa Politics* (New York: McGraw - Hill Inc, 1979), pp. 120 - 128.

② 肯尼兹·沃尔兹：《国际政治理论》，信强译，上海人民出版社，2003，第156页。

③ P. Williams, *The Security Politics of Enclosing Transboundary River Water Resources.* Paper Given at the Conference “Resource Politics and Security in a Global Age”, University of Sheffield (June 2003).

④ P. Williams, “Global (mis) Governance of Regional Water Relations”, *International Politics*, Vol. 40 (2003.1), pp. 149 - 158.

对权力失衡的重要而且普遍的方法，例如两河流域中叙利亚和伊拉克之间的结盟、湄公河流域下游四国的结盟都是如此。但国际河流水政治复合体内流域国之间的结盟，还有一些独有的特征。流域强国甚至水霸权国有时候也会因共同的利益而结盟，以排除其他流域国家的参与，使自己能最大限度地得到流域内的水资源。这是因为虽然所有流域国家因同处国际河流流域存在相互依赖的关系，但国际河流水资源的有限性，使流域国家在利用河水时存在一些冲突，一国多用意味着另一国资源的减少。因此，排除一国（或多国）的使用，就意味着其他国家（一国或多国）对水资源的多占有。这些国家在多占有资源方面，利益是共同的。这些共享或者共同利益，正是促进国际机制形成的激励因素（虽然这些机制因为排除部分国家，因而存在合法性和有效性的问题）。这种结盟的实例在许多国际河流流域都可以找到，例如尼罗河苏丹和埃及形成的友好关系、中亚咸海流域下游国家之间的结盟等。

在中亚的咸海流域，中亚五国独立后，阿姆河和锡尔河成为国际河流。虽然在 1992 年五个共和国形成一个新的框架协议，同意未来继续尊重苏联时期建立的水分享体制，棉花种植季节上游国家不会中断水的供应。但继续这个机制，是权力博弈的结果。下游实力强大、利益相同的流域国家之间的结盟，使上游两个力量弱小的流域国暂时服从。但该机制在执行过程中出现了一些问题——能源合同和供水合同经常不被履行。此后，为了发展本国经济以及满足居民的能源需求，上游国家吉尔吉斯斯坦和塔吉克斯坦做出了一系列举措，使用了更多的水。1997 年 10 月，吉尔吉斯斯坦总统阿卡耶夫签署了一项法令，确认了其从领土内的水资源中获得收益的权利。2001 年 6 月，吉尔吉斯斯坦通过法律，将水分类为商品。在同年的 8 月，吉尔吉斯斯坦宣布，它已准备向邻国（包括哈萨克斯坦、乌兹别克斯坦）收取水费，塔吉克斯坦也准备跟随。下游流域国家乌兹别克斯坦、哈萨克斯坦和土库曼斯坦感到了用水威胁，于是采取应对措施。它们签署了协议，规定下游国家在给上游国家提供石油、煤和天然气时一致行动，以制约上游国在下游国棉花生产季节不正常的断水行为。

二 弱国引进外援，提高自身地位

各流域国家运用权力寻求均势，直接导致国际河流流域的合作和冲突，影响水政治复合体的安全结构。国际河流水政治复合体是一个受到地理、政治、战略、经济和文化等诸多形式影响的政治实体。作为一个区域安全复合体，其安全秩序的形成，不仅会受到流域内因素的影响，流域外部因素，包括流域外国家和组织对流域国家的政治和经济援助，也会影响国际河流水政治复合体内国家间的关系。流域外国家和组织还可以进行斡旋调解或通过“与某一地区安全复合体的国家结成安全同盟关系”[①] 对水政治复合体安全秩序产生正面或负面的影响。例如伊拉克和叙利亚间的水冲突就是由阿拉伯联盟出面解决的。[②] 而在叙、伊和土耳其的水纠纷中，阿拉伯联盟因为偏袒阿拉伯国家又使争端激化。

在水政治复合体中，强国或者控制源头占据地理优势，或者拥有强大军事能力、经济实力，凭借贸易和援助对弱国施加影响，在政治上对弱国施压；或者在观念上占优，凭借有利于己的国际河流利用理论、先进的取水用水技术，对流域国家实施观念上的影响。弱国没有这些地理、军事、经济、政治、观念上的优势，没有自主开发能力与强国竞争或者没有国际舆论优势给强国施加约束。但弱国在国际河流水政治复合体中并不是无能为力的，它们经常寻求外部势力提供必要的支援。这些外部力量包括某些全球大国、地区大国以及世界银行、联合国、欧盟等国际组织。这些国家或国际组织通过提供资金、技术及政策支持参与国际河流机构、能力建设，或者以斡旋、调停纠纷等形式参与国际河流合作事务，对促进及引导国际河流区域合作模式的形成起了非常大的作用。例如世界银行曾促成印、巴解决印度河水纠纷；促使尼罗河流域国家开展流域管理对话合作和

---

① B. Buzan and O. Waever, *Regions and Powers*: *The Structure of International Security* (New York, Cambridge: Cambridge University Press, 2003), p. 46.

② 由于叙利亚兴建塔布卡大坝，并在阿萨德湖蓄水，使伊拉克得到的水量急剧减少，两国不惜陈兵边界，甚至将争议提交阿拉伯联盟讨论。1975 年 5 月底，在沙特阿拉伯的调停下，双方私下达成协议，叙利亚非正式地同意保留 40% 的河水，而让 60% 的河水流入伊拉克。参见 A. K. Biswas, *International Waters of the Middle East*: *From Euphrates-Tigris to Nile* (NewYork: Oxford University Press, 1994)。

流域合作框架协定的协商谈判；协助中亚五国达成拯救咸海战略行动计划、建立咸海拯救基金组织。第三方发挥作用的主要途径是经济杠杆和软权力，比如援助以及进行项目评估等。世界银行资助了世界上很多水电项目，但是拒绝资助那些不是所有流域国全面合作的国际河流水电项目。这就促使一些国家采取妥协措施，以求缔结全流域协议，从而可以获得世界银行的经济援助，完成项目建设。

因此，当弱国发现其在国际河流互动中处于不利地位，甚至被迫接受对其不利的国际河流体制，而且流域国之间难以结盟（如流域国数量少，甚至是一对一），或者结盟不足以对抗对方时，有关流域国家就会寻求外部力量，向外国政府、地区或全球国际组织甚至一些有影响力的国际非政府组织求助，以平衡流域内国家间权力的不对称，增加自己的实力，扩大自己的影响力，获得对自己较为有利的国际河流制度安排。恒河、南部非洲的一些河流流域国，引进外部力量以抗衡流域内的强国。

在恒河流域，尼泊尔和孟加拉国实力都很弱，无法与印度抗衡。而且印度对尼泊尔和孟加拉国采取分而治之的政策，两国无法结盟。孟加拉国曾多次建议进行孟、尼、印多边合作。如在扩大恒河旱季水量的方式上，孟加拉国政府建议在尼境内修建水库蓄水，希望借此发展其内河航运，以此推动三方合作，但印度怕两国因此结盟，坚决予以反对。因而，孟加拉国采取了借助外部力量的战略，在国际河流利用问题上寻求与印度的平等地位。

法拉卡水坝纠纷发生后，1975 年 10 月 4 日，中国与孟加拉国建交，中国正式承认孟加拉国的独立主权。印度政府对孟加拉国同中国建立外交关系非常警觉，并制定了非常强硬的政策，以应对中孟两国关系的发展。它中止了所有进行中的印孟双边问题的会谈，不但搁置了恒河问题，而且继续单方面从恒河上游大规模地取水，下游孟加拉国可用水量因而急剧减少。[①] 孟加拉国对此的应对措施是，将恒河水资源争端国际化，于 1976 年将此问题提交给联合国等多个国际组织[②]，成功地将恒河问题纳入联合国

---

① H. U. Rashid, *Indo-Bangladesh Relations: An Insider's View* (New Delhi: Har-Anand Publications Pvt. Ltd., 2002), pp. 55 – 56.

② C. Baxter, *Bangladesh: A New Nation in an Old Setting* (Colorado: Westview Press Inc., 1984), p. 89.

大会的讨论议程并获得有利于孟加拉国的大会决议，促使印度于 1976 年 11 月 26 日同意两国“举行部长级的紧急会晤，以形成公平分配恒河河水的方案”[①]。最终，孟印两国于 1977 年 11 月 5 日在达卡正式签署有效期为 5 年的《法拉卡协议》。2003 年，印度提出了“联网工程”的引水工程方案，这一方案可能对孟加拉国构成潜在的重大危害。此后，孟加拉国再一次采取通过国际社会向印度施压的措施，向世界银行、国际货币基金组织等机构求助，请求它们敦促印度放弃这一工程。

尼泊尔在恒河水政治中也积极引进外援，以发展自身力量。尼泊尔与中国在 1955 年就建立了正式的外交关系。印度为了阻止中国对尼泊尔的介入，将尼泊尔控制在自己的势力范围内，以确保自己各方面的利益，尽管其本身就是世界上接受外来援助最多的国家之一，但还是将其中的一部分援助转给尼泊尔。1971 年，为了开发利用 1920 年《萨尔达条约》中规定分划给尼泊尔的那部分水资源，尼泊尔政府利用世界银行的贷款开始修建马哈卡利灌溉工程（the Mahakali Irrigation Project）[②]。大量来自世界银行、联合国、亚洲开发银行的资金被用于灌溉、能源以及供水等工程的建设，生产了大量的电力。尼泊尔和孟加拉国引进外部力量，提升了本国开发利用水资源的能力，增强了国家实力，使尼泊尔、孟加拉国在国际河流谈判中的地位得到提高。

引进外援的效果并不都能取得制约地区强权的效果。在尼罗河流域，埃及有相对于埃塞俄比亚、苏丹、卢旺达和坦桑尼亚等其他流域国家来说更为强大的军事能力、经济优势和政治力量优势。这种力量使埃及虽然地处下游却掌控了尼罗河大部分水资源。其他遭遇不公平限制的国家近年来陆续试图运用地处尼罗河上游的地理优势对尼罗河进行开发利用，引起了埃及激烈的反应，埃及运用武力保卫历史权利的呼声卷土重来。为此，国际社会积极介入，但收效甚微。在 1997 年有关尼罗河水分享政策谈判的僵

① K. Jacques, *Bangladesh, India and Pakistan: International Relations and Regional Tensions in South Asia* (New York: St. Martin's Press, Inc., 2000), p. 79.

② D. Gyawali and A. Dixit, “The Mahakali Impasse and Indo-Nepal Water Conflict”, in S. K. Das (ed.) *Peace Processes and Peace Accords* (New Delhi: Sage Publications India Pvt Ltd., 2005), p. 257.

局中，尼罗河上中游流域国请求世界银行参与，提供财政刺激以促进合作，但至今仍无突破性进展。

三 利用其他相关事务，进行关联博弈

在国际河流水政治复合体内，流域国家追求均势的过程和模式，经常表现出类似博弈的特征。实际上，在水权未定的情况下，流域国家之间的关系，经常会被看作一种零和博弈：因为水资源是既定的，一方的得到，就意味着另一方的失去。流域国家都从自己国家的利益出发，制定利用河流的策略和目标，决定自己在国际河流利用中采取什么样的行动，以最大限度地获取利益。

由于国家在做出这些决定时是出于各自的理性考量，因而，国际河流流域国家所采取的政策，都是流域国家这一行为主体依据自身成本和收益的判断而做出的理性选择。这里的成本和收益的涵盖范围是广泛的，并不仅仅局限于经济。成本实际上是流域国家对于流域总体环境以及本国国情的充分认知，收益也是政治和经济等因素的综合考量。这也使博弈论成为分析国际河流流域国家谈判、冲突与合作问题的有力工具。近来，有部分学者在运用博弈论分析解决国际河流问题时，提出了关联博弈（interconnected game）[①] 的概念。关联博弈指流域国家将国际河流问题同流域国家关系中存在的其他问题联系起来，希求借这些关联问题提升自己在国际河流中的地位，改变其与国际河流优势国家之间的不对等局面。

关联博弈实际上是将一些与水没有直接关系的问题引入谈判之中的一种谈判策略。这个策略在叙利亚和土耳其有关幼发拉底河谈判互动中作为一种讨价还价的形式已经被运用。土耳其在幼发拉底河的上游，综合国力也强于叙利亚和伊拉克，因而是幼发拉底河的优势国家，拥有独立自主开发幼发拉底河的能力。但幼发拉底河的中游国叙利亚也不是完全无能为力的，它拥有一些制衡土耳其的手段。例如，很长时间以来，土耳其的反政

---

① 有关国际河流关联博弈的相关内容，参见 L. L. Bennett，S. E. Ragland and P. Yolles. “Facilitating International Agreements through an Interconnected Game Approach：The Case of River Basins”，in R. Just and S. Netanyahu（eds.）*Conflict and Cooperation on Transboundary Water Resources*（Boston：Kluwer Academic Publishers，1998），pp. 61 – 88。

府武装库尔德工人党（PKK）一直驻扎在叙利亚领土内，叙利亚为其提供庇护，叙利亚以此要挟土耳其政府给下游国家释放更多的河水。叙利亚将跨界河流问题和其他安全问题，如库尔德独立问题联系在一起，在一定程度上增强了其在国际河流的开发利用上讨价还价的能力。如在1999年抵制土耳其伊利苏大坝的努力中，库尔德问题就发挥了重要作用。[①] 另外，有学者分析，叙利亚还试图将其与土耳其的水问题纳入中东和平进程中，以获取更多的幼发拉底河河水。

在中东和平进程中，水资源问题是症结之一。叙利亚不满意约以之间的用水安排，谴责约旦放弃了恢复1955年约翰斯顿计划的立场，这个立场是阿拉伯国家长期以来一再重申的。叙以谈判中的水资源问题很多，如巴尼亚斯河和哈斯巴尼河水问题、戈兰高地水资源等。巴尼亚斯河和哈斯巴尼河为约旦河上游，为基内特湖提供了近50%的水量。但这两条河并不在以色列的国土之内。20世纪60年代中期，叙利亚曾经计划使哈斯巴尼河和巴尼亚斯河改道，为此，以色列曾轰炸了叙利亚的推土机和其他设施，以阻止叙利亚计划的实施，两国因此发生冲突。这次冲突也是1967年“六五战争”爆发的部分原因。[②] 这场战争以以色列的胜利而告终，以色列因此获得了巨大的利益，它占领了戈兰高地，并由此控制了巴尼亚斯河。1976年，以色列在黎巴嫩南部建立安全区以控制哈斯巴尼河，并进而将约旦河的全部源头纳入自己的控制之下。以色列对境外水源的依赖程度相当高，很难迫使其让步，撤出被占的阿拉伯领土。因此，有专家提出，如果土耳其能适当地满足叙利亚对幼发拉底河河水的需求，叙利亚为了得到幼发拉底河河水，就可能在叙以戈兰高地的谈判中让步，满足以色列对戈兰水源地的需求[③]，从而可以推动整个中东的和平进程。

与叙利亚的策略相对应，土耳其也努力将阿西河问题纳入叙土两河谈判中，以牵制叙利亚。土耳其宣称，如果叙利亚将起源于黎巴嫩、流经叙

---

① J. Warner, “Contested Hydro-hegemony: Hydraulic Control and Security in Turkey”, *Water Alternatives*, Vol. 1 (2008. 2), pp. 271 – 288.

② 大卫·霍热维茨·那胡德·亚阿里：《约以和约冷落并激怒了叙利亚》，李湖译，《国际政治研究》1995年第1期。

③ 大卫·霍热维茨·那胡德·亚阿里：《约以和约冷落并激怒了叙利亚》，李湖译，《国际政治研究》1995年第1期。

利亚和南部土耳其注入地中海的阿西河与幼发拉底河一起考虑的话，土耳其将同意分享跨界河水。叙利亚利用了阿西河几乎 90% 的河水。因此，“如果比较阿西河和幼发拉底河的河水利用，对土耳其来说，其抱怨阿西河的河水完全被叙利亚和黎巴嫩消费是完全有理由的，而土耳其在幼发拉底河河水流速降至 1000 立方米/秒的时候，还释放 500 立方米/秒的水给下游国家”[①]。叙利亚拒绝和土耳其正式讨论阿西河的问题，不仅因为其对阿西河河水的消耗巨大，更为主要的原因是，叙利亚认为起源于黎巴嫩贝卡谷地经过叙利亚进入哈塔伊省（土耳其的一个自治省，叙利亚不承认土耳其对其拥有主权）的阿西河，是叙利亚领土的一部分。一切关于阿西河的谈判等于承认土耳其对哈塔伊省的主权。[②] “如果河水总体协定包括阿西河，叙利亚和土耳其都会认为这将意味着哈塔伊省是土耳其的一部分。而叙利亚不间断地指出这个有争议的领土是‘阿拉伯的伊斯肯德伦’，土耳其的做法将变得徒劳。”[③] 叙利亚认为哈塔伊省的主权是非常重要的，因而土耳其将幼发拉底河分水、GAP 工程的地位和阿西河相联系，以便获取比较有利的谈判地位。

关联博弈的实践并不限于两河流域三国之间。实际上，关联博弈在政治环境复杂的地区都不同程度地存在，经常会成为流域国谈判和用水的重要制衡措施。发源于莱索托高原、横贯南非共和国、流过卡拉哈里沙漠南缘的奥兰治河对南非具有重要的战略意义。博茨瓦纳是奥兰治河的流域国之一，但一直没有利用该河水资源。近年来博茨瓦纳经济发展迅速，严重缺水，围绕首都哈博罗内的经济增长中心用水紧张，其解决办法主要是南北调水，而水源是发源于南非的林波波河。南非的摩拉特地大坝对博茨瓦纳供水也很有帮助。因此，虽然奥兰治河河水对博茨瓦纳的意义不大，但博茨瓦纳可以利用奥兰治河的流域国（奥兰治河有博茨瓦纳、南非、莱索

---

① J. Bulloch and A. Darvvish, *Water Wars: Corning Conflicts in the Middle East* (London: Victor Gollancz, 1993), p. 69.

② A. Ventner, “The Oldest Threat: Water in the Middle East”, *Jane's Intelligence Review* (Feb 1998, 25).

③ H. Chalabi and T. Majzoub, “Turkey, the Waters of the Euphrates and Public International Law”, in J. A. Allan and C. Mallat (eds.) *Water in the Middle East: Legal, Political, and Commercial Implications* (London and New York: I. B. Tauris, 1995), pp. 189 - 238.

托、纳米比亚四个流域国）地位，如与纳米比亚结盟，在未来莱索托高地水项目（LWWP）开始时，进行关联博弈，给南非施加压力。

第二节　发挥软权力以增强在水政治复合体中的主导地位

从理论上说，多数国际河流水政治复合体中的权力结构，都属于一个流域国占优或者水霸权的不对称形式，但优势国家或者水霸权与其他流域国家综合力量对比（包括一国的人均 GDP 水平）差距都不大，大多不可能实现对其他流域国家的压倒性优势。特别是在国家独立意识增强以及气候变化等因素使水缺乏加剧的情况下，硬权力的使用往往使地区矛盾加剧，水霸权或者优势国家利用硬权力维持优势利益的成本也会提高。因此，一些水政治复合体中的优势国家或水霸权国家采取提升软权力的方式，确保自己在水政治复合体中的主导地位。例如在中东约旦河，以色列已经明确承认“巴勒斯坦的水权”（奥斯陆第二协议第 40 条）[①]，运用观念权力，改变国家形象，以顺应和平发展潮流。而在其他的一些水政治复合体中，如两河水政治复合体中的土耳其、尼罗河水政治复合体中的埃及，以及南部非洲诸河流水政治复合体中的南非，都进行了一些发挥软权力、维持水政治复合体稳定的初步尝试。

一　土耳其提出三阶段计划

虽然从理论上来说，在财政、经济及军事等方面和叙利亚、伊拉克相比都占优的上游国家土耳其，可以在谈判中处于主导地位，但这种优势被众多的因素削弱。从水权份额与水的实际使用量的对比来看，土耳其目前对水的利用，远远没有达到与其水权相对应的程度。而两河水政治复合体中的叙利亚、伊拉克两国对水的依赖程度都相当高[②]，水的实际使用量都

① I. Fischhendler, “Ambiguity in Transboundary Environmental Dispute Resolution: The Israel - Jordanian Water Agreement”, *Journal of Peace Research*, Vol. 45 (2008. 1), pp. 91 - 110.

② 叙利亚对境外来水的依赖度高达 72%，其中幼河水量占其全国年均地表径流量的近 90%，供应了全国饮用水量的约 50%。而伊拉克的绝大部分水量及供水都来自两河，对境外来水的依赖度达到 53%。参见 G. Haddad, I. Szeles and J. S. Zsarnoczai, “Water Management Development and Agriculture in Syria”, *Bulletin of the Szentistvan University* (2008), pp. 183 - 194。

已经超过水权份额，特别是伊拉克，其现有用水基本都来自境外其他国家。土耳其在河流上的优势地位，被其他因素（意识形态上和阿拉伯世界的差异、和以色列的关系等）削弱，土耳其在水权的保护上步履维艰。在美国—加拿大哥伦比亚河中运行很好的国际委员会经验，如各国拥有对等的决策权，在两河水政治复合体中也不适用。由于土耳其的孤立地位，土耳其强烈反对伊拉克谈判草案中建议的土、叙、伊三方联合技术委员会（JTC）拥有监督水分配条约的权力，因为这实际上就是将权力让给了下游两国，无疑会剥夺土耳其的决策权。

土耳其对两河贡献大，其水权的份额也相应多，从法律上说，维护其水权有一定的法理依据，但如果策略不当，同样会引起下游国的激烈反对和国际社会的谴责。1992 年，时任土耳其总理德米雷尔说："对土耳其的河水，下游国家叙利亚和伊拉克无权提出要求，就像叙利亚和伊拉克富有石油，而土耳其不能对它们的石油提出要求一样。水资源问题事关主权，对于水资源，我们有权随我们的意愿进行处置。水资源属于土耳其，石油资源属于叙利亚和伊拉克。就像我们从来没提出要共享它们国家的石油一样，它们也不能提出共同分享我们的水资源。"[①] 此话一出，土耳其很快就作为水霸权的典型被批判。这段话被普遍引用，成为在国际河流问题上采用绝对领土主权论的例证。实际上，土耳其确实主张两河起源于土耳其，"是土耳其的河流，它们流出土耳其的领土，土耳其没有与它的邻居分享水的义务"[②]，但土耳其还没有到水霸权的程度。迫于国际舆论的巨大压力，很快土耳其就做了澄清，表明上述声明是总理个人的意思，不是土耳其的官方行为，但其消极影响至今仍然存在。

为了改变土耳其的形象，应对土耳其是水霸权的不利国际舆论，寻求国际河流水资源开发的宽松环境，土耳其还从其他方面为土耳其的水政策进行了辩解，如土耳其水资源的不充足、本国项目的优越性以及土耳其做法的合法性等。例如土耳其认为它的资源不充足，不能归类为丰水国家，

---

① J. Bulloch and A. Darwish, *Water Wars: Coming Conflicts in the Middle East* (London: Victor-Gollancz, 1993), p. 74.

② M. Dolatyar and T. S. Gray, *Water Politics in the Middle East* (NewYork: St. Martin's Press, 2000), p. 147.

因为“作为一个丰水国家，每人每年的水应该超过 10000 立方米。……而土耳其这个 6500 万人口的国家，平均年可更新资源只有 2050 亿立方米，或者每人每年只有约 3150 立方米的水资源，远远低于作为一个丰水国家所必须具备的 10000 立方米的参数”①。

但由于缺乏系统的国际河流理论，这些辩解都没有改变土耳其的被动地位，使其难以应对来自阿拉伯国家的责问。1984 年，土耳其计划铺设一条“和平管道”，通过该管道，可以将那些流入地中海河流的多余水量，向中东地区缺水国家出售，使这些国家严重的水短缺状况可以得到一定程度的缓解。但管道铺设必须经过叙利亚、伊拉克。由于叙利亚和伊拉克对此计划态度消极，没有回应②，计划因此泡汤。GAP 项目更是使三国冲突加深。1998 年英国防务论坛发布报告称，土耳其的 GAP 项目是中东地区最危险的水定时炸弹，具体引爆时间是 GAP 项目 2010 年完成时。到那时候，GAP 将会成为中东地区最危险的冲突爆发点之一。③ 目前，GAP 项目由于资金等方面原因未能如期完成，预测的严重冲突事件也没有出现，但该项目在实施过程中确实是风波不断。GAP 项目仍然在继续实施当中，估计可能要到 2017 年才能完成。

“一个国家文化的普世性、建立起来的法律和制度以及对国际行为的引导能力是关键性的权力之源。在当今的世界政治中这些软性权力资源正变得越来越重要。”④ 为了应对在国际河流利用上的严峻形势，土耳其在 1984 年第 5 次联合技术委员会（JTC）上提出了公平合理利用两河的国家合作原则⑤，从理论上集中论述了自己的水政策。1989 年，土耳其为 GAP

---

① M. Tomanbay, “Chapter 6: Turkey's Water Potential and the Southeast Anatolia Project”, in D. B. Brooks and O. Mehmet (eds.) *Water Balances In The Eastern Mediterranean* (New York: IDRC Publication, 2000).

② T. Mehmet, “Turkey's Approach to Utilization of the Euphrates and Tigris Rivers”, *Arab Studies Quarterly*, Vol. 22 (2000. 2), pp. 79 – 100.

③ *Ilisu Dam: Downstream Water Impacts and Iraq Report of Fact Finding Mission to Iraq*, by The Corner House and Kurdish Rights (29 March, 2007) http://www.thecornerhouse.org.uk/resource/ilisu – dam – downstream – water – impacts – and – iraq – 0.

④ J. S. Nye, “The Changing Nature of World Power”, *Political Science Quarterly*, Vol. 105 (1990. 2), pp. 177 – 192.

⑤ “Water Issues between Turkey, Syria and Iraq: A Study of Turkish Foreign Ministry Affairs”, *Perceptions*, Vol. 1 (1996. 2), pp. 107 – 112.

项目制定了一个总的规划，将 GAP 项目的重点从水利开发调整为人的发展，以应对舆论上对 GAP 项目的批评。GAP 项目的领导 Olcay Ünever 和他的团队对 GAP 项目中的社会经济、环境、教育和参与设施等计划进行了大胆的修改[①]，呼吁好的管理以及可持续发展等全球新规则。在 1990 年三国召开的部长级会议第 15 次会议上，土耳其正式提出两河用水计划，计划全名为“最适宜、公平和合理利用幼发拉底河和底格里斯河河水的三阶段计划”。[②]

首先，土耳其坚持两河是跨界河流的提法，以避免叙利亚、伊拉克两国的共享资源说，保护自己的水权。在谈判策略上，采取了关联博弈策略，土耳其坚持要求在幼发拉底河和底格里斯河河水的谈判中，纳入阿西河河水问题。阿西河涉及土耳其和叙利亚之间的领土争议，这在一定程度上给叙利亚很大的政治压力。另外，土耳其坚持将幼发拉底河和底格里斯河的水资源问题一并予以考虑，因为这两河共同构成了一个独立完整的跨界水道系统——不仅它们在阿拉伯河合二为一，而且伊拉克早在 20 世纪 70 年代就通过人工 Tharthar 运河，将两条河相连。

其次，根据国际法的公平合理利用原则，土耳其提出以公平、合理和最优的方式利用两河水资源[③]的总方针，并且认为必须拟定各国提出的水和土地资源的清单并共同评估、达成统一标准。因为三个国家如果收集信息的标准、解释规则和评估方法不一致，就不能在同一流域进行计划用水。

再次，土耳其对公平合理原则提出了具体的技术上的操作措施。在对各方灌溉需要的河水进行系统评估的基础上，三个国家的工程师团队来实施。分为三个步骤。阶段 1：详细研究水资源[④]；阶段 2：详细研究

① A. Kibaroğlu, “Building Bridges between Key Stakeholders in the Irrigation Sector: GAP - RDA's Operation and Maintenance Model”, in Unver, O. and Gupta, R. K. (Eds) *Water Resources Management: Crosscutting Issues* (Ankara: METU Press, 2002), pp. 171 - 192.

② G. Kut, “Burning Waters: The Hydropolitics of the Euphrates and Tigris”, *New Perspectives on Turkey* (1993. 9), pp. 12 - 13.

③ M. Karpuzcu, M. D. Gurol and Senem Bayar. *Transboundary Waters and Turkey* (Istanbul, GIT: Burcu Kayalar, 2009).

④ 这将包括以下行动：①交换水位站的所有信息。三国每个月交换各国以及从他国得到的包括蒸发、气温、降雨和降雪（如果可得）信息。②检查以上提到的信息。③如果可能，对以上所提气象站在不同季节的排放量进行测量。④对测量进行评估和修正。⑤交换和检查关于水质的信息。⑥在不同地点评估水的使用和水的损失之后计算不同站点的自然水流。

土地资源[①]；阶段 3：评估水和土地资源[②]。

最后，围绕“三阶段”论，土耳其做出了一系列的宣传行为。自 2001 年开始，土耳其与叙利亚进行了一系列的交流合作，以改善双方的合作关系。这些交流合作是在土耳其的主导下进行的。例如土耳其 GAP 地区发展管理局与叙利亚灌溉部土地开发局的交流合作，就包括土耳其对叙利亚人员的培训以及两国之间的技术交流。另外，土耳其还主动倡议在流域国家之间建立研究机构，以解决有关河水的技术问题，例如建立区域水资源问题的联合研究院。在阿西河上，土耳其也与叙利亚达成了初步的合作意向。虽然没有形成三方共同签署的条约，但 2006 年三国开会并且推出了三方合作倡议。[③]

“三阶段”计划是依据土耳其的理念进行的，与叙利亚和伊拉克的两河理念有差距，起初遭到了两国的坚决反对。例如伊拉克坚持绝对领土完整原则，坚持它对河水使用有着古老和优先的权利[④]，认为“三阶段”计划侵犯了其对幼发拉底河和底格里斯河的“既得权利”[⑤]，并且提出了各国占 1/3 水量的计算公式，以使水得到“平等”的划分。

---

① 这将包括以下行动：①交换各国有关土壤分类方法和实践中的排放标准；②检查计划项目中的土壤条件；③如果研究表示第二条不能完成，根据各方接受的理由，必须最大限度地确定土壤种类；④根据项目计划的土壤分类和排放条件进行粮食作物类型的研究和讨论；⑤灌溉的计算和最小需水量以上述各条中规定的研究为基础。

② 这将包括以下行动：①决定计划项目的灌溉类型和系统以减少水的损失，调查运行中的项目的现代化和修复的可能性。②各国决定所有项目消费水的总量，包括城市和工业供水、水库的蒸发损失和灌溉计划的运输损失。这个决定以第 5 条第 2 款广泛的项目研究为基础。③就水从底河到幼河传输的可能性进行分析水供应和需求平衡的仿真模型的调试。④讨论决定计划项目经济多样化的方法和标准。

③ J. Warner, “Contested Hydro-hegemony: Hydraulic Control and Security in Turkey”, *Water Alternatives*, Vol. 1 (2008. 2), pp. 271 - 288.

④ M. Dolatyar and T. S. Gray, *Water Politics in the Middle East* (New York: St. Martin's Press, 2000), p. 148.

⑤ Stephen C. McCaffrey 教授，1985 年 ILC 大会报告的起草人，指出：“首先开发水资源的下游国家不能通过论证较晚的发展带来损害而阻止上游国家较晚的发展；在公平利用的原则下，下游流域国家的‘首先发展’（因而构成优先使用，会因新流域国家的使用受到负面影响）只是达成该河道使用和利益公平分配的众多影响因素中的一个”。既得权利不能被援引用来限制上游国家对河水的利用。可见，叙利亚特别是伊拉克的“历史和既得权利”宣告，在下游国家优先使用河水时仅仅只代表了众多因素中的一个因素，因而是不充分的。

但土耳其“三阶段”论的提出，无疑为土耳其正在实施的GAP项目赢得时间，在抵制大坝批评方面发挥了有利作用。“三阶段”计划比“绝对领土主权说”温和得多，既在一定程度上反映了土耳其的核心思想，又使水霸权的阴影在一定程度上得以消减，为土耳其在国际河流利用上赢得先机。目前的情况是，三国分水协议谈判拖得越久，土耳其就越有时间实施GAP项目，土耳其获得的利益也就越大，优势地位也更为巩固。因此，“三阶段”计划为土耳其未来水分配创造了有利条件。

土耳其在国际河流问题上发挥软权力的政策有以下几个特点。

（1）回避自己在中东地区的特殊地位，巧妙地将硬权力资源投放于软权力构建，软硬结合，使本国的对外政策在软权力构建方面的成果更加明显。在中东地区，土耳其通过军事力量谋求硬权力并不现实，而经济实力在外交中发挥影响也需要转化。土耳其利用中东地区复杂的国际关系，一方面与以色列结盟，寻求美国的支持，另一方利用自己水资源优势地位，推出一系列水政策，以分化阿拉伯世界，赢得部分阿拉伯国家的支持。

（2）塑造自己负责任的国家形象。两河流域虽然没有全流域条约，但土耳其在两河河水的下泄流量方面对下游国家有过承诺，并缔结过条约。叙利亚和伊拉克认为，注入土耳其与叙利亚边界的历史流量为1000立方米/秒，基于三国对于河流的共享，每一个国家有权拥有1/3的水量，两个阿拉伯国家的总流量应为667立方米/秒。[①] 虽然土耳其对此说法并不同意，但它在1976年保证土叙边界的河水流量最少应达到450立方米/秒[②]，并于1987年与叙利亚签署议定书，保证释放500立方米/秒的流量到达土耳其和叙利亚的边界，这个水量是河流总流量的一半[③]。相对于土耳其对

① G. E. Gruen, *Turkish Water Exports: A Model for Regional Cooperation in the Development of Water Resources*, 2nd Israeli—Palestinian International Conference (10 - 14 October 2004). www.ipcri.org/watconf/papers/george.pdf.

② I. Kaya, "The Euphrates-Tigris Basin. An Interview and Opportunities for Cooperation under International Law, Conflict Resolution and Transboundary Water Resources", *Aridlands Newsletter* (Fall/Winter 1998. 44), http://ag.arizona.edu/oals/ALN/aln44/kaya.html.

③ S. Guner, "The Turkish-Syrian War of Attrition: The Water Dispute", Studies in Conflict & Terrorism, Vol. 20 (1997. 1), pp. 105 - 116.

河水的贡献量来说，这个比例是一个对上游国家不合理的承诺①，但即便如此，土耳其从未公然违约。在GAP项目实施期间，虽然在国家利益上，土耳其没有妥协，GAP项目一直在进行之中，但其在条约的遵守上，还是能自圆其说的。尽管幼发拉底河在近一个月的时间里几乎无水下泄，但不违反条约条款，因为1990年初阿塔图尔克大坝蓄水期间，土耳其缔结的条约条款是"释放年平均500立方米/秒的水"到土叙边界。由于是"年平均"，因此，只要土耳其在断水前后一年内将水补足，就不会违反条约。土耳其以条约为基础，在顺利蓄水、保证自己国家利益的同时，也对其他两国进行了小小的惩罚。

（3）通过"三阶段"计划的提出，推广了本国的发展模式与价值观。土耳其提出水使用上的公正、信息资料的透明等都是符合国际发展趋势的。另外，土耳其对外交往主体多元，非政府组织和市民社会在其国际河流软权力构建中也起了非常重要的作用。土耳其政府充分认识到非官方行为体在国际河流理念传播中的作用，为非政府组织和公民个人的国际河流交流提供渠道。土耳其不但积极组织召开国际水会议、研讨会、座谈会，重视学术界的交流，而且官方也采取了很多措施，积极输出人才与技术。这些行为都给土耳其在水政治复合体内软权力的发挥带来了积极的效果。

二　埃及积极推动尼罗河倡议

几乎所有研究水问题的学者都承认，尼罗河流域的用水现状是极不合理的。水资源贡献大的国家获得的水权份额小，利用的水资源数量也少（例如埃塞俄比亚和一些赤道附近的非洲国家），而对水资源贡献特别小的国家（例如埃及和苏丹，特别是埃及），却获得了大部分的用水份额，利用的水资源数量也多。另外，尼罗河的各类协议总是将一些流域国家排斥在外，造成了不公平的水分配结果。流域至今没有成立包括主要流域国家在内的流域组织，下游国家支配了机制建构、机制的内容和会议的议程。通过对流域机制的控制，它们成功压制了上游国家在水资源上应得的利益

---

① P. Beaumont, *Transboundary Water Disputes in the Middle East*. Paper Presented at an International Conference on Transboundary Waters in the Middle East: Prospects for Regional Cooperation. BilkentUniversity, Ankara (September, 1991).

以及由此产生的美好愿望。[①] 虽然多年以来，上游国家一直呼吁建立公平的水权制度，但下游的既得利益国家对这一呼吁置若罔闻。这种不对称的用水安排得益于以下几个条件：①以不对称条约作为基础框架；②下游埃及和苏丹经济军事实力较强；③非洲上游国家的战乱和贫穷使它们缺乏单边开发河水的条件，上游优势地理位置未能发挥作用。

但随着尼罗河上游国家的独立、民族观念的加强以及经济发展需要的增强，上游国家对尼罗河旧框架机制的抵制越来越强烈。特别是 20 世纪 80 年代后期，尼罗河水资源争端出现了新变化，埃及维持其水霸权地位出现了一些变数。

首先，下游国家埃及和苏丹之间开始出现矛盾和分歧，埃苏双方曾经的同盟关系逐渐发生变化，直到演变成对抗关系。1989 年，苏丹政府宣布废除尼罗河水协定，同时提出一项水利工程计划。该计划规模庞大，不但包含对现有灌溉系统的改造，扩大鲁赛里斯水库库容，还包括新修建一些水库，如米罗韦水库和阿特巴拉河上新水库等。[②] 据估计，到 2025 年，苏丹需要耗用的尼罗河水量比以前协定的配额增长 73%，达到 320 亿立方米[③]，这一计划直接造成了埃及和苏丹之间的分歧。

其次，上游流域国家在用水问题上的态度愈来愈坚决。尼罗河上游国家独立后，尼罗河分水框架没有改变，沿岸国拒绝承认埃及的既得权利，认为这种分水秩序没有尊重上游国应有的公平用水权益，肯尼亚、埃塞俄比亚等国甚至宣称不承认这些协议。[④] 坦桑尼亚水利部部长爱德华·洛瓦萨曾发出这样的疑问："国家怎么能够遵守一个殖民时代在殖民权力主导下缔结，并且损害本国利益的条约？你该如何通知维多利亚湖边的居民，他们一无所有，甚至也不能使用维多利亚湖水？"[⑤]

---

① 特斯珐业·塔菲斯：《尼罗河流域分水争议解决机制评价》，《人民黄河》2005 年第 11 期。

② 曾尊固：《尼罗河水资源与水冲突》，《世界地理研究》2002 年第 2 期，第 103 页。

③ 曾尊固：《尼罗河水资源与水冲突》，《世界地理研究》2002 年第 2 期，第 103 页。

④ D. Z. Mekonnen, "The Nile Basin Cooperative Framework. Agreement Negotiations and the Adoption of a 'Water Security' Paradigm: Flight into Obscurity or a Logical Cul - de - sac?", *The European Journal of International Law*, Vol. 21 (2010, 2), pp. 421 - 440.

⑤ 《尼罗河水分享起纷争》，原载《中国环境报》，转引自水信息网，http://www.hwcc.com.cn/newsdis - play/newsdisplay.asp? Id =98502。

埃塞俄比亚、肯尼亚、乌干达和坦桑尼亚等尼罗河上游国家都反对维持尼罗河用水的基本框架——1929 年以及 1959 年水分配协议，并从法理上对条约的违法性质予以论证，使尼罗河水机制的合法性和有效性受到严重的质疑，对埃及和苏丹主张的优先使用原则以及绝对领土完整理念形成挑战。上游国家还逐步采取了一些措施维护自己的用水权，包括上游国家之间缔结条约，纷纷制定和实施大规模的水电和灌溉计划等。例如 1977 年 8 月 24 日，尼罗河上游支流卡盖拉河沿岸国（乌干达、布隆迪、卢旺达、坦桑尼亚四国）在卢旺达的乌苏穆签署协议，合作开发卡盖拉河的水能水资源，以带动国民经济发展[1]；1994 年 8 月 5 日，肯尼亚、坦桑尼亚、乌干达三国为管理维多利亚湖水资源达成了维多利亚湖水资源管理计划条约。1990 年代，坦桑尼亚还在尼罗河上游的本国境内修建了输水管道。

再次，埃塞俄比亚等上游国家依据国家主权理论和国际河流公平合理利用原则，要求公平合理地分享尼罗河水权。这种主张符合国际河流使用与保护理念，埃及的地位因此越发孤立。1997 年 2 月，埃塞俄比亚在一次为期 4 天的关于使用尼罗河河水的年会上出具政府报告，该报告宣称，“目前在尼罗河盆地存在的这种严重的不平等将来不能继续下去，因为上游国家将行动起来保护它们的平等权利”[2]。在公平合理利用原则之下，埃及的既得权利和优先使用所依据的自然水流论，已经失去生存空间。而埃塞俄比亚放弃了本来持有的有利于上游国的绝对领土主权论，主张平等分配，也赢得了其他国家的支持。在此背景下，苏丹率先改变态度，积极与其他尼罗河流域国家合作，对尼罗河水资源进行共同开发利用，并于 1991 年与埃塞俄比亚签订协议，在水资源问题上进行合作。

最后，随着埃塞俄比亚内战的结束，其单边行动所受的经济约束大大减少。获得国际金融机构的金融贷款对埃塞俄比亚来说已经不再是大问题，埃塞俄比亚获得了更多对抗埃及水霸权的力量。埃塞俄比亚目前已经开始调动私人投资来开发青尼罗河和该亚盆地上的其他支流。埃塞俄比亚

---

① 卢旺达、布隆迪、坦桑尼亚三国于 1977 年签署合作协定，成立了卡盖拉河流域组织（乌干达于 1981 年加入），协调卡盖拉河水能水资源开发相关项目及计划。

② T. Tadesse, “Ethiopia Accuses Sudan and Egypt over Nile Waters”, *Reuters World Service* (26 February 1997).

认为，在缺乏“平等”利用协议的情况下，“留给每个国家的唯一选择就是仿效埃及单方面利用尼罗河水，只要它认为适当……如果我们平等分享的建议被置之不理，埃塞俄比亚将被迫加入争夺的战团以便取得它的公平份额”[①]。

目前，尼罗河流域上游国家的人口已超过1.4亿，预计在2025年人口会超过3.4亿[②]，这些国家已经开始要求分享更大份额的尼罗河水资源来满足灌溉和发展的需要。如肯尼亚声明需要制定水资源的灌溉或发展水利电力计划，要求重新审查1929年英国殖民者主导下的尼罗河条约。

上游国家经济实力增强，逐步利用地理优势进行单边开发，埃及用水优势受到冲击，用水安全受到威胁。而且，在这种情况下，埃及曾经惯用的硬权力也失去了作用。埃塞俄比亚1999年关于在青尼罗河上建造大坝的声明虽引来了穆巴拉克“轰炸埃塞俄比亚”[③] 的威胁，但这个威胁也遭到了埃塞俄比亚的强硬回应，“这是对我们解决问题不会产生任何影响的不负责的武力威胁事件”“任何地球上的力量都不能阻止埃塞俄比亚对尼罗河水资源的利用”[④]。埃塞俄比亚还在2002年宣布了尼罗河水利尤其是水利电力发展的多项计划。

在这种情况下，埃及必须放低姿态，寻求与上游流域国的合作，在全球“对话合作、积极协商”的背景下，发挥其在机制建构中的主导性作用，才能维持其既得利益。正是出于这种考虑，1993年埃及和埃塞俄比亚签订条约，依据国际法原则和规则，确立了相互合作、通过磋商达成永久性条约的意向。埃及参与建立、主导尼罗河行动倡议，是其行使软权力，维持尼罗河水政治复合体稳定的关键一步。

---

① S. Mesfin, “Egypt is Diverting the Nile through the Tushkan and Peace Canal Projects”, *Addis Tribune* (January 30, 1998).

② *World Population Prospects: The* 1996 *Revision*. United Nations. Department of Economic and Social Affairs (1998).

③ W. Scheumann and M. Schiffler (eds.) *Water in the Middle East: Potential for Conflicts and Prospects for Cooperation* (Springer-Verlag: Berlin: Heidelberg: New York: Springer, 1999), p. 148.

④ W. Scheumann and M. Schiffler (eds.) *Water in the Middle East: Potential for Conflicts and Prospects for Cooperation* (Springer-Verlag: Berlin: Heidelberg: New York: Springer, 1999), p. 47.

20世纪90年代以后，在一些国际组织及西方发达国家的援助和推动下，尼罗河流域国家就公平利用尼罗河水资源、促进区域和平繁荣开始了全流域层面的合作对话及相关联合行动。1992年，尼罗河6个流域国埃及、苏丹、卢旺达、坦桑尼亚、乌干达和刚果（金）成立了促进尼罗河开发与环境保护技术合作委员会（TECCONILE），并在TECCONILE框架下酝酿尼罗河流域行动计划。1995年，尼罗河水利部长理事会正式批准了尼罗河流域行动计划，各国一致同意建立尼罗河流域开发与管理的合作框架。[①] 1997年，尼罗河流域各国在联合国开发计划署（UNDP）的支持下成立了尼罗河论坛，并一致同意进行流域合作。1999年，尼罗河流域正式形成了由9个流域国家组成的尼罗河流域倡议组织（NBI）[②]，这实际上是在没有签订尼罗河流域合作框架协定之前，流域国家之间的一个过渡性制度安排。2004年埃塞俄比亚、埃及和苏丹就东尼罗河（青尼罗河）水问题达成谅解。

尼罗河流域倡议组织（NBI）的基本理念是，尼罗河是流经国人民主要的和关键的资源。该机制寻求一个地域性的合作，以求公平利用尼罗河水资源，保证社会经济可持续发展。[③]

在尼罗河流域倡议中，埃及第一次承认沿岸国家享有尼罗河水份额的权利和该机制作为过渡性安排以达成永久性法律框架。而其他流域国家也承认各国在水流利用方面存在的差别，接受通过谈判解决用水争端的条件，并努力依据国际法寻求达成一个令各方都能接受的协定。

从埃及的应对措施中可以看出，埃及提升在尼罗河水政治复合体中软权力的策略有如下几点。

首先，承认流域各国用水权。1998年埃及参与倡议后，首次承认了流域各国的用水权利，这是树立埃及尊重各流域国的国家形象、顺应潮流的举措。

---

① 周洲等：《国际河流信息合作机制及其对中国的启示》，《资源科学》2013年第6期。

② 其原始成员国家有布隆迪、刚果（金）、埃及、埃塞俄比亚、肯尼亚、卢旺达、苏丹、坦桑尼亚和乌干达。埃塞俄比亚认为厄立特里亚是其国家一部分，反对厄立特里亚以独立主权国家加入。目前NBI有包括南苏丹在内的10个成员国，厄立特里亚为观察员国。

③ G. 纽曼：《尼罗河流域开发新起点》，《水利水电快报》2000年第12期。

其次，维持埃及的优先地位，这是埃及的核心利益。埃及在谈判中避免谈及1929年和1959年的两个协议。2004年3月6日与乌干达召开的尼罗河会议上，埃及的水利部部长就指出："会谈应当坚持一个一贯的原则，就是不应触及埃及历史上就已经确立的权利。"

再次，在机制构建中发挥主导作用，努力将各流域国对尼罗河框架设定的注意力，转移到河水的数据信息、利益分享等方面的技术问题上来，以回避河水的实质分配，维持其用水的优先地位。它提出，相关数据的提交是确定公平合理利用尼罗河的前提①，认为关于河流流域的数据和信息对于河流利用和发展来说都是关键性的因素。尽管各国都有相关流域的数据资料，但埃及认为由于各国数据的数量和质量各异，因而应当确定一个适用于整个河流的标准规则。为了达到这一目的，埃及提出各国应当为此设立专门的国家数据中心来收集、测算和提供相关信息，而后由一个地区性机构将各国提交的信息汇总，以最终确定如何公平地使用河流。

最后，发挥经济影响力的作用，积极参与不危及已有用水制度的合作，弱化埃及水霸权的国家形象。1999年，尼罗河全体流域国家经过协商形成了《水资源共享计划书》，并相继建立了尼罗河赤道湖泊子行动计划和东尼罗河子行动计划（ENSAP）。2002年初，埃及、苏丹和埃塞俄比亚的水资源部长在开罗举行会议，会议决定成立"东尼罗河流域专家委员会办公室"，以对尼罗河水资源合理开发和利用问题进行协调。2004年6月，埃塞俄比亚、埃及和苏丹三国就尼罗河水问题达成谅解，一致同意加快各自国内的尼罗河水利工程建设，特别是加快那些由三国共同投资的农业发展与灌溉项目、水电和引水工程建设等。2004年12月，埃及和埃塞俄比亚双方围绕尼罗河倡议等问题交换了各自的意见。2005年4月，埃塞俄比亚和埃及签署了经济和技术合作谅解备忘录。同月，埃塞俄比亚、埃及和苏丹三国同意成立"三方论坛"以促进三方合作，尼罗河水合作问题也包括在探讨内容之内。2010年后，埃及公布了与尼罗河上游国家之间的合作项目，金额达数十亿美元，合作内容涉及电站建设、铁路和饮水设施的修

---

① 1997 Country Paper by Federal Democratic Republic of Ethiopia, *Comprehensive Water Resources Development of the Nile Basin: Basis for Cooperation* (Proceedings of the 5th Nile 2000 Conference, Addis Ababa, Ethiopia, February 24 - 28, 1997), pp. 37 - 44.

建、环境保护等。埃及希望通过这样一些项目合作，一方面实现上游国家发展经济的愿望，另一方面加强埃及和上游国家之间的关系，密切国家之间的往来。

埃及的这些策略对于维护埃及的国家利益来说，取得了一定的成功，部分地压制了流域内外对埃及的质疑，在一定程度上对上游流域国家的利益要求给予满足。埃及在本地区发挥软权力的主要成果有如下几个方面。

首先，成功地弱化了其水霸权形象，强调了它的合作努力。几乎所有人都承认，尼罗河流域倡议组织已经显著地改变了重新制定尼罗河水资源协定的国际氛围。虽然尼罗河流域国家认为埃及的政策是拖延政策，埃及所谓的提供标准数据的要求，其目的在于拖延真正实现公平利用河流的时间，但人们仍然承认埃及的合作努力。如埃塞俄比亚表示，因为埃及灌溉部门自 1900 年就开始对尼罗河进行相对准确和可靠的记录，埃及对于尼罗河尤其是 20 世纪七八十年代水流流量变化的相关研究[1]，使目前沿岸各国都能够充分地共享有关河流信息。

其次，国际社会近年来对尼罗河倡议给出了高度评价。一些国际组织认为 NBI 是尼罗河流域国家从竞争冲突到对话协商、从双边合作到全流域层面多边合作的一大突破。[2] NBI 最初的目标设计为流域国家共享尼罗河水资源信息，目前这一目标逐渐发展到成为流域国家的共同愿景[3]，并在此背景下在较高政治层面上开展对话与合作。NBI 的发展也促使尼罗河流域内国家开始寻求建立一个崭新的全流域合作法律框架。[4] 而联合国教科文组织在发布的《用水安全》报告中指出，尼罗河流域倡议的前景是十分光明的，因为这些倡议不但强调水资源管理，提出了水资源分配目标，而且将这些问题同流域内消除贫困、经济一体化以及流域国家之间的合作等

---

① M. Demisse, "Analysis of Drought in Ethiopia Based on Nile River Flow Records", *The State of the Art of Hydrology and Hydrogeology in the Arid and Semi-Arid Areas of Africa* (Proceedings of the Sahel Forum, Illinois, International Water Resources Association, 1990), pp. 159 - 168.

② 周洲：《国际河流信息合作机制及其对中国的启示》，《资源科学》2013 年第 6 期

③ 共同愿景是“通过公平利用共同的尼罗河水资源并从中受益，以达到可持续的经济社会发展”。

④ P. Kameri-Mbote. *Water, Conflict and Cooperation: Lessons from the Nile River Basin.* Woodrow Wilson International Center for Scholars, January 2007, No. 4, http://www.wilsoncenter.org/sites/default/files/NavigatingPeaceIssuePKM.pdf.

问题结合在一起。[1] 这些都提升了埃及的国际形象。

再次，虽然饱受上游国家的质疑，但通过各种手段以及合作措施，埃及成功地将旧有的制度保留下来，维持了其在用水上的优先地位。2009 年 8 月，在第 17 届尼罗河流域国家水资源部长会议上，与会国就该流域 24 个水利合作项目达成了初步协议。[2] 埃及表示它将同尼罗河流域其他国家一起，在尼罗河水问题上展开全方位的合作，合作内容非常广泛，包括水利项目、水利技术研究以及水利方面的技术合作，埃及还可以给其他流域国家提供各类水利技术援助和多层次的水利技术人才的培训。[3] 在埃及的主导下，与会代表搁置了尼罗河水的分配问题，提出在未来 6 个月开始新的尼罗河流域国家水资源分配条约的谈判。

最后，埃及在非常困难的情况下维持了其在尼罗河上的主导地位。关于尼罗河水利用的议题和有关制度的构建，处处都离不开埃及。虽然流域各国最为关注的问题是建立一个永久性的机构和公平分配河水的一套法律制度，使流域各国都能平等地利用河流，但该制度由于埃及的一系列举动未能建立。在 2006 年 3 月 30 日举行的尼罗河流域各国部长会议上，会议主席、卢旺达水利和矿产部部长 Bikoro Munyanganiz 指出，“应当尽快明确并完整地确定尼罗河各沿岸国的权利义务”。他同时还强调，应当尽快地建立相应的常设机构，并召开旨在建立合作框架的会议以解决尚待解决的问题。[4] 但由于埃及有优势地位，在框架设定等方面有主导权，其他国家要达成一致意见改变现有用水状况任重而道远。

三　南非“温柔巨人”形象的塑造

南非共和国曾长期实行种族隔离制度，国际社会曾对其施以除战争之外的一切必要手段，包括政治和经济制裁、武器禁运，迫使其改变制度，但都未能如愿。冷战结束后，国际社会的民主化浪潮使南非种族隔离制度

---

① 世界水资源评估方案（WWAP）编写《用水安全：对里约会议以来政策发展情况的初步评估》。http://www.unesco.org/water/wwap/water_ security_ ch.pdf。

② 胡英华：《尼罗河流域国家加强水资源开发合作》，《经济日报》2009 年 8 月 4 日第 7 版。

③ 胡英华：《尼罗河流域国家加强水资源开发合作》，《经济日报》2009 年 8 月 4 日第 7 版。

④ “Nile Ministerial Council Holds Extraordinary Meeting”, *The Ethiopian Herald* (Addis Ababa March 31, 2006), http://allafrica.com/stories/200603310328.html.

顷刻间土崩瓦解，南非以新的形象出现在国际舞台上，并且在南部非洲地区长期以来存在的水争端解决中发挥了重要作用。

学者们大都认识到并承认南非在南部非洲国际河流中的水霸权地位。如特顿就认为，南非在南非河流域是一个“绝对的水霸权”。经济上、军事上以及水利用上的优势地位，使南非的地位超越了其他流域国家，南部非洲国际河流水政治复合体呈现权力不对称结构。但南非的水霸权不但没有受到谴责，反而有很多学者对其在维持水政治复合体中的稳定作用予以赞扬，认为尽管南非的经济和军事力量远远超过它的邻居们，但南非的行为像一个“温柔的巨人”，而不是“流域恶霸”。

南非温和水霸权形象的取得，与以下几个因素有关。

首先，南非曼德拉政府成功地解决了南部非洲地区长期以来存在的水冲突问题。1995 年南非与其他 9 个非洲国家经过谈判协商，签署了水资源合作协议，终结了水资源冲突。南非成功地推动了南部非洲发展共同体（以下简称南共体）《关于共享水道系统的议定书》（简称《SADC 水道协议》）的签订，在一定程度上缓解了该地区水资源缺乏的危机，这使南非不但获得外界赞誉，在水政治复合体内也获得相当广泛的承认。南非成功地运用观念和机制的软权力，提升了自己的形象，获得了很大收益，并且使自己的权力运用以及推动形成的非洲国际河流流域机制合法化。“一个国家的权力如果能够被他国认为是合法的，那么该国的目标较易得到实现，因为在实现目标时遭受的抵制会减少；如果该国具备有吸引力的文化与意识形态，还会产生一批自愿听从指令的追随者；如果该国还有能力建立一套有利于本国利益的国际规范，那么它就不用改变现状；如果该国还能够引导他国行为，使他们按照自己的预期开始行动或者限制自己的行动，那么该国就不需要使用强制性的权力或者硬权力，因为这些权力的使用都会付出高昂的代价。”①

其次，南非在南部非洲国际河流流域中的作用，正好迎合了温和霸权理论，作为温和霸权理论的实例，得到了那些持温和霸权理论学者的首肯。温和霸权理论强调有着合作意向的霸权存在的合理性。

① J. S. Nye, “Soft Power”, *Foreign Policy*, Issue 80 (Fall 1990), pp. 153 - 171.

南共体（SADC）是一个包括13个国家、人口约1.47亿的自由贸易区，共同体内水资源较为贫乏。南共体成员国在水资源的可利用率和使用上具有明显的差异。根据2000年到2001年的资料，安哥拉、民主刚果共和国和纳米比亚的淡水可利用量约为2700立方米/人到15000立方米/人①，南非、马拉维和津巴布韦的人均淡水可利用量则低得多，仅为1000立方米/人到2000立方米/人。共同体地区包括热带、半干旱及干旱气候带，“该地区有7%的面积为沙漠，这些地区的年平均降水不到100毫米；干旱和半干旱地区面积约为区域面积的1/3，该地区的年平均降水约为100~600毫米；年降水大于1500毫米的湿润地区只占南部非洲发展共同体区域总面积的3%。另外，共同体内一些地区会遭受难以预知的干旱灾害，其他一些地区还容易遭受洪涝灾害”②。对于南共体内的多数国家来说，水资源供应都是头等重要的问题，该地区70%的人口没有自来水供应。

虽然南部非洲地处干旱半干旱地带，但该地区存在大量的跨境河流，如奥兰治河（Orange）、赞比西河（Zambezi）、奥卡万戈河（Okavango）、林波波河（Limpopo）和刚果河（Congo）等，一些国际河流有着众多的流域国家。例如，刚果河有13个共享流域国，赞比西河的共享流域国为9个（见表4-1）。可利用水资源数量上的巨大差异以及绝大多数河流都是国际河流的现状，使南共体成员国之间很容易发生国际河流争端与冲突。而南共体内人口的迅速增加，也加大了水资源供应的压力，加剧了南共体许多成员国的水资源缺乏程度，水资源竞争利用情况越来越激烈，争端的危险也越来越大。在这种情况下，地区大国发挥了制止纷争、减少冲突、增加合作的作用。1992年南共体正式成立后，虽然各国的水资源共享合作不完美，南非凭借实力优势也获得了最多的收益，但毕竟在减少贫穷、共同发展等方面发挥了显著成效。1995年《南部非洲发展共同体水道共享协议》于1995年8

① The World Bank, *World Development Report* 2000 - 2001: *Attacking Poverty* (Washington, D. C.: World Bank and Oxford University Press, 2000), p. 291.

② N. P. Sharma et al. *African Water Resources*: *Challenges and Opportunities for Sustainable Development* (World Bank Technical Paper No. 331, 1996), p. 8.

月 28 日在南非的约翰内斯堡签署通过，缔约国包括莫桑比克、博茨瓦纳、马拉维、莱索托、南非、纳米比亚、坦桑尼亚、斯威士兰、赞比亚和津巴布韦十个非洲国家。

表 4－1　南部非洲国际河流及其流域国

流域名	流域国	流域总面积（平方公里）	各国流域面积（平方公里）	百分比
布济河（布西河）	莫桑比克	27722	24576	89
	津巴布韦		3146	11
刚果河	安哥拉	3674844	288848	8
	布隆迪		14333	0
	中非		84684	2
	喀麦隆		399422	11
	刚果（布）		2292862	62
	加蓬		246615	7
	马拉维		438	0
	卢旺达		151	0
	苏丹		4508	0
	坦桑尼亚		1586	0
	乌干达		166006	5
	刚果（金）		97	0
	赞比亚		175294	5
库韦拉伊河/埃托沙河	安哥拉	166649	53065	32
	纳米比亚		113584	68
因科马蒂河	莫桑比克	46643	14618	31
	斯威士兰		29065	62
	南非		2960	6
库内内河	安哥拉	109640	95066	87
	纳米比亚		14574	13
林波波河	博茨瓦纳	413552	81068	20
	莫桑比克		86970	21
	南非		183049	44
	津巴布韦		62465	15

续表

流域名	流域国	流域总面积（平方公里）	各国流域面积（平方公里）	百分比
马普托河	莫桑比克	30600	1544	5
	南非		18388	60
	斯威士兰		10668	35
奥卡万戈河	安哥拉	704935	149428	21
	博茨瓦纳		357216	51
	纳米比亚		175603	25
	津巴布韦		22688	3
奥兰治河	博茨瓦纳	944051	121338	13
	莱索托		19938	2
	纳米比亚		239531	25
	南非		563244	60
鲁伍马河	马拉维	151241	442	0
	莫桑比克		98628	65
	坦桑尼亚		52171	34
萨比河	莫桑比克	115470	30187	26
	津巴布韦		85283	74
厄姆贝卢济河	莫桑比克	10728	7222	67
	南非		24	0
	斯威士兰		3482	32
赞比西河	安哥拉	1380197	253670	18
	博茨瓦纳		18717	1
	莫桑比克		1197	0
	马拉维		109979	8
	纳米比亚		162978	12
	坦桑尼亚		17107	1
	刚果（金）		27237	2
	赞比亚		574771	42
	津巴布韦		214541	16

最后，南部非洲国际河流的合作，都是建立在没有明确水权基础上的合作，这在一定程度上迎合了共享收益理论，受到那些持国际河流合作可

以用利益共享代替水分配观念的学者的欢迎。如莱索托高地跨流域调水项目就是如此。该项目的目的非常简单，就是确保南非获得源于莱索托高地的水量。莱索托高地位于奥兰治河岸，该河由南非、纳米比亚和莱索托共享。1986 年，南非和莱索托两国签订了《莱索托高地水项目条约》，该条约于 1986 年 10 月生效。根据该条约，奥兰治河的上游国莱索托负责建设大坝设施，建设大坝的绝大部分成本（包括移民安置）由南非承担，作为回报，南非可以获得源于莱索托上游的河水。建设的这些大坝等水利设施除调节到南非的上游水量外，还可以进行水力发电，给莱索托提供电力。[①]为保障莱索托高地水利工程的建设与顺利实施，南非和莱索托还成立了莱索托高地水资源委员会。

但温和的霸权也是霸权，虽然其形式比较隐蔽，但实质是一样的，都是为了维持自己在用水上的优势地位。流域国家的权利义务处于不对等的状态，水政治复合体内的用水偏离了公平合理利用的轨道。

首先，1995 年《SADC 水道协议》并没有实质分水，而是以程序性的规定替代实质性条款，以促使国际河流合作协议的达成。协议的大部分条款都是程序性的规定，另外还包括一些在未来建立一系列机构的事项以及这些机构的运行规则。例如协议的第二条第七款第五项规定了国际河流公平合理利用的确定要素，规定如何确定“共同体内国际河流利用适用的纲领和一致标准”，但协议并没有指出这些纲领和标准的具体内容，甚至对由谁来制定这些纲领和标准都没有进行规定。

其次，南部非洲各流域的合作，都是在没有确立水权基础上的合作，南非虽然承担了部分成本，但从总体上来看，也是最大的获利者。南非共和国严重缺水，需要大量的水来满足 PWV 工业区，而在其南部 100 公里地处莱索托境内的奥兰治河还没有被开发利用。1978 年，南非和莱索托联合进行了一次可行性研究，这就是让南非受益的莱索托高原水利工程（LH-WP）的基础。

在因科马蒂河和马普托河流域，情况同样如此。因科马蒂河发源于南

---

① R. Paisley, “Adversaries into Partners: International Water Law and the Equitable Sharing of Downstream Benefits”, *Melbourne Journal of International Law*, Vol. 3 (2002, 2), pp. 280 - 300.

非，流经斯威士兰（即科马蒂河，komati）和莫桑比克，在到达莫桑比克后，该河才正式称为因科马蒂河（incomati）。马普托河（maputo）也起源于南非，流经斯威士兰，最后到达莫桑比克。虽然这两条河都有三个流域国，但协议主要是在南非和斯威士兰两个流域国之间签订的。先前南非和斯威士兰达成了共享水资源与共同投资的协议，同意两国在科马蒂河上各建一座大坝，斯威士兰的大坝可为流域三国供水，而南非的大坝则只为南非和莫桑比克供水。此后莫桑比克在1992年加入该协议，同意在其能够参与整个因科马蒂河和马普托河联合开发的条件下，南非和斯威士兰可以在因科马蒂河上建造两座大坝。直到2002年8月，三个流域国才签署了《因科马蒂和马普托水道临时协议》，但各国并未提及用水分配。

最后，南部非洲河流的合作是建立在这些流域国家都极为贫弱的基础上的，实际上剥夺了部分流域国家的用水权利。

南共体地区水资源相当匮乏，而且分布极不均匀。70%的地表水集中分布在为数不多的几个成员国，其余的成员国则非常容易发生干旱。南共体也认识到这一点，认为如果南共体内不采取任何措施应对这种情况，预计3个或4个南共体成员国将在20～30年后面临严重的缺水局面，因此，成员国需要在互利互助的基础上开展多层次的合作。

总体来说，实力较强的南非在南部非洲国际河流合作中占据较为主动的地位，引导着合作开发的方向。为了解决水缺乏的问题，曾经有一段时间，南非在一些河流上建筑水坝，导致海水倒灌，给莫桑比克带来负面影响，因为这些河流大多流入莫桑比克。虽然南非较为妥善地解决了相关国际争端，但由于南非人口持续增加，未来的水供应矛盾会更加突出，因用水而引发国际冲突的因素将持续增加。到2025年，南非人口预计将增至8000万，必须从莱索托王国购买水才能满足用水需求。为了应对水资源短缺，南部非洲一些干旱国家甚至计划从北部更远的地方调水。南共体内相关国家的调水计划，实际上是为了不损害霸权国南非的用水现状而不得已做出的艰难决策，如处于研究中的刚果河调水计划就是如此。“一些初步研究表明，能够使刚果河部分河水流入安哥拉，在安哥拉把水位抬高一点，河水在重力作用下就可以流向奥科万戈河支流，从而流入博茨瓦纳境内”①，当事国认为，通过该计划就可以缓解南共体内的用水压力。

第三节 对水政治复合体内流域国家互动的评析

如前所述，在应对水政治复合体安全问题中，一部分流域国家采用了均势理论，寻求提升硬权力促进合作维持均衡，而流域优势国家或者水霸权则采用发挥软实力的方式应对新问题。从结果上看，均势并没有促使水政治复合体实现合作安全。随着水政治复合体内流域国力量的改变，一些流域国开始注重提升软权力。这种措施确实在一定程度上改变了流域国形象，在维持国际河流流域稳定方面也取得了一定的成效，但并没有从根本上消除国际河流冲突的根源。只有以公平合理为原则、以促进流域国用水方面权利义务对等为目的提升软权力，才能真正避免流域冲突，促进流域合作。

一 行使硬权力没有形成流域国之间的合作安全

均势或者均衡是某一系统内部各因素相互制约而达成系统稳定与和谐的状态。在国际河流流域，均势意味着流域国家间权力对比是均衡状态或者趋于均衡状态，这种状态主要是通过流域国家使用硬权力而实现的。但由于国际河流水政治复合体和其他区域复合体最为本质的区别是，其核心的关注内容——水资源问题——存在权利界定缺陷，即各流域国家水权份额没有确定，硬权力的使用就没有边界，极容易造成流域国家通过硬权力来获取不正当的水权和水利益，造成流域不公平用水的结果，难以实现合作安全。

（一）硬权力行使可能使复合体陷入安全困境

从实践中看，流域国家采取的以军事力量对抗、宣扬自己在国际河流

① 卡尔·迈厄斯、黄月琴：《南部非洲的水资源合作》，《水利水电快报》1998年3月28日。

流域客观地理位置上的优势等硬权力的行为，虽然有时候会成为合作的契机，但更多情况下会引发冲突，甚至造成安全困境。

首先，行使硬权力寻求均势很大程度上是受到对抗性思维模式的影响，其结果往往是导致冲突。

通过运用硬权力以达到流域国家之间权力均势的思维，很大程度上产生于上下游国家之间“地理要素的不可移动性以及地缘政治权利和利益的排他性”①。国际河流沿岸国家因为共享一条河流而紧密地联系在一起，形成流域国之间的相对特殊的地缘关系。地缘因素、国际各政治力量及相互关系、地区安全三者之间存在密切的规律性联系。地缘上的邻近性会加速安全的威胁因素在国家之间的传播，激发国家之间的安全互动频率和程度。由于地理上的邻近，一个流域国对另一个流域国的影响比对流域外国家的影响要大得多，沿岸国之间的军事安全威胁也会因其位于同一流域复合体内而变得更为突出。

上下游国家之间的地缘本身导致关于共享流域的地缘争端的现实状况②，再加上国际河流水资源和国家的发展战略紧密联系在一起，因此国际河流水政治复合体内很容易出现流域国家利益博弈的现象。无论采取什么方式，流域国家都会力争有利于自己的水资源政策，这种政策的实施，客观上会使其他流域国家用水减少。因而，地理位置占优的上游国家如果不能够得到经济、财政和政治等方面的收益和回报的话，作为理性行为主体其是不会同下游国家达成协议的。③ 而下游国家虽然不占地理优势，但由于其一般位于冲积平原上，具有历史上的优先利用优势，也不可能放弃自己的既得利益。因此，在国际河流实践中，对地理优势等硬权力的利用往往会引发冲突。在尼罗河案例中，当埃塞俄比亚宣称其地理优势时，埃及的反应是提高它的政治压力，采取军事经济威胁手段，从而引发冲突；在约旦河流域，阿拉伯国家的引水计划，不但促使以色列将水坝作为目

---

① 鞠海龙：《论地缘政治的“对抗性”思维》，《世界经济与政治论坛》2009 年第 5 期。

② P. H. Gleiek, “Water and Conflict: Fresh Water Resources and International Security”, *International Security*, Vol. 18 (1993.1), pp. 79 - 112.

③ H. Haftendom, “Water and International Conflict”, *Third World Quarterly*, Vol. 21 (2000.1), pp. 51 - 68.

标，而且是引发第三次中东战争的重要原因之一。

其次，硬权力的行使可能会导致流域安全困境的出现。

在国际河流水政治复合体中，流域国家从各自利益出发，竞相通过硬权力的运用来获取足以控制他国的更大的相对权力，这样国家陷入了“零和博弈”的安全困境之中。例如在中东，由于水资源缺乏，水争端相当激烈。“世界上没有别的地区像中东和北非那样，水对（人口）增长和（经济）发展至关重要。”① 为了控制水资源，以色列凭借自身实力，在第三次中东战争后，占领了约旦河西岸、加沙地区、耶路撒冷、戈兰高地和黎巴嫩南部等大片阿拉伯领土，控制了约旦河的水源，使自己处于绝对的优势地位，成为约旦河流域水霸权国家。在凭借实力控制资源的思维下，20 世纪 90 年代以来，中东国家国防开支占国内生产总值的 3.5%，居发展中国家榜首，军火采购占世界总额的 1/3。以色列已经成为中东和平进程的重大障碍，因为它不可能放弃既得的水资源，而它现有的水资源大多是占领区的，放弃土地意味着放弃水资源，二者相互关联，使问题纠结难解。

最后，国际河流水政治复合体内水权未定，硬权力的运用缺乏边界，因而会加剧流域国家对水使用权的争夺。

在安全困境情势下，水政治复合体的安全处于无序状态。为了维护自身安全，流域国家必须提高自己的实力，使自己在水政治复合体中的地位相对优越；但这种做法会被流域内其他国家视为威胁，增加其他国家的不安全感，而且阻碍别国开发国际河流，会使其他国家利益受损。由于水权未定，只要力量强大，流域国家就可以占有别国水使用权而不用担心承担责任。因而，流域国家不对称的权力关系、国际河流资源的公共性和稀缺性，加剧了国际河流水政治复合体的安全困境。

（二）流域国结盟可能会导致不公平的结果

流域国家之所以结盟，或是为了制衡权力，使国际河流秩序达到均

---

① 世界银行中东地区副总裁凯奥·科克－韦瑟语。参见 P. Kemp, “New War of Words over Scarce Water”, *Middle East Economic Digest*, Vol. 40 (1996. 9), p. 2。

势，或是为了维持既有的秩序进而获取国家利益。在国际河流流域，流域强国或者水霸权如果只根据自己的利益对国际河流进行管理，其结果必然不利于其他流域国家。因而，通过结盟构建公平合理的国际河流体系，形成长期稳定的国际河流安全秩序，或通过国家联合来制衡水霸权，似乎是非常合理的途径。但从国际河流实践来看，结盟虽然有一定的遏制水霸权的效果，但并非一定能促使水分配的结果更为公平合理，因为流域强国也可以相互结盟，从而操控河水的开发利用。

首先，结盟没有促进国际河流水资源的公平利用。

从国际河流实践看，流域国家之间的结盟都发生在有着共同或者共享利益的流域国家，例如约旦和以色列结盟，在扩大自己利益的同时，损害了其他国家的利益。约旦是赞成约翰斯顿计划的，在计划失效后暗中与以方按照该计划进行合作，约旦建造东果尔水渠的计划就是约以合作的结果。从 1958 年至 1961 年，约旦利用雅穆克河南岸地势高于约旦东部谷地的有利条件，在雅穆克河与约旦河汇合处以东 8 公里的阿达西亚引水，建造了总长 70 公里、包括一条 1.6 公里长隧道的东果尔水渠，每年利用水的自身重力引入 1.4 亿立方米的雅穆克河河水。[①] 1965 年约以双方就有关水资源的问题达成了一致，双方重申遵守约翰斯顿计划中规定的各自从约旦河和雅穆克河的取水量，以色列保证对东果尔水渠的建设和使用不予以破坏，保证其国家输水工程不会损害约旦利益。[②]

在咸海流域也是这样。根据估计，下游流域国家对水的贡献少而使用多，如乌兹别克斯坦使用了地区水供应的 3/5；上游吉尔吉斯斯坦和塔吉克斯坦对水的贡献大而消费比较少。上游两个国家独立后都要求公平地分享两河。而对于下游国家来说，棉花是乌兹别克斯坦、哈萨克斯坦和土库曼斯坦的重要商品作物，棉花生产需要大量的水，它们只能依赖吉尔吉斯斯坦和塔吉克斯坦的上游来水。为了以最低的成本获取最大的水资源，下游三国开始结盟，控制了会议进程和用水框架的设定。1992 年五个共和国

---

① 宫少朋：《水资源与中东和平进程》，殷罡主编《阿以冲突——问题与出路》，国际文化出版公司，2002，第 386 页。

② A. M. Garfinkle, *Israel and Jordan in the Shadow of War: Functional Ties and Futile Diplomacy in a Small Place* (New York: St. Martin's Press, 1992), p. 39.

决定继续旧的水分享体制。[①]

虽然凭借苏联建设的水利设施，上游国塔吉克斯坦控制了阿姆河 58% 的水量和锡尔河 9% 的水量，吉尔吉斯斯坦也控制了锡尔河 58% 的水量[②]，但实际上吉尔吉斯斯坦所获得的年取水份额在各流域国中是最少的。吉尔吉斯斯坦在阿姆河流域的取水和灌溉用水份额（地表水）仅占全部额度的 0.3% 左右，在锡尔河流域为 10.5%[③]，年均引水量只占流域引水总量的 5% 左右[④]。虽然 1992 年咸海流域各国以苏联时期分水规划为基础，重新制定和签署了用水协议，提高了吉尔吉斯斯坦的用水标准，吉尔吉斯斯坦的灌溉用水规定为 40 亿立方米，合 8602 立方米/公顷[⑤]，但这远远不能满足吉尔吉斯斯坦的灌溉用水需求。从整个咸海流域看，1997 年咸海流域的平均灌溉用水达 12887 立方米/公顷，吉尔吉斯斯坦的灌溉用水与其他流域国相比处于最低水平[⑥]，而乌兹别克斯坦、土库曼斯坦和哈萨克斯坦是主要的用水国家。根据资料分析，目前乌兹别克斯坦的用水量占地区总水资源量的 54%，1999 年达 60%，土库曼斯坦的用水量占 19%[⑦]。

咸海流域各流域国享有的水权份额又如何呢？咸海流域 43% 的水资源来自塔吉克斯坦，24% 来自吉尔吉斯斯坦，18.6% 来自阿富汗和伊朗。[⑧]下游的乌兹别克斯坦、哈萨克斯坦和土库曼斯坦三国对咸海流域径流的贡献总计不到 15%，三国地表水资源的总和则占中亚地区地表水资源总和的

---

① 《哈萨克斯坦、吉尔吉斯斯坦、乌兹别克斯坦、塔吉克斯坦和土库曼斯坦关于共享水资源管理和国家间资源维护合作的协议》，1992 年 2 月 18 日，第 3 条。

② 张静等：《前苏联时期中亚地区的水资源管理问题》，《河西学院学报》2005 年第 12 期。

③ 吴淼等：《吉尔吉斯斯坦水资源及其利用研究》，《干旱区研究》2011 年第 3 期。

④ 吴淼、张小云、王丽贤等：《吉尔吉斯斯坦水资源及其利用研究》，《干旱区研究》2011 年第 3 期。

⑤ D. M. Mamatkanov, "Mechanisms for Improvement of Transboundary Water Resources Management in Central Asia", in. J. E. Moerlins, M. K. Khankhasayev and S. F. Leitman (eds.) *Transboundary Water Resources: A Foundation for Regional Stability in Central Asia* (Germany: Springer, 2008), pp. 141 - 152.

⑥ 吴淼、张小云、王丽贤等：《吉尔吉斯斯坦水资源及其利用研究》，《干旱区研究》2011 年第 3 期。

⑦ I. V. Severskiy、毛媛媛、张鹏：《全球国际水域评估项目（GIWA）对中亚地区水资源问题的评估结果》，《AMBIO - 人类环境杂志》2004 年第 1 期。

⑧ I. V. Severskiy、毛媛媛、张鹏：《全球国际水域评估项目（GIWA）对中亚地区水资源问题的评估结果》，《AMBIO - 人类环境杂志》2004 年第 1 期。

1/3。产生水量多的国家用水少，产生水量少的国家用水多，权利义务严重不对等，流域国家对流域水资源的分配利用远谈不上公平。

其次，结盟未能导致国际河流合理利用。

合理利用意味着国际河流的可持续利用。流域国家结盟的目的是获取水资源收益，而很少关注流域的生态和环境。例如中亚国家独立后继续维持苏联水政策指导下的水分享机制，该机制造成河水过度利用。在成立之初，苏联制定了将中亚地区变成农业生产基地的规划，为此在中亚地区确立了“劳动分工”的原则。为了促进棉花生产，苏联从中央资金中拨款用于大规模灌溉系统的建设，相继兴建了很多规模大、结构完备的灌溉系统。耕地面积的不断增加，就需要更多的灌溉水，增加了河水的取水量，注入咸海的水量也因而大为减少。在 20 世纪 60 年代以前，河流的总流量为 65.1 立方千米，而各河流注入咸海的水量可以达到 56 立方千米/年。到了 60 年代中期，注入咸海的水量就下降到 43.3 立方千米，70 年代则下降到了 16.3 立方千米，到 80 年代几乎停止注入。[①] 来水的减少使咸海水位迅速下降，90 年代初咸海水位比 60 年代下降了 14 米，表面积减少了 40%，容积减少了 60%，咸海生态环境日益恶化。到了 90 年代，咸海生态环境更为恶劣，以至于联合国环境规划署（UNEP）将咸海生态定义为 20 世纪令人震惊的灾难。[②] 中亚国家独立后，下游国家为了各自的利益，更多地获取水资源收益，上下游国分别结盟，使旧的机制得以维持，咸海面积在继续缩小。

最后，结盟有时不但不会消解水霸权，反而会使水霸权的力量更为强大，局面更加复杂。

1959 年尼罗河水条约就是在尼罗河其他流域国家政权不稳的情况下，两个实力较强的国家（埃及和苏丹）为了维护各自的政治和经济等利益，共同分享尼罗河水权而签署的。埃、苏双方之间建立了一种长久互惠的关系，但结果仅仅有利于这两个下游国。该条约将河水的全部分成两国使用

① 张静、刘磊：《前苏联时期中亚地区的水资源管理问题》，《河西学院学报》2005 年第 6 期。

② 张静、刘磊：《前苏联时期中亚地区的水资源管理问题》，《河西学院学报》2005 年第 6 期。

及自然损耗三个部分，虽然两国对尼罗河水贡献很少，但两国总计支配尼罗河水资源的87%以上，完全不考虑包括埃塞俄比亚在内的其他国家的利益。另外，两国同意如果将来出现其他国家针对尼罗河水资源的诉求，它们将以联合体的形式共同参与与其他沿岸国家的谈判。如果这样的协商导致上游兴建了任何工程，联合技术委员会（代表埃及和苏丹）将会处理所有相关“技术执行细节、工程及维持的安排”。实际上，如果一个上游国家想要修建沿河工程，它不但需要获得埃及的支持，还要获得埃及的强制技术监督及合同监督。因此，这是一个忽视上游国家用水权的协议，在该协议框架的限制下，尼罗河水的开发利用显然是不公平不合理的。

在咸海流域，旧机制的维持就是强大下游国家结盟的结果，但机制内容的缺陷，使其执行遇到了困难，咸海问题因而久拖不决。此后，下游结盟应对水危机的事例屡见不鲜。为了建设水利工程项目，实力较强的两个下游国家哈萨克斯坦和乌兹别克斯坦于2009年4月初就中亚地区水资源问题进行了磋商，并达成一致立场[①]，两国因共同利益走到了一起。但如果这种情况继续发展，“乌兹别克斯坦和哈萨克斯坦组成一个阵营，会促使吉尔吉斯斯坦和塔吉克斯坦结盟，形成另外一个阵营。两个阵营的存在会导致中亚地区各国之间的谈判更为困难，这种困难不仅体现在水资源问题上，也会同时体现在其他问题上”[②]。

（三）外部力量的介入可能会使水政治复合体局面更加混乱

流域国家协商谈判达成协议是一个非常漫长而艰难的过程。如有关斯凯尔特河和默兹河的谈判经历了3年，有关亚马孙河、佩普西湖、塞内加尔河和尼日尔河等的谈判都经历了10多年，而针对有的河流，如莱茵河，流域国之间的谈判甚至超过了100年。在国际河流谈判过程中，流域所处的大的政治环境以及第三方等外部因素，对于其安全秩序的形成有着重大影响，外部因素在许多情况下可促使政府之间达成最低限度的合作战略。例如，非洲赞比西河流域9个国家在联合国环境规划署领导下，签订了河

① 谷维：《哈、乌两国在地区水资源问题上站到一起》，《中亚信息》2009年第5期。
② 谷维：《哈、乌两国在地区水资源问题上站到一起》，《中亚信息》2009年第5期。

流管理协议，达成了解决该流域水资源纠纷的机制。在拉丁美洲，在联合国环境规划署的劝说下，玻利维亚和秘鲁签署了的的喀喀湖水使用协议，解决了两者间的争端。

因此，引入外部力量一直是流域国家的重要选项。但从实践上看，外部力量的引入，对于解决国际河流争端，形成国际河流安全秩序并非完全有利。

（1）流域外部力量的渗入，大多会有自己的利益背景，有着不同的利益动机。流域外部力量介入流域争端可能有着各自的目的，如为了提高或者维持在某地区的力量，以获得重要资源等。美国前国务卿克里斯托弗在1996年说："水资源问题可能导致尼罗河流域、阿拉伯半岛、中亚和西南亚等区域的地区冲突。这些地区对于美国来说极其重要，因而我们必须介入其中，并对这些地区局势实施干预"①。外部势力通过经济援助，还可以将各种符合自己国家利益的价值观与理论在受援国家推行，离间流域国之间的关系，操控国际河流流域各国经济、政治，使流域局面变得更加复杂。例如，在冷战时期，苏联和美国各自支持两河流域以及约旦河流域的一方或两方，使两河问题、约旦河问题复杂难解。

苏联解体后，中亚成为西方大国特别是美俄争夺的重要区域。它们为掌握这一地区的主导权，进行着各种形式的争夺与较量。外部力量可能为中亚带来安全利益，但与此同时也有可能引发中亚的安全隐患，使其面临冲突的危险加剧。一般来说，区域外大国在中亚的利益，决定该国"会将其价值观念附着于对中亚提供的各类援助之上，在看似有利于被援助者的表面之下，通过建立长期的关系，实现自己的利益"②。从现实来看，美国等西方大国借援助之机，将势力渗透中亚后，通过分化瓦解、各个击破等策略，已成功挑起中亚地区国家之间的矛盾，例如，哈、乌两国争夺地区安全事务主导权的较量就是如此。这样一来，中亚各国不但在水资源领域，而且在其他多个领域进行激烈争夺，这必然使中亚地区的安全合作环

① 冯怀信：《水资源与中亚地区安全》，《俄罗斯中亚东欧研究》2004年第8期。

② G. Gleason, "Uzbekistan: From Statehood to Nationhood", in I. Bremmer and R. Taras (eds.) *Nations and Politics in the Soviet Successor States* (Cambridge: Cambridge University Press, 1993), p. 154.

境更趋复杂和恶化。当前，国际上各种政治力量都纷纷介入中亚地区，并进行利益博弈与争夺，特别是美国和俄罗斯在中亚地区战略利益的角逐更为激烈，水资源问题成为未来可能引爆中亚地区冲突的导火索。[①] 有学者认为，如果中亚国家听信区域外国家意见，各自只顾自己的利益，不提相互之间的合作，那么中亚地区的水资源问题再过 10 年也难以得到解决。[②]

（2）外部力量能够同时被弱流域国和强流域国两方利用，其结果有时取决于第三方等外部力量的偏爱。因此，外部力量干预下的流域制度安排不一定有利于流域弱国，有可能还会有利于水霸权国。一个不平等的安排——即使是特别露骨的不平等安排——都有可能逐渐被国际社会接受，因为软权力的实施被覆盖上了一层柔和温情的面纱。在约旦河流域，美国对以色列的偏爱，形成了以色列在约旦河上的霸权。英国在维护自身利益时对埃及的支持，构建了尼罗河不平等的用水秩序，使埃及经济发展迅速。即使埃及不贡献水，不处于上游，但由于享有对上游国家用水的否决权，结果其成为尼罗河上的水霸权。虽然弱国求助于世界银行等所谓公正的外部力量对埃及、以色列的水政策产生了外在影响，但时至今日，这两个流域公平合理的安全秩序的形成前景依然渺茫。在这两个地区，现有的框架机制对当前用水的维护，实际上是维护了水霸权的利益，使霸权秩序得以继续维持。在这种环境下，弱方会呼吁第三方参与，但其建议不一定会得到重视。

（3）外部力量对弱者的偏袒，有可能会使水分配方案背离水权，也会形成权利义务不对等的国际河流体制，为以后的冲突埋下隐患。第三方提供的有条件的援助，在一定程度上可以为结束冲突带来刺激。然而，援助依赖所有流域国家的协议和合作，需要流域国家切实履行协议。如果水协议中水权和水益分配与公平合理原则相背离，即使流域国在外部压力下勉为其难地缔结了条约，但协议的执行仍可能会出现问题。

在印度、孟加拉国的恒河水争中，孟加拉国通过将水问题国际化赢得了联合国和国际社会的支持，将印度推上了谈判桌，但结果并不令人满

① 傅菊辉、刘安平：《水危机与中亚安全分析》，《贵州师范大学学报》2006 年第 1 期。
② 谷维：《哈、乌两国在地区水资源问题上站到一起》，《中亚信息》2009 年第 5 期。

意。1976 年 12 月，印度、孟加拉国开始就恒河水资源问题进行谈判，但印度提出的双方各拥有恒河中 50% 的水量的方案被孟加拉国拒绝。[①] 孟加拉国提出了另外的方案，提议印度政府在每年旱季的峰期（每年 4 月）时，应保证在法拉卡处释放给孟加拉国最小流量的 70% ~80% （约 55000 立方米/秒）的河水。印度英迪拉政府不同意该方案，但迫于联合国的压力做出妥协，协议得以签订，但该协议在随后的执行中困难重重。

两河法律地位的争议使叙利亚和伊拉克发动反对上游土耳其项目的财政运动。[②] 它们很成功地得到了阿拉伯联盟、富有的阿拉伯国家和其他国际信用机构的支持。阿拉伯人认为，采取统一的姿态对抗土耳其是很必要的，因而它们支持叙利亚和伊拉克。叙伊两国还敦促外国合同方不在 GAP 项目上和土耳其合作，警告说否则它们就会关闭其在伊拉克和叙利亚的未来项目，甚至有可能关闭其在其他阿拉伯国家的项目。阿拉伯世界拒绝了土耳其从安纳托利亚通过水管送水给阿拉伯半岛以帮助缺水国家的项目，虽然这个计划有可能带来土耳其和阿拉伯世界互信的美好前景。阿拉伯国家拒绝这个项目的原因是，“这个项目会增加土耳其在该地区的重要性；给土耳其提供战略资产，威胁到阿拉伯国家安全；最后，如果以色列参与进来，将会使他们勾结起来反对阿拉伯国家”[③]。在这样对抗性的外部政治环境下，土耳其要和叙利亚、伊拉克达成公平合理的国际河流协议是比较困难的。

（4）经济援助等形式的外部力量介入，不一定会收到满意的效果。在某一国际河流流域国有足够经济实力的时候，外部经济介入不一定能够解决问题。在两河政治复合体中，土耳其 GAP 项目包括提高农业灌溉技术的巨大项目投资，而当土耳其寻求额外的国际资助时，叙利亚和伊拉克开始合作，竭尽所能地动员整个阿拉伯世界阻挠世界银行对 GAP 项目的资助并且取得了成功。为了获取资助，土耳其也试图接近叙利亚和伊拉克以达成

① H. U. Rashid, *Indo – Bangladesh Relations: An Insider's View* (New Delhi: Har – Anand Publications Pvt. Ltd., 2002), p. 56.

② M. Dolatyar and T. S. Gray, *Water Politics in the Middle East* (New York: St. Martin's Press, 2000), p. 153.

③ O. Bengio and G. Özcan, "Old Grievances, New Fears: Arab Perceptions of Turkey and its Alignment with Israel", *Middle Eastern Studies*, Vol. 37 (2001. 2), pp. 50 – 92.

协议，但遭到它们的拒绝。土耳其最终决定依靠自己的力量完成有关 GAP 项目。因此，虽然没有外援确实延缓了 GAP 建设的进程，但未能成功阻止该工程的建设。

而且，由于水霸权国家的阻挠，外部势力并不一定都能成功介入国际河流水政治复合体内流域国家的互动中。例如印度对区域外力量以及国际顾问的参与都表现出了超乎寻常的敌对情绪，因为印度认为这些外来力量与自己弱小邻国的联系势必会减损自己的收益。因此，当美国前总统卡特、英国前首相詹姆斯·卡拉汉以及世界银行向印度表示愿意为喜马拉雅山脉地区的水资源开发利用提供帮助时，印度都拒绝了。

印度阻挠国际机构援助尼泊尔水资源开发利用的例子不胜枚举。20 世纪 70 年代，尼泊尔堪凯多用途工程计划修建一个中型的拦水坝来灌溉贾帕（Jhapa）地区的大片土地，并利用余水进行水力发电。当亚洲开发银行准备参与此项工程时，遭到了印度的阻拦，结果这项工程未能得以实现，只在其原先的工程选址之上修建了一个小型的灌溉工程。可以说这一时期的尼、印间水资源政治关系的一个突出特点就是，只要尼泊尔修建灌溉工程，无论大小，印度一概反对。① 印度之所以这样做，主要是因为其始终秉持的观点是，将尼泊尔水资源相关问题规制在尼、印的双边框架之内，反对诸如世界银行之类的国际组织的参与，尤其反对外来国家的参与。在没有第三方介入的情况下，印度可以凭借自身的强势地位，以使自身利益得以最大化的方式来处理双边水问题。

（5）在依赖第三方援助的合作中，流域国家一般为发展中国家，合作程度一般都不会太深，多为中、浅程度的合作。如拉美的国际河流合作都是依赖外部援助进行的。外部力量的推动使流域国缺乏必要的政治承诺，机制建构上处于被动地位，缺乏主动性，即使最终在外力的推动下建立了流域管理合作机制，由于缺乏内心认同，也很难使机制保持稳定和持续。另外，第三方援助的项目还有可能不适应当地现实条件，造成希望和现实的背离，使援助的效果大打折扣。例如在恒河流域，尼泊尔利用外来资

① D. N. Dhungel and S. B. Pun（eds.）*The Nepal - India Water Relationship：Challenges*（Kathmandu：Springer，2009），p. 256.

金，建设了很多工程，如孙萨里—莫朗工程（1965 年开始修建）、纳拉扬尼工程（1967 年开始修建）、堪凯灌溉工程（1970～1977 年）、卡玛拉工程（1975～1985 年）、奇特瓦工程（1973～1988 年）、巴格马提灌溉工程（1980 年至今）、库勒卡尼一期工程（1974～1980 年）、库勒卡尼二期工程（1977～1987 年）、玛尔斯扬迪工程（1982～1989 年）等。由于对周边环境和地区市场缺乏足够的认知，区域外力量出资兴建的水力发电项目工程，其工程造价和产品价格通常都很高。比如，由世界银行策划并作为主要投资方兴建的 69 兆瓦的玛尔斯扬迪工程，预计每千瓦的成本达到 4000 美元[①]，是由印度出资在不丹修建的同类工程生产的电力价格的 5 倍之多，也是印度在喜马拉雅山区修建的水力发电工程生产的电力价格的 3 倍。由于印度依旧是各出资方公认的尼泊尔电能生产的对象市场，因而形成了印度买方市场的优势地位——印度是否购买、以什么价格购买成为尼泊尔能源市场价值能否实现的唯一决定因素，尼泊尔对印度的依赖局面没有改变。

（四）关联博弈使水问题复杂化，甚至会引发新的冲突

在两河流域叙利亚、伊拉克对抗土耳其的案例中，土耳其实力较强，而且位于上游。为了获取两河更多的河水，叙利亚和伊拉克进行了关联博弈，以牵制土耳其。牵制的因素有很多，比如加强阿拉伯世界的联系甚至推进中东和平进程等，但最主要的是将水问题和土耳其境内的库尔德问题相联系。

在 20 世纪 70 年代初，叙利亚和土耳其通过大规模的灌溉和水电项目来开发利用幼发拉底河的河水。这些项目的实现意味着土耳其、伊拉克和叙利亚对河水的利用量很大程度上超出了河水的供应。在这种背景下，大坝被视为威胁而不是储存水的方法。[②] 土耳其巨大的 GAP 项目的建设，不仅包括水资源的发展，也包括对所有相关领域如农业、能源、运输、健康、教育、农村和城市基础设施统一的投资[③]，因而被

---

① D. Gyawali: "Nepal-India Water Resource Relations" in W. Zartman and J. Z. Rubin (eds.) *Power and Negotiation* (Michigan: The University of Michigan Press, 2000), p. 139.

② S. Güner, "The Turkish-Syrian War of Attrition The Water Dispute", *Studies in Conflict and Terrorism*, Vol. 20 (1997. 1), p. 105 - 116.

③ A. Çarkoğlu and M. Eder, "Domestic Concerns and the Water Conflict over the Euphrates—Tigris River Basin", *Middle Eastern Studies*, Vol. 37 (2001. 1), pp. 41 - 47.

看作土耳其热衷单边利用，不愿意和阿拉伯邻国分享两河河水的行为。

为了制衡土耳其，叙利亚将水问题和支持反土耳其的恐怖组织的行为联系在一起，将库尔德等土耳其分离势力作为筹码，为库尔德游击队和它的领导人奥贾兰在其领土内提供庇护，甚至成为亚美尼亚自由军[①]（ASALA）的主要赞助人。与叙利亚之间的水争端对于土耳其来说变成了一个国家安全问题，与领土完整紧密地结合在一起。

这种关联博弈策略最初确实给叙利亚和伊拉克带来了一些利益。1987年土耳其和叙利亚之间签署了两个临时协议，以换取叙利亚停止支持库尔德工人党的行动。[②] 1987年土耳其和叙利亚签署的安全条约中，包含了经济合作条款以及土耳其承诺释放500立方米/秒的水流入叙利亚边境的承诺。其中，经济合作协议包括土耳其的单边承诺条款，即“土耳其从幼河中释放最少500立方米/秒的年均流量，直到三国最后达成分水协议”。这个水量是年平均水量，如果某一个月平均流量在这个数字之下，土耳其要采取措施在下一个月补足。土耳其希望通过一些条款如释放500立方米/秒的水的妥协，同叙利亚一起解决安全问题。第二个协议是安全合作协议，它与土耳其给叙利亚结束其对库尔德工人党（PKK）恐怖主义支持施压有关。这是土耳其被迫把解决安全和水问题的方法纠结在一起的明显的信号，但土耳其所期待的签署协议后达成显著效果的愿望并没有实现。

在整个20世纪90年代，由于叙利亚总是将水和安全问题公开地联系在一起，“只有土耳其和它们达成一个正式的水协议，他们才会签署安全协议”[③]。虽然土耳其在水问题上作出了妥协，然而，大马士革继续将库尔德作为王牌，将其作为施加压力的有用工具。1987年协议没有阻止叙利亚继续遵循它以往支持PKK分离主义的政策。在签署以上协议之后不久，奥

---

① Armenian Secret Army for the Liberation of Armenia，该组织的宗旨在于保护土耳其境内亚美尼亚人的权利，是土耳其分离势力之一。该团体对土耳其国外的代表进行恐怖袭击活动，在1973～1983年共谋杀了40多名土耳其外交官和市民。

② J. Bulloch and A. Darwish, *Water Wars: Coming Conflicts in the Middle East* (London: Victor Gollancz, 1993), pp. 60－61.

③ J. Bulloch and A. Darvvish, *Water Wars: Coming Conflicts in the Middle East* (London: Victor Gollancz, 1993), p. 66.

贾兰就和苏联外交官在大马士革见面。1988 年，PKK 活动突然戏剧化地更为活跃了。1989 年 10 月，叙利亚的米格式飞机在训练任务中向土耳其侦察机射击，当时土耳其侦察机在本国边界内。在这次事件中 5 人死亡，一些报道将此和叙、土水问题紧张联系起来。[①] 在同月，土耳其总统厄扎尔提出如果叙利亚不约束支持 PKK 行为的话，土耳其将扣留幼发拉底河的河水。[②]

叙利亚认识到它手中握有一张王牌，即帮助土耳其分离主义，对土耳其发动未经宣告的战争，将其作为杠杆以寻求解决河水问题。只要叙利亚感觉未来水会被切断或者水量减少，它就会利用库尔德分离主义这张王牌。例如，在土耳其宣布在阿塔图尔克大坝蓄水期间切断水流一个月的决定后，阿萨德出席贝卡谷地的 PKK 庆祝会就是对土耳其传递一个信息——叙利亚有很多牌可以用来对付土耳其。

1991 年苏联的解体和欧洲共产主义政权的坍塌，使叙利亚和土耳其之间的关系有了一些缓和。在当时的合作氛围下，叙利亚和土耳其在 1992 年签署了另一个安全协议，在这个协议中，两个国家在诸如重新布置界石、边界贸易、对付牛瘟、电话联络、阻止恐怖主义、引渡逮捕人员和阻止毒品买卖等问题上达成一致意见。[③] 然而，它没有充分阻止叙利亚支持 PKK 分离主义活动。

到 20 世纪末，土耳其意识到叙利亚不可能放弃支持 PKK，并清楚地认识到在 GAP 对下游的影响、叙利亚支持 PKK 以及抗议哈塔省主权之间有着非常清晰的联系。由于库尔德分离主义是 20 世纪 90 年代土耳其最大的国内安全问题，它不但将土耳其军队牢牢地限制在这个区域，而且几乎耗尽国家财政，并有 30000 人死于这场战争。[④] 因此，在认识到下游邻国不可能放弃支持库尔德叛乱的政策后，土耳其的态度开始强硬，下决心将库尔德问题同河水问题剥离。

---

① J. R. Starr, "Water Wars", *Foreign Policy* (No. 82, Spring 1991), pp. 17 – 36.

② R. K. Betts, *Conflict after the Cold War* (New York: Pearson Longman, 2004), p. 578.

③ Ismail Soysal, "Turkish-Syrian Relations (1946 – 1999)", *Turkish Review of Middle East Studies Annual* 1998 – 1999, Vol. 10 (1998), pp. 101 – 124.

④ See: M. B. Aykan, "The Turkish-Syrian Crisis of October 1998: A Turkish View", *Middle East Policy*, Vol. 6 (1998. 4), p. 175.

1998 年土耳其发出最后通牒，声称如果叙利亚继续支持 PKK，在大马士革接待其领导人的话，它将会采取军事行动，叙利亚和土耳其之间的紧张关系升级。土耳其还在边界附近集结了 10000 人的军队，喷气式飞机在叙利亚边界进行低空飞行。最后，叙利亚进行了妥协，叙利亚将 PKK 领导人驱逐出其领土，签署了亚达那协议（Adana Accord），同意不再支持 PKK，并且第一次同意在没有就水的问题达成政治妥协的情况下，和土耳其就安全问题进行谈判。土耳其库尔德分离主义问题终于得到解决，这缓和了土叙之间的关系，起到了促进水问题解决的作用。

因此，从两河水政治来看，将安全和水问题纠结在一起，不可能从根本上解决问题，只能使问题复杂化。这种情况在其他流域也存在。在约旦河水政治复合体中，由于水是以色列和阿拉伯国家之间和平的重要因素，而以色列的主要水源都来自所占有的领土[①]，因而以色列不能承受失去这些领土的后果。由于中东和平是世界关注的焦点，因此，叙利亚再一次采取了关联博弈策略，试图说服美国和以色列给土耳其施压，让土耳其给它供应更多的水，以弥补它在戈兰高地水资源的损失。但土耳其拒绝了叙利亚将幼发拉底河可得水量作为中东和平谈判的先决条件的努力。[②] 2000 年，叙利亚和以色列就戈兰高地的谈判重新开始，叙利亚重申该主张，但土耳其以强烈抗议的方式，成功阻止了这个交易。[③]

国际河流水政治安全问题，无论采取什么样的关联博弈因素，都会遭到抵制，因而很不容易解决。从实践中看，国际河流实践中寻求权力均衡的策略存在这样那样的问题，说明均势并不是万能药，“如果均势真能像一些政治家所期望的那样奏效，那么，在权力分配不威胁国家安全的情况下，作为一种局面、规则、政策和体系，均势肯定已促成了持久和平。然而，从现实情况看，均势似乎并没有给国际社会带来永久的安宁和稳定，

① R. Eitan, “Israel's Critical Water Situation”, *Water and Irrigation Review* (April - October, 1990), p. 8.

② M. Aydin and F. Ereker, *Water Scarcity and Political Wrangling: Security in the Euphrates and Tigris Basin* (springer, 2009).

③ M. Aydin and F. Ereker, *Water Scarcity and Political Wrangling: Security in the Euphrates and Tigris Basin* (springer, 2009).

也没有促使人们永远能够做出谨慎理智的决定"[1]。在水权未确定的情况下，仅仅强调共同利益是不够的。"我的看法是，在这种情况下，必须要有制度的存在才行，这些制度可以减少不确定性，并能限制信息的不对称。"[2] 由于水资源问题必定和其他问题纠结在一起，因此，在解决水资源问题上，我们要做的，是将水资源从其他关联问题中剥离出来，确定标准，界定水权，并以此为基础，确定流域国对等的权利义务。这才是消解水霸权，实现国际河流水政治复合体安全秩序的最佳策略。

二　软权力是促进国际河流公平合理利用的有效手段

软权力成为国际河流水政治复合体构建的有效手段，是由国际河流流域国家间的相互依赖关系决定的。流域国家间相互依赖的内在逻辑，推动了流域国家的互动和交往。交往的存在，使流域国家的行为相互影响，因而产生权利和义务，使法律成为必需，"哪里有交往，哪里就有法律"[3]。相互依赖带来的互动，使流域各国清楚地意识到，流域国家对国际河流的利用中存在利益冲突，只有相互妥协与协调达成法律规则，才能够避免和解决这些冲突。

在水政治复合体内，国家通过谈判解决水冲突或者通过将冲突升级为暴力，换句话说，流域国家运用何种权力以及如何运用这些权力达成自己的目标，是一个综合考虑的过程。它建立在对国家实力、国家利益充分评估的基础上，是一个包括经济、生态、技术、政治、安全等在内的通盘考量。这种考量具体包括两个层面：一是自身的实力。国家的实力主要是指流域国的综合实力，包括流域地理位置、政治经济和军事实力。另外，流域国家之间的关系、各流域国家经济实力的对比，以及国家内部的政治稳定通常也是衡量的因素。二是国家对河流的依赖程度。国家对河水的依赖程度可以通过国际河流水资源在国家水资源总量中所占的比例来衡量，另

① 詹姆斯·多尔蒂、小罗伯特·普法尔茨格拉夫：《争论中的国际关系理论》，阎学通、陈寒溪译，世界知识出版社，2003，第43页。

② 罗伯特·基欧汉：《霸权之后：世界政治经济中的合作与纷争》，苏长和等译，上海人民出版社，2006，第11页。

③ 阿·菲德罗斯等：《国际法（上卷）》，李浩培译，商务印书馆，1981，第16页。

外还包括某一流域国获得替代水资源的能力等。

一般来说，如果一个国家自身的综合实力较强，对水的依赖程度很高，则其在很大程度上愿意采取激烈的手段维护自己在国际河流流域的利益。例如埃及为了维持其在水政治复合体中的优势地位和对水分享政策的控制，更愿意提升冲突激烈程度的等级。但硬权力的行使容易引发冲突，造成安全困境。在安全困境状态下，流域国家的行为处于无序状态，安全成本更高。而在国际河流流域，还没有形成有完全控制能力的水霸权，因此很难单纯通过硬权力的行使来达成目标。只有当霸权的权力超过其他各方，该国才有足够的统治权力，以实现迫使其他国家接受霸权安排的目标。[①] 因此，流域强势国家在可操作的层面上，会更多地考虑运用软权力达成目标。

实践中，武力夺水的事例并不多见，一般限于军力展示与威胁。因为国际河流是一个完整的生态水文系统，因此流域国家存在相互依赖关系。武力夺水会引起一系列的连锁反应，例如，上游基础设施的破坏，会影响到下游国家（可能包括发起攻击的国家自身），流域国可能会得不偿失。武力夺水的事例大致只在约旦河现实地发生过。在 1955 年和 1963 年，来自叙利亚和以色列的战斗机和坦克通过约旦河，企图打击对方的基础设施，但专家、学者们并没有找到多少大坝和防洪设施毁坏的证据。

因此，在国际河流流域，软权力对于国际河流开发利用有着比硬权力更大的作用。国际河流水政治复合体安全问题的出现，本质原因在于流域国家的水权份额至今未定，使流域国家权力的行使没有界限。流域国家可以凭借实力利用更多的河水，从而出现流域国家以各种手段争夺水的使用权的现象，使问题复杂难解。因此，流域国家应缔结条约明确水权，形成权利义务对等的水利用框架体系，以约束各国的行动，维护各国利益，避免和解决冲突，使国际河流利用实现真正的公平合理，这才是应对水霸权最为现实的途径。

在缔结条约、形成水机制的过程中，软权力体现为一种观念和思想，

---

① M. Haugaard and L. Howard, *Hegemony and Power: Consensus and Coercion in Contemporary Politics* (New York: Lexington Books, 2006).

是一种隐形的力量。但这种力量的发挥，是以水机制能够实现河流公平合理利用、使流域国家权利义务对等为前提的。国际河流条约是关于流域国家利用国际河流的一系列原则、规则和规范。流域国家缔结的水条约，规范着流域国家硬权力的行使，约束流域国家开发利用国际河流的行为，预测己方行为后果和对方可能的行为，降低了硬权力运用的可能性，从而达到减少潜在冲突、促进有效合作的效果，以有利于国际河流安全秩序的形成。实际上，国际河流合法有效制度的建立，本身就意味着国际河流开发利用的有序进行。

实践中，国际河流流域国家通过缔结条约进行合作历史悠久，最早可追溯到大约公元前3100年美索不达米亚上游城邦乌玛和下游城邦拉格什之间的水协议。该协议结束了有史记载以来的唯一的国际正式水战争。此后，国际水协议大量出现。仅公元805年至1984年间，便产生了3600多个水协议。19世纪末至今，世界上已形成或签订300多条有关国际河流水资源利用的条约或惯例。[①] 据统计，目前国际社会正在实施的流域性水条约大约有286个，其中2/3在欧洲和北美洲。而国际河流条约的内容也在不断变化，从划界和航行，到分配和利用，然后发展到国际河流的污染和生态系统保护。[②] 例如在1992年《里约环境与发展宣言》发布后缔结的水条约中，都较为关注污染和生态系统保护。

根据俄勒冈州立大学TFDD数据库统计，从1820年到2007年间，各流域国之间签订的国际河流条约所涉及的内容及条约数量如表4－2所示。

表4－2 国际河流条约规范行为分布[③]（未扣除重复计算数目）

规范内容	数　量（条）
航　行	24
渔　业	3
经济发展	21
联合管理	36

① A. E. Utton, *Transboundary Resources Law* (Boulder and London: Westview, 1987).

② E. B. Weiss, *The Evolution of International Water Law* (Martinus Nijhoff, 2009), p. 235.

③ 数据根据TFDD条约水数据库统计而得，http://ocid.nacse.org/tfdd/treaties.php。

续表

规范内容	数　　量（条）
领土问题	3
防　　洪	39
水　　量	110
基础设施	38
技术合作	10
水　　质	55
边界问题	38
水　　电	71
灌　　溉	4

推动条约缔结、制定有利于己方的国际河流规则，是流域国家对国际河流进行管理所行使的最重要的软权力。水条约为国际河流水体利用做出权威式的安排，一经制定，其存在就具有独立性，是一个脱离各国意志而独立存在的机制。它确定了缔约国（无论强弱）都必须遵守的基本原则和规范，能够平衡国际河流流域国家权利结构的不对称性，使相关国家的利益得到维护。它在一定程度上赋予各国国际河流利用行为的合法性，改变各流域国家的利益偏好，协调各国政府有关国际河流的决策和行动，降低气候变化等因素带来的国际河流的不确定性，从而使国际河流水政治复合体获得更为持久的稳定。

三　流域国提升软权力实践取得了一定成效

作为分析国家战略与国际关系基点的权力，并不总是静止不变的，它会随着国家实力的变化而发生转移。这种权力转移不但会使人们重新评估世界转型，也会导致国际问题发生变化，使国家之间的关系随之改变，国家运用权力的方式也会有所变化。在全球化条件下，新的政治问题不断出现并发生变化，“对权力的性质以及权力的来源产生了巨大的影响……与有形的权力相比，无形的权力变得更加重要。一个国家的文化观念和文化吸引力以及国际制度都有了更为重要的意义”[①]。特别在国际河流流域，行

① 约瑟夫·奈：《美国定能领导世界吗》，何小东等译，军事译文出版社，1992，第156页；约瑟夫·奈：《硬权力与软权力》，门洪华译，北京大学出版社，2005，第103页。

使有形的硬权力容易导致流域国之间的冲突，因而，行使无形的软权力，构建国际河流新秩序就成为流域各国的必然选择。

从当前情况看，提升软权力的实践主要由流域优势国家或者水霸权国进行，例如土耳其是两河的优势国家，而埃及与南非分别是尼罗河流域和南部非洲国际河流的水霸权国。这三个国家提升、发挥软权力的实践，对实施国都带来了一定的益处，但从整个水政治复合体安全秩序构建的角度来看，优势国家和水霸权国提升软权力的影响是不一样的。从当前流域国提升软权力的实践来看，三个流域国家都在一定程度上破解了困局，缓解了冲突，提升了自己应对新情况的能力，延续了自己在水政治复合体中的主导地位。优势国家提升软权力的实践，使国际河流水资源的利用逐渐走向公平合理，流域国家权利义务趋于对等，对实现水政治复合体长期稳定起着较大的作用。例如土耳其的“三阶段”计划的提出，就为自己开发利用国际河流，获得公平合理利用水资源赢得了时间和机会。如果下游叙利亚和伊拉克能够认识到公平合理利用的核心在于权利义务对等，那么两河形成水政治共同体就有可能。

但水霸权国软权力的提升对水政治复合体的影响并不一定是正面的，有时候也有负面的影响。因此，对于水霸权国提升软权力的实践，应该从两个方面进行评估。一方面，水霸权国提升软权力在一定程度上适应了潮流。从表面上看，水霸权国做出了一些让步，如埃及参与尼罗河水倡议，南非促进地区水条约的形成，以色列承认巴勒斯坦的水权，这些让步也确实促进了合作，在一定程度上维持了稳定。例如在南部非洲，近代历史上国际河流沿岸国常常因为共享一条河而产生矛盾和冲突[①]，这些矛盾与冲突的激烈程度甚至会超出冲突解决机构的能力，给南部非洲地区国际河流合作带来了较大的压力。据美国俄勒冈州里大学沃尔夫等学者 2003 年的一项研究成果，世界上有 17 条河流处于危险等级，其中有 6 条位于南非境内，分别是奥兰治河、因科马蒂河、奥卡万戈河、库内内河、赞比西河和林波波河。[②] 但南非成功地将国际河流水资源作为沿岸国家相互协作的动

① 《芬兰跨境水资源管理国际研讨会总结报告》，张沙编译，《水利水电快报》2006 年第 16 期。

② A. T. Wolf, S. B. Yoffe and M. Giordano, “International Waters: Identifying Basins at Risk”, *Water Policy*, Vol. 5 (2003. 1), pp. 29 - 60.

力。南非水行政联合体（SAHPC）较为成功地缓解了南非与共享流域国之间的矛盾和冲突，并且在尊重各国国家主权的基础上，鼓励国家间进行广泛的合作。从一些学者最近的研究分析看，南部非洲国际河流流域国家已经进行了广泛的合作，矛盾和冲突的可能性大为降低，目前已经不再位于“危险”级别。

另一方面，从实质上看，水霸权国在水的使用上，并没有做出实质性的让步，其提升软权力的目标，是维持其在水政治复合体内不对等的利益，因而不利于水政治复合体长久的稳定。因为其他流域国家的水权利益没有得到维护，合作依然是建立在不对等基础上的。如果水霸权不能够采取措施促进流域形成权利义务对等的机制，其软权力的提升甚至会成为流域形成合法有效机制、走向安全共同体的障碍。如埃及在尼罗河流域，利用其优势地位，积极参与尼罗河水倡议，主导了议程和议题，维持了尼罗河流域不公平的用水机制，使水的公平合理利用迟迟不能实现。从长久来看，尼罗河的争端依然存在，冲突随时可能发生。

四 提升软权力必须在公平合理利用的原则下进行

由于硬权力的行使没有使流域国家达成合作安全的目标，一些流域国开始重视软权力的提升，以维持国际河流利用现状，应对和避免国际河流冲突。但从当前软权力行使的情况看，提升软权力虽然有了一定的成效，在一定程度上促进了合作，延缓了冲突，但国际河流冲突的可能性依然存在。究其原因，就是提升软权力的某些国家，其目的是维持自己在流域的霸权地位，维持国际河流既存的不合理利用现状。因此，这些国家无论以什么手段维持现存秩序，都不利于国际河流问题的解决。只有以国际河流公平合理利用原则为指导，以实现流域国权利义务对等为目的的软权力提升，才能使流域国地位平等，使国际河流问题最终得以解决。

以尼罗河为例。虽然尼罗河倡议形成了尼罗河合作的美好前景，但由于埃及没有站在全流域的立场上，用客观科学的态度解决问题，其软权力的行使，不但没有改变流域国用水上权利义务不对等的现状，反而成为尼罗河流域公平合理机制达成的最大障碍。尼罗河倡议成立至今已经有十多年了，但尼罗河流域国之间公正和公平地分配尼罗河水资源至今还没有一个确实的结果。“（尼罗河倡议）组织成员国大部分时间都在组织和参加会议，并没有产生希望的结果。”[①] 自 1997 年专家起草《尼罗河流域合作框架协定》开始，NBI 于 2006 年提出了协定的最终草案文本，提出了开发、利用和保护尼罗河流域水资源应遵循的 15 条原则[②]，同时规定了 NBI 成员国的权利与义务。协定草案文本已经于 2007 年提交给尼罗河部长理事会审议，但上、下游国家对草案第 14 条款中的“水安全”问题仍然未能达成一致意见。[③]

“水安全”是一种相互妥协下的对用水权益的模糊处理方式（没有提及 1959 年尼罗河水协定，因而没有改变尼罗河旧的用水框架）。尼罗河倡议在 2008 年、2009 年的会议上仍未取得实质进展，最后决定将争议条款 14（b）纳入协定的附件，由尼罗河流域委员会在成立后 6 个月内协商解决。[④] 2009 年 8 月 1 日至 2011 年 8 月 1 日为协定文本对流域国家开放签字期，到 2011 年 5 月，除埃及、苏丹、布隆迪外，NBI 其他 7 个成员国都已在协定上签字。[⑤] 目前，上、下游国家意见分歧的核心在于对历史协议/协定的处理。[⑥] 因尚未正式建立各国均接受的全流域管理合作协定，目前尼罗河流域国合作仍然局限于对话及技术交流，全流域管理合作刚刚起步，还很不完善。近期苏丹的分裂将会对尼罗河流域管理合作发展带来一些更复杂因素。

无论如何，由于尼罗河用水确实偏离了公平合理原则，因而，只要埃

① 特斯珐业·塔菲斯：《尼罗河流域分水争议解决机制评价》，《人民黄河》2005 年第 11 期。

② 包括国际合作、可持续发展、公平合理利用、防止造成重大损害、流域及生态系统的保护与保全、计划措施信息交流、利益共同体、数据与信息交换、环境影响评价与审查、和平解决争端、水安全等。

③ 埃及要求将协定草案第 14 条款中“（a）共同合作以保证各国达到和维持水安全；（b）不对其他任何尼罗河流域国家的水安全造成重大影响”改为“不对其他任何尼罗河流域国家的水安全和当前利用及权利造成不利影响”，而上游 7 国则拒绝接受该修改意见。

④ D. Z. Mekonnen, “The Nile Basin Cooperative Framework Agreement Negotiations and the Adoption of a ‘Water Security’ Paradigm: Flight into Obscurity or a Logical Cul - de - sac?” *The European Journal of International Law*, Vol. 21 (2010. 2), pp. 421 - 440.

⑤ E. Musoni and Agencies, *Africa*: *Rift Widens over Nile Basin Pact as Egypt*, *Sudan Remain Reluctant*, http://allafrica.com/stories/200802290213.html.

⑥ J. Ngome, *Clause Holds Key to New Nile Treaty*, http://allafrica.com/stories/200803280008.html.

及努力维持旧有的分水框架，其主导的水霸权机制没有改变，流域国之间就不可能在用水问题上真正平等，尼罗河流域的合作就不能走向深入和长远。

首先，未来尼罗河流域的主要问题仍然是水资源的分配问题，这是埃及不能回避的。从历史上看，尼罗河流域国组成的许多组织，如HYDROMET[①]、喀格拉组织[②]、UNDUGU[③]、TECCONILE[④] 等都失败了。主要原因就是没有从实质上解决水分配问题。虽然埃塞俄比亚和埃及于1993年签订了条约，并且双方同意相互合作，依据国际法原则，通过相互磋商达成永久性条约，但从目前情况看，有关制定永久性条约的预期磋商并没有取得成果。虽然近几年尼罗河流域国家也采取一系列的措施以促进合作，例如，2010年的6月26～27日举行的尼罗河流域国家部长级会议以及11月10～12日举行的第五届尼罗河技术咨询委员会都显示了尼罗河流域合作的迹象，但在解决尼罗河流域国水分歧方面并无实质性的突破，尼罗河水争端的解决前景依然不明朗。

其次，上游流域国家追求公平用水权利的努力还在继续。2010年5月，尼罗河上游国埃塞俄比亚、卢旺达、坦桑尼亚、肯尼亚和乌干达五国签署了重新分配尼罗河水的框架协议，规定流域国应在水资源的获取上有同等的权利，流域国应均等分享水资源。针对埃及的优先权，该协议规定，上游国家有权建立水利项目，并且不用事先告知下游国苏丹和埃及。

再次，埃及继续扛起了行使硬权力大旗，但结果很难预料。在尼罗河流域形势改变的情况下，埃及采取了硬权力和软权力结合的方式应对新情况。2010年5月尼罗河新框架协议签订后，埃及开始降低姿态，对苏丹、刚果（金）和肯尼亚等国展开外交行动，目的是在新的背景下最大限度地维护其既得利益。同时，埃及外交部发言人则态度强硬地宣称，埃及绝不

① HYDROMET是1967年由8个流域国家组建的第一个地区项目，流域国组建了一个水事务部长委员会监督项目，一个技术委员会执行项目运转。

② 1978年由布隆迪、卢旺达、坦桑尼亚、乌干达四国组建的卡格拉河流域规划和发展组织。

③ 1983年由埃及发起建立的第一个全流域合作组织。

④ 1992年由流域10个国家组建的促进尼罗河发展和环境保护委员会。

签署任何有损其水份额和历史权利的协议。埃及水利部长穆罕默德·阿兰甚至说，如果有必要，埃及将会为了尼罗河而战。[①] 但这些言论是否有着威慑效果很难预料。理论上，由于没有国际河流流域和平发展的共同利益存在，一旦出现安全危机，流域国内部解决危机的可能性很小，区域外力量介入水政治复合体内，迫使水分配朝公平合理的方向发展将不可避免。

最后，埃及用水现状的维持还要受到第三方力量的制约。尼罗河流域各国技术、资金及机构能力有限，开展流域管理合作往往对外部援助具有较强的依赖性。尼罗河国家在制定和实施尼罗河战略行动计划、起草及协商尼罗河流域合作框架协定中都要求世界银行、联合国（主要是开发计划署，即 UNDP）等国际组织以及西方援助国提供财政和技术支持。而援助方也会提出一些提供援助的条件，促进和推动流域国之间的合作。例如尼罗河流域国要获得国际援助资金开展尼罗河流域水项目，就必须签署尼罗河流域合作框架协定，并且成立协定的执行机构尼罗河流域委员会。因此，援助方在尼罗河流域对话与合作中发挥了重要的促进作用。

实际上，多年来，确立一个符合尼罗河各国实际情况、能够被尼罗河各流域国自愿接受的合作框架，一直是一些国际组织努力的目标。因为这个框架对于尼罗河水政治复合体安全秩序的构建是必不可少的。在流域各国都认为必须建立一个永久的框架以维持公平用水原则下的合作时，埃及维持旧有制度的努力，必然会遇到更大的来自多方面的压力。因此，必须在公平合理利用的原则下，在流域国之间权利义务对等的基础上，缔结公平合理利用的条约，才有可能解决尼罗河水的问题。

① 洪永红等：《解决尼罗河水争端的国际法思考》，《西亚非洲》2011 年第 3 期。

第五章　建构国际河流水政治共同体

根据布赞的区域安全复合体理论，随着安全复合体内各个单元的各种互动，安全复合体的内部结构会发生改变，其社会结构（友善—敌意模式）可以从“冲突形态”经由“安全机制”上升到“安全共同体”。而国际河流安全共同体的形成，则意味着这个流域的各个流域国，不期望或不准备在彼此的关系中使用武力，相互之间形成了信任和友善的关系，该流域的安全得到保障。

从当前情况看，国际河流水政治复合体内普遍缺乏合法有效的安全机制。复合体内的流域国，也普遍表现为利用权力均衡、霸权、均势和联盟等进行相互制约。仅有的制度难以得到很好的执行，仍然存在冲突的可能性。只有在科学客观的国际河流理论的指导下，形成能够体现人类共同利益、权利义务明确的国际河流制度建设框架，并依此构建合法有效的国际河流机制，才能建构起和谐的国际河流水政治共同体。

第一节　国际河流流域面临的制度建设困境

“一切有关合作的努力，都是在某种制度背景下发生的。”[①] 国际河流制度不但影响着国际河流的合作方式，也影响着国际河流公平合理利用的程度，最终决定了国际河流水政治共同体是否能够形成。在制度缺乏或者不能有效执行的情况下，水资源的竞争利用就不可避免，冲突必然发生。从总体情况看，当前水政治复合体普遍缺乏完善的国际河流制度，1997 年《国际水道非航行使用法公约》虽然于 2014 年 8 月 17 日生效，但在切实履

① R. O. Keohane, “International Institutions: Two Approaches”, *International Studies Quarterly*, Vol. 32 (1988. 4), pp. 379 - 396.

行上尚有一定的困难。在已经缔结条约的国际河流流域，流域国违反和不遵守条约的情况并不鲜见，甚至有些流域没有任何条约，缺乏最起码的争端预防和解决机制。

一 适用中困难重重的国际河流法规

国际河流安全问题源于流域国家对水的忧虑，这种忧虑因为缺乏可以保证流域国家持续稳定地得到水资源的制度而加剧。因而，在没有制度保障的情况下，为了确保本国获取水资源满足人民生活和国家经济用水发展需求，保证国际河流水资源在维持生态安全的前提下可持续发展，流域国家会采取各种方法包括武力，确保自己的水使用数量，以求水资源安全。但国际河流水量总体上是恒定的，一国的多用意味着另一国用水数量的减少，冲突因此产生。

如果国际河流流域有一种制度，可以确保流域国获得自己应该获得的水资源，就可以免除流域国家对于水安全的忧虑；或者虽然有缺水的忧虑，但由于国际河流水权明确，流域国硬权力的行使有了确定的边界，就可以避免和解决纷争。但国际河流的地理独特性、国际河流自然与人文地理本身的复杂性，以及流域国家利益的差异性，使流域国必须协调各种制度和文化之间的巨大差异，然而最终形成的全球统一的、规范所有国际河流的规则也难以在实践中适用。由于缺乏操作性强的分水原则，各流域国之间缔结条约、规范彼此国际河流实践行为的难度非常大。流域国在各自的水政策中，基于不同的国家利益，对国际河流法律原则进行各不相同甚至相反的解释，有时甚至国际河流利用原则本身也成为争议的一部分。为了解决这个问题，国际社会努力制定普遍适用的国际河流法公约。

1970 年，联合国大会请求国际法委员会提供一套关于公平利用国际水道的草案，国际法委员会的 34 名专家以 1966 年国际法协会《国际河流利用规则》为基础，经过 27 年的努力，准备了一个新的条约草案。该草案在 1997 年 5 月 21 日的联合国大会上以 103 票对 3 票的表决结果通过。中国、土耳其和布隆迪投了反对票。一些学者认为，这些国家投反对票，可能是因为它们是各自地区主要国际河流的发源地与上游国。大会上有 27 个国家投了弃权票。[①] 这27个投弃权票的国家中有一些是世界上重要河流的流域国家，如尼罗河流域的埃及、印度河流域的印度和巴基斯坦、莱茵河流域的法国和比利时等。这些国家之所以投弃权票，各有各的原因。埃及虽然是下游国，但在尼罗河上获利较多，印度和巴基斯坦是因为它们不能确认从河流中“谁得到什么”。

依据1980年生效的《维也纳条约法公约》，签字不是条约生效的条件，大会通过1997年公约条文更不代表其已经成为生效的国际法。公约向主权国家开放签署才是开始，签字国然后要继续条约制定过程，转入承认、接受、按照各自国内法的要求以各种方式批准条约。条约供各国批准的方式包括批准、接受、赞同等。[②] 虽然条约已经被大会表决通过，但是它必须经过一定数量的国家签署、批准之后才能生效，才能对条约的当事国产生约束力。1997年公约规定了相当低的生效条件，即在全球193个联合国会员国中，有35个国家（无论其是否涉及国际河流）批准公约后90天，公约就开始生效。[③] 到2000年5月20日公约开放签字截止日，只有16个国家初步签署[④]，截至2014年3月，世界上已经有34个国家批准或加入公约。[⑤] 2014年5月19日，越南正式递交了加入书成为第35个缔约

---

① 1997年5月21日当天，27个投弃权票的国家分别为安道尔、阿根廷、阿塞拜疆、比利时、玻利维亚、保加利亚、哥伦比亚、古巴、厄瓜多尔、埃及、埃塞俄比亚、法国、加纳、危地马拉、印度、以色列、马里、摩纳哥、蒙古、巴基斯坦、巴拿马、巴拉圭、秘鲁、卢旺达、西班牙、坦桑尼亚联合共和国和乌兹别克斯坦。后来在联合国大会的记录中，投票情况有所改变，投赞成票的为106个国家，比利时、斐济和尼日利亚后来通知大会要求投赞成票。由于比利时由弃权改为赞成，所以弃权票的记录为26个国家。

② 批准、接受、赞同一项条约可能会根据各国国内法不同采取不同的程序，但其法律效力是一样的。“批准”通常是一国根据宪法或法律采纳条约的程序。“接受”和“赞同”与批准的法律效果相同，不过程序不那么严格，它们是一国明确接受条约约束的表示。“加入”一般指多边条约的非签字国在条约开放签署时间截止后，正式表示愿意接受条约约束。

③ 根据条约，地区经济一体化组织可以成为签字方，但不计算在使条约生效的35个国家内。

④ 这16个国家分别是科特迪瓦、芬兰、德国、匈牙利、约旦、卢森堡、纳米比亚、荷兰、挪威、巴拉圭、葡萄牙、南非、叙利亚、突尼斯、委内瑞拉，也门。其中3个国家至今没有批准公约，这些国家是巴拉圭、委内瑞拉、也门。

⑤ https：//treaties. un. org/Pages/ViewDetails. aspx？ src = UNTSONLINE&tabid = 2&mtdsg_ no = XXVII - 12&chapter = 27&lang = en#Participants.

方。这样，公约就在越南加入后的90天后，即2014年8月17日正式生效。

1997年《国际水道非航行使用法公约》是目前世界上唯一的为沿岸国家水分配和水管理事项进行制度安排的全球性公约。它确认了一些普遍适用于国际河流的法律原则，如公平合理利用、不造成重大损害等。但其只是一个框架性公约，对于国际河流实践只在原则制度方面有一定的指导意义。另外，尽管公约规定国家以“公平和合理”的方式利用国际河流①，但没有确立利用优先次序、缺乏沿岸国之间法律权利义务对等的核心法律概念，公约操作性存在重大问题。而且，国际法上的“条约不得为非缔约方设定义务”原则也可能使公约仅停留在理论探讨的层面上，无法成为判断争端国之间是非曲直的法律准则。由于缔约国所占国际河流流域面积的有限性（比例约为全球国际河流流域面积的12%，见表5－1），以及对非批准国的不适用，人们对公约在避免和解决当今国际河流争端方面有多大影响仍然有所疑虑。

表5－1 1997年公约参加国所拥有的国际河流及其境内流域面积②

所属洲	公约参加国	国际河流流域名	流域面积（平方公里）
欧洲	丹　　麦	Wiedau	970
	芬　　兰	凯米河（Kemi）	52972
		奈泰默河（Naatamo）	414
		奥兰加河（Olanga）	1996
		奥卢河（Oulu）	26933
		帕斯维克河（Pasvik）	12455
		塔纳河（Tana）	6464
		托尔纳河（Torne/Tornealven）	10734
		图洛马河（Tuloma）	2038
		武奥克萨河（Vuoksa）	54511

① 参见《国际水道非航行使用法公约》第5条、第6条。公约国用“国际水道”代替“国际河流”。公约原文见联合国网站，《公约、条约、协定和规则年度汇编》，http：//www.un.org/chinese/documents/decl－con/chroncon.htm。

② 数据来源：TFDD全球国际河流登记数据库，http：//www.transboundarywaters.orst.edu/database/interriverbasinreg.html。

续表

所属洲	公约参加国	国际河流流域名	流域面积（平方公里）
欧洲	法国	比达索阿河（Bidasoa）	66
		埃布罗河（Ebro）	212
		加龙河（Garonne）	55190
		波河（Po）	329
		莱茵河（Rhine）	23052
		罗讷河（Rhone）	90054
		罗亚河（Roia）	421
		塞纳河（Seine）	84027
		斯海尔德河（Schelde）	8613
		Yser	486
	德国	多瑙河（Danube）	59130
		易北河（Elbe）	83267
		奥得河（Oder/Odra）	7682
		莱茵河（Rhine）	98140
		维德河（Wiedau）	172
	希腊	马里查河（Maritsa）	3779
		奈斯托斯河（Nestos）	4760
		斯特鲁马河（Struma）	3913
		维约瑟河（Vijose）	2535
		瓦尔达尔河（Vardar）	3883
	匈牙利	多瑙河（Danube）	92995
	爱尔兰	班恩河（Bann）	162
		Castletown	65
		厄恩河（Erne）	2761
		芬河（Fane）	171
		Flurry	29
		福伊尔泻湖（Foyle）	924
	意大利	多瑙河（Danube）	1264
		伊松佐河（Isonzo）	1183
		波河（Po）	82515
		莱茵河（Rhine）	54
		罗亚河（Roia）	205

续表

所属洲	公约参加国	国际河流流域名	流域面积（平方公里）
欧洲	卢森堡	莱茵河（Rhine）	2503
		塞纳河（Seine）	78
	黑山	多瑙河（Danube）	7034
		德林河（Drin）	2184
	荷兰	莱茵河（Rhine）	9882
		斯海尔德河（Schelde）	82
	挪威	格洛马河（Glama）	42777
		Jacobs	306
		克拉尔河（Klaralven）	7752
		奈泰默河（Naatamo）	588
		帕斯维克河（Pasvik）	1014
		塔纳河（Tana）	9276
		托尔纳河（Torne/Tornealven）	1421
	葡萄牙	杜罗河（Douro/Duero）	18045
		瓜迪亚纳河（Guadiana）	12872
		利马河（Lima）	1104
		米民奥河（Mino）	629
		塔古斯河（Tagus/Tejo）	26019
	西班牙	比达索阿河（Bidasoa）	460
		杜罗河（Douro/Duero）	80952
		埃布罗河（Ebro）	85242
		加龙河（Garonne）	620
		瓜迪亚纳河（Guadiana）	55102
		利马河（Lima）	1185
		米尼奥河（Mino）	14476
		塔古斯河（Tagus/Tejo）	51600
	瑞典	格洛马河（Glama）	483
		克拉尔河（Klaralven）	43401
		托尔纳河（Torne/Tornealven）	25434
	英国	班恩河（Bann）	5418
		Castletown	318
		厄恩河（Erne）	2038
		芬河（Fane）	28
		Flurry	31
		福伊尔泻湖（Foyle）	2003

续表

所属洲	公约参加国	国际河流流域名	流域面积（平方公里）
亚洲	越　　南	珠江（His）	9800
		北仑河	100
		Ca/Song Koi	20100
		Ma	17100
		湄公河（Mekong）	38200
		红河（Red/Song Hong）	71500
		西贡河（Saigon）	24800
		Song Vam Co Dong	7800
	伊　拉　克	底格里斯河—幼发拉底河/夏台阿拉伯河（Tigris - Euphrates/Shatt al Arab）	319440
	约　　旦	约旦河（Jordan）	19395
		底格里斯河—幼发拉底河/夏台阿拉伯河（Tigris - Euphrates/Shatt al Arab）	2006
	黎　巴　嫩	An Nahr Al Kabir	414
		阿西河（Asi/Orontes）	2182
		约旦河（Jordan）	716
		Wadi Al Izziyah	386
	叙　利　亚	An Nahr Al Kabir	856
		阿西河（Asi/Orontes）	16800
		约旦河（Jordan）	4535
		Nahr El Kebir	1317
		底格里斯河—幼发拉底河/夏台阿拉伯河（Tigris - Euphrates/Shatt al Arab）	116306
	卡　塔　尔	无国际河流	0
	乌兹别克斯坦	咸海（Aral Sea）	383108
非洲	科特迪瓦	无国际河流	0
	利　比　亚	乍得湖（Lake Chad）	4633
	摩　洛　哥	道拉河（Daoura）	18141
		德拉河（Dra）	75697

续表

所属洲	公约参加国	国际河流流域名	流域面积（平方公里）
非洲	摩洛哥	吉尔干河（Guir）	17731
		Oued Bon Naima	325
		塔夫纳河（Tafna）	2397
	纳米比亚	库韦拉伊河（Cuvelai/Etosha）	113584
		库内内河（Kunene）	14574
		奥卡万戈河（Okavango）	175603
	尼日尔	奥兰治河（Orange）	239531
		赞比西河（Zambezi）	17107
	尼日利亚	乍得湖（Lake Chad）	671812
		尼尔日河（Niger）	496564
		阿帕河（Akpa）	1843
		克罗斯河（Cross）	40014
		乍得湖（Lake Chad）	179483
		尼尔日河（Niger）	559370
	南非	韦梅河（Oueme）	9709
		萨纳加河（Sanaga）	592
		因科马蒂河（Incomati）	29065
		林波波河（Limpopo）	183049
		马普托河（Maputo）	18388
		奥兰治河（Orange）	563244
	突尼斯	Thukela	32630
	贝宁	Umbeluzi	24
		迈杰尔达河（Medjerda）	15445
		莫诺河（Mono）	1165
		尼尔日河（Niger）	45036
	布基纳法索	韦梅河（Oueme）	49036
		沃尔特河（Volta）	14996
		科莫埃河（Komoe）	16879
	乍得	尼尔日河（Niger）	82320
		沃尔特河（Volta）	173141
	几内亚比绍	乍得湖（Lake Chad）	1088152
		尼尔日河（Niger）	16447
		科鲁巴尔河（Corubal）	6480
		热巴河（Geba）	8560
		姆贝河（Mbe）	496
全球国际河流总流域面积：61962782 平方公里			7434007

注：本表中的国际河流流域名称参照张万宗主编《英汉、日汉世界国际河流详名手册》，黄河水利出版社，1998. 对于该书中未收录的国际河流，笔者来做音译。

从以上论述中，可以发现这么一个问题：这个以赫尔辛基公约为基础，吸收了各种最先进的理论，由法律专家们历时27年时间辛苦写就的，被某些专家称为对国际河流管理法律制度具有里程碑意义的公约，为何花费了17年才勉强符合生效条件，且在实际执行中困难重重，在国际河流实践中难以承担起一个公约应负之职责呢?

公约条文中所体现的基本法律原则的内在矛盾是其中的一个原因。公约条文一方面确认了主权平等、公平合理利用以及不带来重大损害等原则，另一方面又出现背离甚至违反这些原则的规定。公约中公平合理利用的规定[①]及其所列举的公平合理利用应考虑的因素[②]貌似公平，但忽略了主权原则下上下游国家因为地理位置不同、气候条件不同因而提供水量不同的情况。公约以主观因素替代客观标准，对国际河流水量的主要贡献国是不公平的。公约中很多制度设计的核心在于，牺牲贡献量大的国家的权利来调和冲突，维持现有的秩序（即使是不公平的国际河流秩序）。

公约条款的内在矛盾，引发了专家们的争论。虽然专家们对这个问题各有各的看法，如认为原则的规定过于宽泛，没有确定优先权，操作性差等，但实际上，真正的原因，或者说最根本的原因只有一个，那就是淡化主权、回避水权的做法和倾向。公约以各种理论如公平合理原则等来中和冲突，其形成的文件最终难以应对国际河流现实问题。虽然公约也明确其以尊重各国主权平等为基础，但从条约的名称到条约条文的字里行间，是看不到水权的，其上下游国家（虽然条约用“水道国”的字眼）的权利义务是不对等的，其强制解决争端的方式，也被认为是过多地侵入国家主权内部。公约不能专注于解决国际河流中最核心的水权问题，而偏重于对理论的描述与规定，使公约中的基本原则应用起来困难重重。例如，上游国家可以引用社会和经济需要作为理由，建设大坝进行水力发电，下游国家也可以以它们本身的社会和经济需要以及现阶段的利用情况为依据反对这些做法。国际河流争端的根源在于对国际河流水体的竞争利用，而竞争利

① 《国际水道非航行使用法公约》第5条。

② 《国际水道非航行使用法公约》第6条。

用的原因在于水体权属不明。由于水体作为自然资源对各国有重要意义，其竞争利用不可避免。因此，只有直面水权问题，并以此为基础提出确定的条款，才能指导各国的实践。

公约最近刚刚生效，其隐含的保护国际河流优先使用权的理念无疑让下游国觉得任何上游国对同一条河流的加速开发利用都损害了它的河水利益，也让其很少对自身利用河水的状况进行积极的检讨。中东两河纠纷中，叙利亚、伊拉克以种种方式、采取各种手段对抗土耳其，以求获取最大限度的用水权益。它们指责土耳其违反国际法，同时又不愿意通过提高灌溉效率的方式合理利用国际河流。这种行为的根本原因就在于，它们认为自己对国际河流的使用符合国际法的要求，因而是正确的。从1997年整体批准状况来看，那些不但投了赞成票而且早已经批准公约的国家主要是最下游几个少数国家，它们最乐于利用公约条文来维护本国的既得权益。而对那些处于河流中段地位的国家，由于它们既可以依据“不造成重大损害”原则与下游国联合，又可以用“公平利用”原则和上游国联合为本国争得利益，因而并不急于批准公约，以免给自己的外交策略制造障碍。[①] 从这个意义上来看，公约对上游国河流地缘优势地位以及由此带来的权益的不尊重，是造成目前国际河流事件数量不降反升的重要原因。根据TFDD的记录，自从公约条文被采纳以来，冲突的比例竟然上升了5个百分点（统计时间范围为2000～2008年），冲突事件占全部事件的比例为33%（1948～1999年冲突比例为28%）。[②]

公约的强制争端解决程序[③]，也引发了很大的争议，成为公约中最有争议的条款。一些专家认为其违反了主权原则。《国际水道非航行使用法公约》几乎把现有的全部国际争端解决方法，包括政治方法和法律方法，都放在条文中。公约第33条用了10款来规定谈判、斡旋、调停、调查和调解等政治方法，同时还规定将国际水资源争端和冲突提交仲裁或国际法

---

① 王志坚：《从中东两河纠纷看国际河流合作的政治内涵》，《水利经济》2012年第1期。

② 王志坚：《国际河流法研究》，法律出版社，2012，第123页。

③ 《国际水道非航行使用法公约》第33条第2款、第10款。

院等法律解决的具体办法。[①] 公约的突出之处是规定了实况调查程序，此程序带有强制性质。它是指在两国之间没有解决该类争端的特别协议以及没有接受国际法院“任意强制管辖”的情况下，如果争端当事国在提出谈判的六个月内，未能通过谈判、斡旋、调停、调解、提交跨界河流委员会使争议得到解决，就会强制适用国际司法或仲裁方法。公约还规定各流域应依法设立事实调查委员会，该委员会拥有强制调查权。根据规定，国际河流争端的当事各方有向委员会提供任何需要的资料的义务。为了调查真相，委员会有权进入当事各方领土视察任何与争端有关的设备设施、工厂建筑物以及自然特征。这种强制性的冲突解决方法，遭到许多国家的反对和学者的质疑。实际上，关于强制调查程序的规定，在公约起草的过程中，联合国第六委员会的工作小组里就仅有 33 国赞成，另有 25 国弃权、5 国反对。[②]

许多学者认为，在国际河流法领域，使用强制方法解决争端存在诸多有悖国际法传统之处的问题。[③] 国际河流性质各异，每一个争端都有其特殊性，国际河流争端不但涉及一些高度技术性和专业性的问题，而且涉及流域各国的主权利益。这种强制性的解决方式对国家主权原则构成了挑战。另外，国际河流争端的技术性一般都很强，不是司法机关能单独解决的。[④] 公约作为框架性的规定，在条文中设定争端强制解决办法，很难有针对性地满足各方的利益，不能对流域国争端方权利义务做出有效的调整。而且，从大量的案例研究可以看出，国际常设法院和国际法院也都认为强制当事国提交裁决不符合国际法的基本原则。公约对国家主权的挑战，引发了流域国家的担忧，成为许多重要的国际河流流域国家拒绝批准

---

① 《国际水道非航行使用法公约》第 33 条用了 10 款规定了“争端的解决”。第 1 款规定：发生争端时，当事国之间应该首先适用关于此方面的特别协定，如果没有这方面的协定，应该采用和平的方式予以解决。第 2 款规定：可以通过谈判、斡旋、调停、调解、提交跨界河流委员会、仲裁或提交国际法院等方式予以解决。第 3 款规定了实况调查解决争端的适用条件。第 4 款至第 9 款规定了实况调查委员会的组成、程序、权利以及费用解决等问题。第 10 款规定了争端发生后，当事国无需特别协议，即可将争端提交国际法院或按本公约设立的仲裁庭，即“争端解决程序”。

② 张晓京：《国际水道非航行使用法公约争端解决条款评析》，《求索》2010 年第 12 期。

③ 李铮：《解决国际淡水资源争端的条法化综述》，《国际资料信息》2002 年第 10 期。

④ 盛愉：《现代国际水法的理论与实践》，《中国法学》1986 年第 2 期。

的重要原因。

二 现有的区域性条约未能有效地发挥作用

如上所述，在国际河流流域，虽然全球性公允已经生效，但在具体适用时矛盾重重，流域国争端的预防与解决，主要还是依赖流域国缔结的一些双边或者多边条约。这些条约因为国际河流不同、流域国家不同而存在很大差异，形成了国际河流领域非常独特的“一条河流一个制度”的特征。这些条约或者制度只对本流域、缔约国适用，不具有普遍性。

在漫长的国际河流实践中，流域国家缔结了许多这样的条约。自1814年起，国际社会谈判产生的305个国际河流条约中，有149个条约涉及水资源本身。[①] 条约内容随着实践的发展也有很大的变化。早期条约的内容涉及航运、边界划分和水产养殖等方面，20世纪条约主要内容开始多元化，水力发电、灌溉用水、水量分配甚至水质保护等内容都逐渐成为不同条约关注的重点（见表5-2）。

表5-2 20世纪以来主要的国际河流条约

地　区	缔约时间	条约名称	缔约国	内　　容
北美洲	1906年	《格兰德河灌溉公约》	美国、墨西哥	条约要求美国每年从提议的新墨西哥的Elephant Butte大坝的水库里，提供60000英亩-英尺的水给墨西哥
北美洲	1909年	《美加边界水条约》	美国、加拿大	美加之间的以分水为基础的综合性水条约，适用范围包括美国和加拿大自治领国际边界沿线两岸之间的湖泊、河流及其相连的水道等相关部分

① A. T. Wolf, “Criteria for Equitable Allocations: The Heart of International Water Conflict”, *Natural Resource Forum*, Vol. 23 (1999.1), pp. 3-30.

续表

地　区	缔约时间	条约名称	缔约国	内　　容
非　洲	1925 年	《加什河水条约》	英国、意大利	上游的意大利（代表厄立特里亚的利益）拥有河流低流量时所有的水资源、中等流量时一半的水资源，下游的英国（代表苏丹的利益）同意将一部分加什河三角洲的农业收入支付给意大利
非　洲	1929 年	《埃及和苏丹尼罗河条约》	埃及、英国（苏丹）	条约的附件授予埃及每年获得 39MAF（480 亿立方米）水量的权利，而苏丹每年只获得 3.2MAF（40 亿立方米）的水量
北美洲	1944 年	《关于利用科罗拉多河、提华纳河和格兰德河从得克萨斯州奎得曼堡到墨西哥湾水域的条约》	美国、墨西哥	条约保证墨西哥每年获得 1.5MAF（19 亿立方米）的水，因特别的干旱和严重事件，会按照美国使用减少的相同比例减少分配给墨西哥的水。条约不涉及从美国输送至墨西哥的水质（即水的盐化水平）
非　洲	1959 年	《埃及和苏丹尼罗河条约》	埃及、苏丹	将埃及每年所得尼罗河水的分配额提高至 44MAF（543 亿立方米），苏丹提升至 15MAF（185 亿立方米）
亚　洲	1960 年	《印度河水条约》	印度和巴基斯坦	将印度河系统分为东部河流和三个西部河流。规定印度对东部河流和三条西部河流的全部水量可以“不受限制地使用”，巴基斯坦对西部河流可以“不受限制地使用”，结束了两国在利用印度河水资源问题上的长期纠纷

续表

地区	缔约时间	条约名称	缔约国	内容
北美洲	1961 年	《哥伦比亚河条约》	美国、加拿大	在 1909 年双方水条约基础上对哥伦比亚河的特别规定，详尽地规定了美加双方的引水量以及下游国防洪与水电受益补偿方式
欧洲	1963 年	《关于莱茵河防止污染国际委员会的伯尔尼协定》	德国、法国、卢森堡、荷兰、瑞士	处理莱茵河污染问题。成立了莱茵河国际委员会，它是保护该河流的主要国际执行机构
非洲	1963 年	《尼日尔河流域关于航行和经济合作条约》	喀麦隆、象牙海岸、达荷美、几内亚、上沃尔特、马里、尼日尔、尼日利亚、乍得	规定沿岸国在河流流域的卫生状况及对动植物的生物特征产生重要影响的项目方面进行合作
欧洲	1964 年	《芬兰—苏联边界水域协定》	芬兰、苏联	确定两国边界水域利用原则和开发制度
欧洲	1967 年	《奥地利—捷克斯洛伐克关于解决边界水域的水管理问题的条约》	奥地利、捷克斯洛伐克	规范两国边界水域管理，并为奥—捷边界水委员会制定章程
南美洲	1969 年	《拉普拉塔河流域条约》（银河流域条约）	巴西、巴拉圭、乌拉圭、阿根廷、玻利维亚	条约通过“多种目的和公平发展”以及保护动物和植物，提高对“水资源的合理利用”。条约设立了政府间的合作委员会（CIC）作为“流域内的永久实体”，其职责包括促进联合行动及其合作
北美洲	1972 年	《美国加拿大大湖水质协定》	美国、加拿大	协定寻求降低五大湖特别是伊利湖磷的水平

续表

地　区	缔约时间	条约名称	缔约国	内　　容
北美洲	1973年	《关于永久彻底解决科罗拉多河含盐量的国际问题的协定》	美国、墨西哥	同意就边界环境问题进行合作。由美国出资修建河水净化工程。该协定共有四个附件，其中两个是关于边界水域的。附件一旨在解决蒂华纳—圣地亚哥边界地区的环境卫生问题；附件二旨在解决危险废物倾倒造成的环境污染问题
南美洲	1975年	《乌拉圭河规约》	阿根廷、乌拉圭	设立流域委员会协调两国关系，并采取适当的措施对河流进行管理，以防止流域生态失衡，对河流中的杂物和其他有害物质进行控制，对界河的自然资源利用行为与工业活动进行管理
欧　洲	1976年	《保护莱茵河不受化学污染公约》	德国、法国、荷兰、卢森堡、瑞士、欧共体	控制莱茵河化学污染种类
欧　洲	1976年	《保护莱茵河不受氯化物污染公约》	德国、法国、荷兰、卢森堡、瑞士	控制莱茵河氯化物污染
亚　洲	1977年	《孟加拉国印度关于分享恒河水和增加径流量的协定》	孟加拉、印度	印度按计划向孟加拉国在法拉卡定量供水，两国组成联合委员会，向两国政府提供数据和年度报告
南美洲	1978年	《亚马孙河合作条约》	玻利维亚、巴西、哥伦比亚、厄瓜多尔、圭亚那、秘鲁、苏里兰和委内瑞拉	增进亚马孙地区和谐发展，公平互利，保护环境
非　洲	1978年	《冈比亚河协定》	冈比亚、几内亚、塞内加尔	规定任何可能对河流水域的卫生状况与动植物的生物特征有重要影响的项目在实施前必须经缔约国批准

续表

地　区	缔约时间	条约名称	缔约国	内　　容
亚　洲	1987 年	《幼发拉底河分水临时协定》	土耳其、叙利亚	土耳其同意在叙利亚边界维持幼发拉底河河水的最小水量为大约 12.8MAF/年（500 立方米/秒）
亚　洲	1989 年	《幼发拉底河分水协定》	叙利亚、伊拉克	叙利亚同意获得不超过 42% 的从土耳其流入叙利亚的河水，将其余的 58% 留给伊拉克
亚　洲	1994 年	《约旦、以色列和平条约》	以色列、约旦	分配约旦河和雅尔穆克河河水
非　洲	1994 年	《维多利亚湖三方环境管理规划筹备协定》	肯尼亚、坦桑尼亚和乌干达	设定了区域政策，其管理规划包括渔业管理、对水生植物的控制、对水质和土地使用包括湿地的管理等
亚　洲	1995 年	《湄公河流域可持续发展的合作协定》	柬埔寨、老挝、泰国、越南	要求湄公河环境不应受流域内任何开发计划和水资源利用造成的污染或其他不利的影响
亚　洲	1995 年	《关于约旦河西岸和加沙地带的临时协定》	以色列与巴勒斯坦解放组织	防止水质恶化、防止对水资源和水处理系统的危害，对所有家庭、城市、工农业用水进行处理和再利用
亚　洲	1996 年	《恒河法拉卡分水的条约》	印度、孟加拉国	条约保证孟加拉国在最需要水的 3 月至 5 月获得恒河（法拉卡处）50% 的流量，在特别干旱的季节上升到 80%；同时孟加拉国也同意调布拉马普特拉河河水补充本国水资源

缔结条约并不意味着国际河流安全机制已经建立起来。在许多国际河流流域，已经缔结的条约并没有得到有效的遵守，或者说条约的存在并没有阻止冲突的发生。总的来说，在签订了水条约的105条国际河流和湖泊中，其执行情况都不太理想。例如在中亚地区，流域国家签订了一系列全流域性质的协议，如1992年五国签订的《关于共同管理国家间水资源利用和保护的协定》、2002年签订的《咸海地区2003～2010年环境和社会经济改善行动计划》[1] 等。另外，在1992年协议的框架下，流域国家还分别签订了一些非全流域条约，如1998年、1999年哈萨克斯坦、吉尔吉斯斯坦、乌兹别克斯坦、塔吉克斯坦四国签订了《关于锡尔河流域水能资源利用的协定》，吉尔吉斯斯坦每年与哈萨克斯坦、乌兹别克斯坦分别就综合利用纳伦河—锡尔河梯级水库水能资源和获取补偿达成专门的协议。这些协议文件很多，超过300个。[2] 但这些条约未能从根本上缓解中亚水危机以及由此引起的各种争端。而在非洲的维多利亚湖流域，1994年坦桑尼亚、肯尼亚和乌干达缔结了《维多利亚湖三方环境管理规划筹备协定》，依据该协定，三国于1995年建立了三国参与的全球环境基金（GEF）项目，但这个条约的执行效果并不好。

条约执行效果不佳的原因有很多，缔约技术、资金情况、气候变化等新情况的出现，执行机构本身的问题等都会影响条约的执行。比如1960年缔结的《印度河水条约》，在缔结时没有考虑到半个世纪后出现的水需求急剧增长、气候变化等情况，执行效果大打折扣。有专家因此提出修约以应对新的情况，提出重新审视《印度河水条约》，为两国在其他领域的互动提供机会。另外，虽然国际河流大多流经多个国家，但国际河流条约大多是双边条约，多边或者全流域条约较为少见。实际上，国际河流和湖泊大多有三个或三个以上流域国，但现存的国际河流条约多数属于双边条约（占80%），只有20%是多边条约[3]，而且这些多边条约也不一定包括流域

---

① R. Gulnara, A. Natalia, A. Nikolai, et al., *Aral Sea: Experience and Lessons Learned Brief* (Lake Basin Management Initiative, 2003).

② P. J Everett, "The Aral Sea Basin Crisis and Sustainable Water Resource Management in Central Asia", *Journal of Public and International Affairs* (2004. 15), pp. 1－20.

③ 陈丽晖、曾尊固：《国际河流流域整体开发和管理的实施》，《世界地理研究》2000年第9期。

内所有的流域国家。由于排除了共享国际河流的其他流域国家，这些国际河流条约很难被顺利执行。

但以上这些因素，都不是条约不能有效履行的根本原因。从根本上来说，流域国家不愿意履行条约，是因为条约未能使流域国家水所有权与水使用权之间达成平衡，从而真正达到公平合理利用国际河流的目的。在那些没有全流域条约的国际河流流域，普遍存在的情况是贡献量大的国家用水少，贡献量少甚至没有贡献的国家用水多，一些贡献量小而用水多的国家不愿意缔结条约限制自己的权利和行动，或者通过与处境类似的国家缔结条约，维持现状并排除其他流域国的参与。从现实情况看，水权与使用权差别越大的国际河流流域，发生冲突可能性越大，该水政治复合体的稳定性也越差，安全问题也越严重。例如在尼罗河流域、约旦河流域，下游国家的用水量，远远超出了它们的权利份额，因而冲突在所难免。

三　有些水政治复合体内没有任何国际河流制度

国际河流条约是使流域国之间实现合作安全的途径。国际河流安全秩序的形成，是以条约的缔结与执行为依据和基础的。从国际河流实践看，国际河流流域从无序走向有序的过程，都是以条约的缔结为标志的。如1861年维也纳条约，确定了划界规则，解决了国际河流边界问题；航行规则解决了国际河流的航行利用问题；欧洲多瑙河和莱茵河保护公约，则使两条河流的环境保护问题得到妥善处理，确保了这两条河流的可持续利用。国际条约虽然不能解决共享流域国家之间的所有争议，然而它们是流域国开发国际河流必须遵守的规则，通过界定流域国家的权利和义务，约束流域国家的行为，可以促进国际河流稳定的法律秩序的形成，从而减少流域国家之间水争端的发生。

然而，并不是所有的国际河流都有相关国际河流制度，有许多国际河流流域，至今没有任何可供利用的国际河流条约。联合国环境规划署在第三届世界水论坛上发表的报告显示，世界上263条国际型河流中至少有158条存在不同程度的管理问题，争端河流遍布全球五大洲。[1] 流域国对于

---

① 贾琳：《国际河流开发的区域合作法律机制》，《北方法学》2008年第9期。

国际河流水资源仍多处于自我管理的状态。制度的缺乏使国际河流冲突难以杜绝，国际河流流域依然存在大合作、小冲突的情况。

从国际河流总体情况看，在流域国为发达国家的国际河流流域，制度建设的情况普遍较好。如欧洲的四条被四个以上国家分享的河流流域，已经被至少 175 个条约规范。而在流域国家为发展中国家的国际河流流域，制度建设的情况相对较差。如非洲，虽然有众多的国际河流，但国际河流条约不多。特别是在一些国际关系相对紧张的流域，如两河流域、恒河流域，至今没有健全的合作协议。

一些国际河流水政治复合体未能缔结条约形成国际河流管理制度的原因大致如下。

（1）国际社会大的政治背景、国家间的关系以及历史遗留等问题的影响。如多瑙河流域东、西欧的合作，只有在苏联、捷克斯洛伐克和南斯拉夫的解体等情况下才成为可能。在尼罗河流域，殖民主义遗留下的不平等条约一直是国际河流开发利用的法律依据，但殖民国家的独立使这些条约的有效性受到冲击。上游流域国家追求平等用水权的努力以及国际社会的介入，才使尼罗河倡议得以形成。

（2）流域国家的利益难以协调。国际河流制度是在流域国互动并且相互协商的基础上形成的，是一个多次互动基础上的利益趋同过程。在这个过程中，流域国以各自的利益为出发点，进行协商谈判。它们通过理性判断，依据现有的制度框架，考虑以最小的代价换取最大的利益。[①] 在达成自己用水目标的前提下，流域国家也会相互做出一些妥协和让步，这些妥协和让步对于流域国之间成功缔结条约非常重要。但对于那些对国际河流水资源依赖程度较高的发展中国家来说，水资源的获取对其国家安全至关重要，这些国家会自觉不自觉地将保证水资源的权利视为生死攸关的问题，其妥协与让步的程度非常小。特别是有些流域地区，水资源争端和领土主权相关，其意义远远超过水本身具有的战略或经济价值，而是和国家的荣誉以及民族尊严情感紧密联系在一起，流域国基本没有让步的可能。

---

① R. O. Keohane, "Institutional Theory and the Realist Challenge after the Cold War", in D. A. Baldwin (ed.) *Neorealism and Neoliberalism* (New York: Columbia University Press), pp. 269 – 300.

(3) 缺乏操作性强的可以指导实践的国际河流利用基本原则。在寻求合作安全的过程中，流域国家形成了一些有关国际河流利用的基本原则。但这些原则，除合作原则外，在理论上都存在一些争议。例如，虽然1997年《国际水道非航行使用法公约》规定了流域国家利用国际河流时不能造成重大损害的原则，但由于"重大损害"的标准难以确定，缔约国在国际水道非航行利用过程中，履行"不造成重大损害"义务时，存在适用上的困难。公平合理利用原则也是如此。虽然公约规定了流域国家必须对国际河流进行公平合理利用，但公平合理利用的条件和标准没有明确规定，公平合理利用原则操作性不强，在实践中很难实现，甚至在公平合理原则之下，形成了不公平合理的结果。如国际社会在调解埃及与其上游国家埃塞俄比亚的用水纠纷中，以"公平合理利用"原则来维护各沿岸国特别是上游国家的用水权利①，但现实的结果是，埃塞俄比亚的用水权利离真正的公平利用差之甚远。这些情况使得国际河流矛盾有增无减。对基本原则的争议使1997年《国际水道非航行使用法公约》的操作性和有效性大打折扣。

第二节 建构国际河流水政治共同体的可能性

国际河流水政治复合体从安全机制模式到共同体的转变，是一个从冲突到合作的过程，这个过程是通过合作安全实现的。"合作安全是通过制度性安排而不是威慑或制裁来实现安全的一种方式"②，是"为了确保有组织的侵略行为不会发生或者敌对行为一旦发生能够予以制止"③。国际河流流域安全威胁的存在、流域国家的相互依赖产生的共同利益，使流域国家产生了合作的需要，许多与国际河流相关的问题如生态、环境等问题的解决必须在流域国家共同努力的基础上才可以完成。当前，合作促安全的观

① 黄锡生、张雏：《论国际水域利用和保护的原则》，《西南政法大学学报》2011年第1期。

② J. E. Nolan, *Global Engagement: Cooperation and Security in the 21st Century* (Washington D C: Brookings, 1994), p. 4.

③ J. E. Nolan, *Global Engagement: Cooperation and Security in the 21st Century* (Washington D C: Brookings, 1994), p. 4.

念已经成为流域国家的共识，这为建构国际河流水政治安全共同体提供了可能。

一　水政治共同体的建构是从冲突到合作的过程

国际河流水政治共同体体现为流域国相互之间友善的合作关系以及流域安全秩序的形成。这种友善的合作关系和流域安全秩序，是流域国家以协商谈判等非武力途径进行政策协调的结果。流域国家在国际河流实践中，通过协商和谈判，使国际河流政策逐渐变得和谐一致，国际河流流域现有的或潜在冲突状态得以缓解，未来冲突的可能性得以消减。

国际河流水政治复合体是一种特殊的国际区域，在这个区域内，水的安全性更为突出，流域国家因为共享水而紧密地联系在一起。流域安全的实现，更多地依赖软权力，即通过观念的引导、密切的互动形成共同的国际河流观念，以彼此之间的合作来应对共同的安全问题。因此，合作促安全已经成为流域国家的共识。

国际河流流域的合作安全是指通过促进国际河流流域国之间在流域生态保护、水资源利用等安全事务上的合作，求得流域各国安全的共同保障。水政治共同体内的合作安全，是某一国际河流流域内相互依赖的各个流域国家多种力量的合力状态。这种合力，通过流域地区合作，以和平的方式推动国际河流的公平合理利用，防止、遏制和处理流域各国水利益争端，最终推动和实现流域国家间的共同安全。

合作安全不但是流域国应对水危机、寻求流域安全的思路和策略，也会塑造出新型的流域国关系，使流域国形成不同于传统安全合作的思维逻辑和行为方式。合作安全建立在流域国家之间平等互信的基础上，通过渐进的双边或多边合作方式，实现全流域共同安全和综合安全目标。合作的范围广泛，流域国能够相互包容和借鉴，通过全流域的多边协商和对话，以非军事的方式解决既存问题，寻求所有流域国家的共赢。合作安全的主体主要是国家，但国际组织也在其中扮演重要的角色。在合作安全的引导下，流域国家克服国家主权、国家领土和国家边界等观念给水问题解决带来的阻碍，走出流域国家由于对抗思维所引发的流域地区安全困境，实现国际河流的安全利益共享。在这种思路下，流域国家通过双边或多边的谈判体系，以和平但约束力强的制度化方式，应对水威胁，解决水冲突，实现流域国家间、流域国与自然生态之间、人与自然生态之间的安全与和谐。

合作安全的达成受很多因素的影响，如流域国之间的关系、文化因素、流域国之间的认同度等。当两国关系友好时，会很快建立并开展跨界合作，合作领域的广度和深度也会不断拓展。当两国关系恶化或呈对抗状态时，跨界河流合作几乎停止。例如南亚地区的印度和尼泊尔、印度和孟加拉国以及中东地区的以色列和约旦之间的国际河流合作，都是如此。良好的合作关系都是在国家关系相对友好的时期形成的。另外，技术的发展也对合作安全的达成有一定的影响，技术上的障碍有时候会成为流域国合作的绊脚石。例如，如果对于未来河流水文的预测不够或者不能预测，流域国之间所形成的法律规范就不能很好地被流域国家理解和运用。

国际河流合作安全的基础，是流域国家在平等基础上通过缔结条约形成的国际河流制度。时代的进步和技术的发展，使人类对水的利用方式日益多样化，从而推动着国际河流条约内容的发展变化，从最初的划界、航行，到后来的分水和发电，再到现在的生态环境保护与一体化管理。新情况的出现会改变曾经处于平衡状态的流域国家的权利义务结构，使其变得不平衡，因而必须修订条约或者缔结新的条约。旧机制的改变与新秩序的形成之间，会有一个痛苦的冲突过程。冲突的产生必然促使流域国家形成新的机制以应对安全问题。因而，国际河流水政治安全共同体的形成过程，不是一个从冲突到合作的简单过程，而是一个从冲突到合作，再从合作到冲突，最后达成合作的过程，是一个不断深化的、螺旋式上升的循环过程。国际河流水政治安全共同体的实现过程如图 5 - 1 所示。

二　共同安全威胁的存在使流域国家必须正视合作问题

在国际河流流域，水资源的稀缺以及国际河流竞争利用情况的存在，使流域国客观上存在缺水的威胁。这种缺水的威胁体现在水量和水质两个方面。流域国家在主观上会产生对这种威胁的恐惧，从而产生与水有关的各类安全问题。促使国际河流流域处于安全状态的途径是消除这种水缺乏的威胁。消除威胁有以下两种途径。

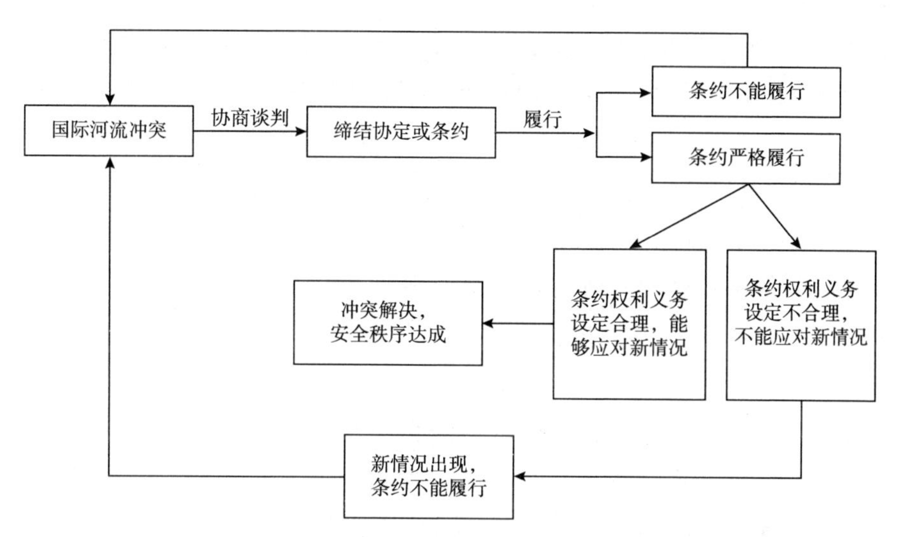

图 5－1　国际河流水政治安全共同体的实现过程

一是提高水资源的数量，使水资源不但能够满足流域国家对清洁用水的最低需求以及流域地区生活和生产用水的需要，还能够满足国际河流生态环境保护用水的需要。甚至在一些地区，还必须满足流域之外地区的用水需求，使这些地区不至于因为用水紧张而发生纠纷、冲突甚至战争。例如在中东地区，如果能使中东地区国家都有充足的淡水可用，其和平进程也许能够更快地实现。但在水资源日益紧缺的今天，满足整个地区用水是很难达到的。各个流域国家只能站在本国立场上，加大开发国际河流的力度，增加本国的水资源供应量，保证本国的水资源安全。国际河流水资源此消彼长的竞争使用，会导致国家间的水资源冲突不断增多。这个途径在水资源数量一定的情况下显然是不能实现的。

另外一种途径是，水危机和水威胁的存在促使流域国家加快协商谈判过程，通过行使软权力进行国家利益的合作与竞争。在互动过程中达成共同承认的国际河流利用规则，并在此基础上实现妥协和合作。其中，规则的形成是核心。规则的形成将国际河流水资源问题“从威胁—防卫这种序列中剔除掉，使之进入普通的公共领域中”[①]，流域国从此不会再有因水缺

① B. Buzan et al.（eds.）*Security*：*A New Frame-work For Analysis*（Boulder，Colorado：Lynne Rienner Publishers，1998），p. 29，pp. 23－24.

乏而产生的威胁，从而使流域国家获得安全。这就是合作安全的思路。在合作安全思路的指导下，流域国不断协调其需求和政策并进行互动，由此推动了“去威胁化”的进程。协调和互动的过程增加了流域国之间的互信，可以推动国际河流流域和谐合作秩序的形成，从而使水政治复合体从安全机制模式走向安全共同体模式。

合作安全虽然是一种较新的安全观念，但在实践中一些流域国家很早就开始推行了这种安全政策。流域国家在国际河流上的合作由来已久，人类社会各个不同的政治单元很早就开始对它们分享的淡水资源进行合作。在亚洲，各文明古国进行大规模的灌溉工程，需要各方的合作，形成了政府协调管理水资源的职能。[①] 在尼罗河、幼发拉底—底格里斯河、印度河、黄河和长江等文明兴起之前，早期的运河和排水沟的存在，证明很早以前各自治单位已经认识到，在控制和有效利用河水中合作的必要性。[②] 而经济学研究也发现，干旱地区的合作比湿润地区的合作要多得多，因为它们面临的威胁更大。水资源条件和协议缔结之间的关联，正说明了威胁和冲突的存在是流域国进行制度化合作的动力所在。正是因为威胁和冲突的存在，流域国家才产生了应对威胁的需要。

有关水冲突导致谈判并且缔结条约的事例，最早是古代城市“国家”之间有关水的冲突引起的关于水边界、分配或者其他争议事项的正式条约的缔结。大约公元前3100年，两河流域上游国家乌玛和下游国拉格什为了水供应经常发生争端，最终拉格什取得胜利，放置了界石，挖了边界运河，幼发拉底河在这里开始分流。[③] 记录这一条约的石碑现放置在罗浮宫。[④] 但协议并没有使两个城市“国家”之间因为灌溉问题引发的争端停止，威胁仍然存在。为了解决冲突，两国经过协商又制定了规则，挖掘了一条新的运河（即现在名为 Shattal-Hai 的运河），将底格里斯河水引入拉

① A. K. Wittfogel, *Oriental Despotism: A Comparative Study of Total Power* (New Haven: Yale University Press, 1957).

② L. Teclaff, *Water Law in Historical Perspective* (Buffalo, New York: William S. Hein, 1985).

③ A. Nussbaum, *A Concise History of the Law of Nations*, *revised edition* (New York: Macmillan, 1954).

④ L. Teclaff, *The River Basin in History and Law* (The Hague: Martinus Nijhoff, 1967).

格什。这个运河现在还在使用。[①]

现代国家产生后，水威胁与水争端仍然是国际河流流域国之间合作的起点，为了应对威胁，流域国家纷纷开始了协商谈判的过程。在北美洲的哥伦比亚河，欧洲的多瑙河、莱茵河，亚洲的印度河、湄公河、阿姆河和锡尔河，中东的两河，非洲尼罗河等，情况都是如此。不同的是有些河流，经过协商谈判进行合作后，形成了较为完备的国际河流机制，潜在的冲突得以避免和解决，如哥伦比亚河、多瑙河和莱茵河；有些国际河流谈判未能形成合法有效的制度，冲突还在继续，需要流域国家就水的问题继续协商。

中亚的阿姆河和锡尔河流域，原来都属于苏联主权管辖之内，并不是国际河流流域。自中亚国家独立以来，各国继续沿袭了苏联的水分配框架机制，但该机制在新的情况下的运行出现了问题，在水资源利用上一直争端不断，“水问题使国家之间和国家内部处于经常性的低度紧张状态”[②]。1997 年底，吉尔吉斯斯坦威胁要停止对哈萨克斯坦的用水供应，因为哈萨克斯坦没能按约付清所欠款项，履行能源运输等条约条款，吉尔吉斯斯坦和哈萨克斯坦的关系一度非常紧张；乌兹别克斯坦和吉尔吉斯斯坦、塔吉克斯坦、哈萨克斯坦之间都分别存在这样的争端。[③] 而土库曼斯坦与乌兹别克斯坦之间的水争端则已经上升到紧张的水平。[④] 2000 年吉尔吉斯斯坦、哈萨克斯坦和乌兹别克斯坦之间发生争端，乌兹别克斯坦试图行使其政治实力，威胁其他流域国要使用武力，以夺取哈萨克斯坦境内锡尔河上的托克托古尔大坝。[⑤]

旷日持久的地区水危机和争端对中亚地区安全构成了严重威胁，咸海的生态灾难有增无减，咸海水位持续下降，给中亚所有流域国家都带来严重的负面影响。从 1960 年到 2006 年，咸海水位下降幅度达 23 米，面积减少了

① S. Lloyd, *Twin Rivers*, 3rd edn (London: Oxford University Press, 1961).

② K. Martin, B. R. Rubin, N. Lubin, *Calming The Ferghana Valley: Development and Dialogue in the Heart of Central Asia* (New York: The Century Foundation Press, 1999), p. 64.

③ 有关塔吉克斯坦和乌兹别克斯坦的水关系，参见 S. Aioubov, “Relations Warming between Tajikistan and Uzbekistan”, *RFE News Briefs*, 20 February, 1997。

④ G. Gleason, “Uzbekistan: From Statehood to Nationhood” in I. Bremmer and R. Taras (eds.) *Nations and Politics in the Soviet Successor States* (Cambridge: Cambridge University Press, 1993), pp. 351 – 353.

⑤ 冯怀信：《水资源与中亚地区安全》，《俄罗斯中亚东欧研究》2004 年第 8 期。

5.33万平方公里（占原面积的76%），蓄水量减少了90%（见表5－3）。①

表5－3 咸海典型年份水位、水面面积、蓄水量变化②

水情＼年份	1911年	1930年	1957年	1960年	1982年	1993年	2006年
水位（米）	53.32	52.76	53.19	53.40	44.39	36.95	30.40
水面面积（万平方公里）	6.75	6.49	6.80	6.98	4.71	3.40	1.65
蓄水量（亿立方米）	10780	10470	10740	10561	5787	2501	1054

从表5－3中可以看出，1960年以后，咸海的水位、蓄水量和水面面积都在急剧缩减，咸海面临着生态危机。中亚各国如果还不能在水资源问题上达成协议，进行合作，那么，这些国家不但要面临严重的缺水危机，而且会面临生态恶化，并产生更为严重的安全问题。面对这种威胁，一些流域国政府要员在不同场合表达了合作的愿望。塔吉克斯坦政府副总理科·科伊姆多多夫在2002年12月召开的"水利问题及其解决途径"会议上说，"塔吉克斯坦政府正同国际组织开展一系列合作，以促使对水资源更为合理地利用"③。2003年，塔吉克斯坦总统拉赫莫诺夫在博鳌亚洲论坛第二届年会上表示塔吉克斯坦愿在合理开发水资源方面与其他国家开展合作。中亚各国合作应对安全问题的意愿，开启了咸海阿姆河锡尔河流域水政治共同体的建构之路。

三 国际河流合作符合流域国家的根本利益

国际河流本身具有的跨境流动性使其成为流域各国的共有资源，而共有资源的存在、流域国家地理上的邻近，使流域国家存在相互依赖的关系。"相互依赖指的是国家之间或者不同国家中行为体之间相互影响的情形"，意味着"一国以某种方式影响他国的能力"④。在相互依赖情形下，国家之间必定存在相互交往的关系，而且这种相互交往中各方尽管不一定

① J. Friedrich and H. Oberhäsli, "Hydrochemical Properties of the Aral Sea Water in Summer 2002", *Journal of Marine Systems*, Vol. 47 (2004), pp. 77－88.

② 数据来源：中亚国家间水资源协调委员会（ICWC），http://www.icwc－aral.uz/。

③ 《塔吉克斯坦重视水资源的合理利用》，《中亚信息》2003年第1期。

④ 詹姆斯·多尔蒂、小罗伯特·普法尔茨格拉夫：《争论中的国际关系理论》（第五版），阎学通、陈寒溪等译，世界知识出版社，2002，第79页。

对等，但都要承担一定的责任。比起其他的国际体系，水政治共同体中各流域国家地理位置更加邻近，又因共享同一条河流而处于同一生态系统内，国家间危机的相互转化可能性大大增加，一国面临的安全问题，往往会向流域地区渗透，影响整个国际河流流域安全。

相互依赖产生了两种基本可能：冲突与合作。“相互依赖并不局限于互利（mutual benefit）的情境”，它的“另一面是对国家的制约，是冲突潜在的温床”[①]。从某种程度上来说，“相互依赖的发展将增加有关行为者相互伤害的可能性”[②]。国际河流流域国家的相互依赖关系，也产生了冲突和合作两种结果。虽然各国际河流流域冲突和合作的程度并不相同，但从国际河流整体来看，国际河流流域内，合作是主流，冲突也不是不可调和，即使发生冲突，其烈度也是可控的。

美国俄勒冈州立大学的研究人员收集了大量关于国家间因国际河流争端引起的冲突和进行合作的数据，在对这些数据进行分析的基础上，得出两个主要结论：①有关国际河流的潜在冲突将被合作的趋势压倒，②合作的例子超过了冲突事件。该校的淡水争端数据库（trans-boundary freshwater dispute database）收录了从 1948 年到 2000 年间的国际水事件的数据。[③] 数据库显示，在从 1948 年到 2000 年的 50 多年的时间里，合作事件有 1228 起，而冲突事件只有 507 起，合作事件是冲突事件的两倍多。[④] 在这些冲突事件中，又有超过 2/3 的冲突仅限于口头上的交恶，只有 37 起是由水资源引发的国家间暴力冲突（除了 7 起，其余均发生在中东地区），而同期各国间关于水资源的条约超过 200 个。[⑤]

在许多关系紧张的地区，水充当了流域国家间合作的桥梁和媒介。印度和巴基斯坦关系紧张时期在水资源问题上依然保持合作的态势；两河流域土耳其、叙利亚和伊拉克三国虽然存在这样那样的矛盾，但在冷战背景

---

① 布鲁斯·拉西特、哈斯·斯塔尔：《世界政治》，王玉珍等译，华夏出版社，2001。

② O. Young, “International Regimes: Problems of Concept Formation”, *World Politics*, Vol. 32 (1980. 4), pp. 331 – 356.

③ 该水事件数据库现已更新到 2008 年。

④ A. T. Wolf et al. , “*International Waters: Identifying Basins at Risk*”, Water Policy (2003. 5) pp. 38 – 42.

⑤ 参见联合国开发计划署：《2006 年人类发展报告》（中文版），第 221 页。

下仍保持基本的冷静，使两河流域没有发生大的冲突，这不能不说是国际河流的作用。流域国家关于共享水资源的持续互动，缓解或者制约了流域国家其他方面冲突的级别，使流域国家保持克制。因而，国际河流成为避免高烈度冲突的重要制约因素。

因此，水是流域国之间进行对话的媒介，它为流域国之间的对话提供了机会。在那些国际关系特别紧张的地区，水作为流域最重要的自然资源，给国家之间的谈判提供了重要的内容。流域国围绕水问题进行商讨和协商，使国家间的紧张关系得以缓解，从而防止了冲突的产生。国际河流的共享性质、流域地区依赖关系的存在，使流域国家之间存在巨大的合作需求。虽然流域国家在地缘政治和环境方面存在一定的差异，流域国家在国际河流上追求的利益也不完全相同，但流域国家在利益目标上有一个重要的共同点，那就是希望流域地区稳定。只有地区稳定，才能维护国家安全环境，从而使经济持续发展。没有哪一个流域国家希望国际河流问题演变成一种危害国家间关系的“存在性威胁”，因而合作必然成为流域各国对外政策的基调。

具体来说，流域国家在共同开发利用国际河流方面存在以下的共同利益。

（1）实现国际河流流域地区的安全与稳定。为了实现流域各国可持续发展的目标，流域国必须共同开发国际河流，进行河流系统的保护。例如为了发展农业生产，流域国就必须解决发展农业生产导致的灌溉用水增加与水供应减少之间的矛盾。这个矛盾的解决必须通过国家间的合作，通过提高用水效率，才能达成目的，从而使农业生产得到持续稳定的发展。国际河流的单方开发极易引发冲突，从而导致地区动荡，使流域国家安全和利益得不到保障，可持续发展的目标也不能实现。

（2）要解决国际河流流域的航行自由、生态环境等问题，仅靠单个流域国家是难以达成目标的。只有流域国家通力合作，上下游国整体行动，通过跨境控制和联合开发，才能在实现国际河流航行自由以及各种非航行利用的同时，妥善保护国际河流的生态环境，降低干旱、洪涝、严重污染等灾害造成的损害，最大限度地实现各自国家的利益。

国际河流流域是一个统一的水生生态系统，是一个不可分割、互相关联的整体。国际河流水资源由多国共享，这种共享性质决定了各国的国际河流开发、利用和保护行为必然会互相影响，很多问题如洪涝灾害、污染、生态和生物多样性保护、贫困等都是跨地区、跨国界的。因此，任何涉及全流域的国际河流开发、利用和环境保护目标的实现，都不可能通过流域国家独自的行动得以实现，只有通过合作才可能真正有效地实现国际河流整体保护和合理利用的目标。通过流域国家间的合作，构筑涵盖整个流域的区域合作体制，以生态系统为本位，兼顾可持续发展理念，努力做到国际河流开发与水生态保护并重，才可以有效解决国际河流争端，合理开发利用国际河流。

多瑙河流域国的实践深刻地说明了这一点。国际法院在多瑙河盖巴斯科夫大坝案中的判决不但肯定了多瑙河的存在形成和增强了流域各国之间的相互依赖，而且强调指出，流域国之间必须通力合作，才能有效解决多瑙河的航行、防洪和环境生态等问题。历史实践已经多次证明，只有在尊重国际法基本原则的基础上进行真诚和善意的国际合作，才能有效地解决国际河流流域各国在国际河水利用上的矛盾和冲突。

（3）国际河流流域国家经贸合作带来的利益。流域国家之间因为地区和平带来的利益还包括关系正常情况下进行自由贸易合作的经济收益。2009 年 8 月 30 日叙利亚总统巴沙尔·阿萨德在大马士革会见到访的欧盟外交和安全政策高级代表索拉纳时指出，伊拉克的安全与稳定关系到叙利亚的“直接利益”。对同一流域国土耳其来说，情况也一样。海湾战争前，伊拉克是土耳其的最大贸易伙伴之一。土耳其购买伊拉克的石油，伊拉克则从土耳其进口工业品和日用百货。海湾战争结束后，作为伊拉克的邻国，土耳其也深受对伊制裁和封锁之害。1990 年伊拉克入侵科威特后，土耳其被迫关闭了伊拉克经土耳其到地中海沿岸的输油管道，加上转口运输费以及对伊拉克与科威特出口等方面的损失，土耳其一年大约减少收入 45 亿美元。

第三节　建构国际河流水政治共同体的途径

流域国家进行合作的基础是流域国家共同的安全利益。应对水危机、获得安全的国际环境，使流域国家必须考虑国家间的合作。但流域国家合作愿望的存在，并不是流域国家进行合作的充分必要条件。从现实情况看，虽然有一些流域已经有一些安全机制，但普遍适用的国际河流安全机制并不存在，有一些流域甚至没有任何水管理制度。而那些已经存在安全机制的国际河流流域，条约执行效果也并不好，内部冲突依然时有发生。这些情况说明，流域国家存在缔约和履约动力不足的问题。因此，国际河流水政治共同体的建构，必须围绕动力问题，即如何促进流域国家缔结条约以及如何促进流域国家有效履行条约这两个问题展开。

一 重视国际河流理论对制度建构的引导作用

国际河流理论属于观念权力，对国际河流实践以及国际河流水政治共同体建构起着重要的引导作用。一个国家对于理论的贡献，在于能够提出新思想和新观念并使其获得广泛的认可，从而形成观念权力。因为观念权力的核心正是通过提出新思想和新观念，影响人们的信念偏好甚至改变人们的信念偏好。观念通过影响人们的认知和喜好，“阻止人们的不满，接受他们在当前秩序中的地位”[①]。它会使人们相信，理论提供者的价值判断是普遍正确和真实的，从而愿意接受理论的引导，并进而改变行为。这种权力发生作用的过程是潜移默化的，它通过观念的改变使现成的规则内化为人们共同的认知，因而具有持久的影响力。

具体来说，国际河流理论对构建国际河流共同体的引导作用主要体现在以下几个方面。

（1）影响人们的认知，形成国际河流开发利用大环境。认知影响一国的政治行为，并引导着人们理解权力和利益的方式方法。[②] 水政治共同体的形成，要求流域国在国际河流的开发利用和利益上有共同的认知，在共同认知的基础上进行合作，这样才能使合作长久稳定，使整体利益和国家利益最大化。一般而言，能够提出先进思想体系的流域国，就能依据其观念力量，影响甚至支配整个流域体系。例如埃及政府通过条约获得的利益以及对历史惯例的描述，影响了尼罗河流域各国对于尼罗河分水的观念，维持了尼罗河上埃及的利益。尽管埃塞俄比亚以适用国际法基本原则等观

---

① S. Lukes, *Power: A Radical View* 2nd edn (UK. Hampshire: Palgrave MacMillan, 2005).

② M. D. Young and M. Schafer, “Is There Method in Our Madness? Ways of Assessing Cognition in International Relations”, *Mershon International Studies Review*, Vol. 42 (1998.1), pp. 63 – 96.

念对埃及的理念引导进行反抗，但到目前为止，埃及在尼罗河上可以获得较多水的观念仍然存在。

从国际河流整体来看，国际河流利用理论基本从发达国家输出，因而发达国家在一定程度上影响甚至支配了国际河流条约的内容。例如绝对领土主权理论就起源于美国，而国际河流生态保护的理念也来自欧美的国际河流实践。国际河流条约从航行到非航行、从水利用到水保护，无一不和西方国家的引导有关。当前，由于西方发达国家国际河流利用已经进入保护阶段，因而环境问题成为关注的焦点。流域各国在对国际河流进行利用时必须将环境因素作为重要的考量因素，这已经成为目前国际河流发展领域的重要特点。在湄公河流域，由日本主导的亚洲开发银行认为环境的可持续性是湄公河地区经济增长和减贫的关键。[①] 同时还认为上游的中国与缅甸的合作开发行为容易引发下游国家对环境的担心[②]，将国际河流发展的矛头直接指向中国，对中国国际河流开发利用设置了极大的阻力。中国不少学者追随这种理论，也将环境问题和地区发展问题对立起来考虑，认为在这一地区发展和环境保护之间的矛盾已经成为该地区合作的障碍[③]，给中国造成了很大的负面影响。因而，努力研究国际河流理论，以理论引导舆论，是中国在当前国际河流领域制度建构中的最基本任务。

（2）对国际河流法规则产生潜移默化的影响，从而影响整个国际河流制度的形成。理论的宣传可以形成主流观点，产生主导性的共有观念。这些观念成为人们判断当前国际河流开发利用是否正义与合理的标准，甚至有时候直接成为国际河流习惯法的来源。例如，为了和 1997 年《国际水道非航行使用法公约》的精神相一致，南部非洲专门对其条约进行了修改。埃塞俄比亚曾经主张绝对领土主权，但在多数流域国家主张平等利用

---

① 亚洲开发银行：首版《大湄公河次区域图册：环境可持续性是经济增长和减贫的关键》，参见 http：//www. adb. org/documents/translations/chinese/news/prcm200420_ CN. pdf，2010 年 11 月 5 日访问。

② J. Freeman，"Taming the Mekong：The Possibilities and Pitfalls of a Mekong Basin Joint Energy Development Agreement"，*Asian – Pacific Law and Policy Journal*，Vol. 10（2009），pp. 453 – 481.

③ 张锡镇：《中国参加大湄公河次区域合作的进展、障碍与出路》，《南洋问题研究》2007 年第 3 期。

的基础上，改变了自己的主张；而埃及则在公平合理原则下，一定程度上改变了自己的行为，承认了上游国家的用水权利，积极参与了尼罗河流域倡议。

（3）促使其他流域国家改变国际河流利益的衡量标准。科学客观的国际河流理论，能够引导流域国家的认知，使它们形成更为公平客观的国际河流利益诉求和目标。例如在两河流域中，伊拉克坚持在两河中它的“历史灌溉”既得权利，认为上游国家多用水，就是抢走伊拉克的既得权利。在此观念下，伊拉克提出的用水主张是，对贡献量大的土耳其只给三分之一的流量，并认为这个分配形式体现了“公平和合理”[1]。叙利亚也持类似的既得权利观点，同时提出了自己的数学公式。[2] 虽然没有形成系统的理论，但土耳其提出了“三阶段”计划，将公平合理利用原则具体化，以此应对伊拉克和叙利亚的分水观点，在一定程度上消减了伊拉克和叙利亚的强硬态度，为土耳其在两河水资源的利用中赢得了一些先机。

国际河流冲突意味着冲突各方的国际河流理念、追求目标都存在差异，尽管这些差异并非完全源于对国际河流的认知，但无论如何，国际河流理论上的一些局限，确实强化了这些冲突。许多国际冲突的产生并非源自冲突的利益（如稀缺资源），而是植根于相异的理解模式（如不同的认识论）。当前国际河流理论中淡化主权的倾向不但脱离了国际河流实践，不能给国际河流实践提供理论指导，而且给国际河流争端的解决带来了阻碍。

流域国家对国际河流的利用是从水面利用（航行利用）开始的。随着殖民主义国际河流自由航行制度在非洲南美等国际河流的推行，淡化主权在国际河流理论中初露端倪。水体利用（灌溉、分水等）矛盾出现后，在国家利益驱动下形成了两个极端的国际河流利用理论，即绝对领土主权和绝对领土完整论。它们立足于国家利益，以国家主权原则为基础，导致上下游流域国在国际河流利用上的尖锐对立。学者们由此认为，主权问题是

---

① S. Tekeli, “Turkey Seeks Reconciliation for the Water Issue Introduced by the South-eastern Anatolia Project (GAP)”, *Water International*, Vol. 15 (1990. 4), pp. 206 -216.

② 每一个流域国家必须分别宣告它对每一条河流的要求；必须计算两条河流的流量（在每一个流域国）；如果总的要求没有超出总的供应，必须根据国家人口分享河水；如果宣告的河水要求超过了既定河水的水潜能，必须从每一个流域国要求中相应地减去超出的数量。

解决国际河流问题的最大障碍。因此，国际河流法理论中淡化主权倾向进一步发展，形成了对主权进行限制的有限主权论。此后人们对环境保护的关注，使国际河流流域整体性凸显，在国际河流理论中淡化主权的程度进一步加深，国际河流共有财产论以及利益共同体论开始出现。共有财产论将合作建立在利益共享的基础上，但利益共享的基础性问题——水资源的所有权问题——未能解决，引发了流域国家对水资源的竞争性利用。而以共有财产论为理论基础的 1997 年《国际水道非航行使用法公约》在实践中遇到的困难也在一定程度上说明，现有国际河流法理论与实践脱节严重，对国际河流实践的指导作用有限。

因而，为了发挥国际河流理论的引导性作用，国际河流学界学者们的核心任务是弥补当前理论的缺陷，形成科学客观、有前瞻性、有共同价值认同的国际河流理论。

二　形成科学客观的制度建设框架

制度框架的设计对于制度形成和完善起着基础性的作用。在国际河流水政治共同体建构中，国际河流制度框架设计，不但要受到所有流域国家接受的能够产生价值认同的国际河流理论的引导，而且必须在考虑到国际河流的生态环境问题的基础上，明确流域国国际河流利用中权利义务的边界，使流域国之间的利益趋于平衡，真正实现国际河流公平合理利用。

首先，国际河流制度的框架设计必须关注人类的共同利益——国际河流生态环境。

生态系统是流域各国经济发展和人类生存的基础。流域各国共处于国际河流生态系统内，生态环境的好坏对流域各国的影响是非常直接的。因此，在对国际河流规划利用或进行用水分配时，必须对河流维持生态所需水量加以充分考虑，将扣留生态需水后的水体总量作为确定各流域国水权的基础。从扩展层面上看，人类基本的用水需求，其实也包含在生态需水范围内，因为流域人口是生态环境中最重要的组成部分。因而生态需水应该包括流域人口基本用水。

现代河流具有多种多样的功能，而河水作为资源的一种，也具有多种多样的利用价值。水资源除了可以用来进行农业灌溉，还可以用于航运、供水、发电、水产养殖等，是人类赖以生存的重要物质保障。另外，河流还有重要的生态与环境功能。河流的水体、洪泛平原和湿地以及河口地区，是水生、湿生生物理想的栖息地，河水以及泥沙为河水中的生物提供了饵料和营养物质；同时，河流系统还能调节气候、补给地下水、泄洪、防洪、排水、输沙，等等。

为了维持河流本身的生态环境功能，国际河流河道中的水，是不可以无限度利用的。河道内必须留出一定量的水，才能使河流生态系统维持正常。随着社会经济的发展，河流可被利用的范围逐渐扩展。如水电功能的开发，使河流对人类具备了更重要的意义；人们对水的需求增多，河水显得极为短缺。人类对国际河流利用和影响的程度也越来越深。国际上未被人类利用的国际河流已经不多，在一些国际河流流域，人们对其已经不是合理利用，而是极限利用与过度利用。① 这种利用占用水资源的生态空间，影响生物以及河流的物质流②，使一些河流生态恶化。河道水量减少，河水稀释、自净能力降低，水污染严重，河床淤积，河道断流，水生生物多样性锐减，河口生态环境恶化，地下水位下降，海水倒灌等情况开始出现，有的地方甚至出现了严重的生态灾难。

国际河流中宝贵的淡水资源不但维持着人类生存，而且对于维护全流域生态与环境有着重要意义。河道缺水带来的自然生态系统的退化，不但会影响人类的可持续发展，甚至可能威胁到人类的生存。因此，根据可持续发展原则，国际河流的开发不仅应满足国际河流流域国家社会经济发展

---

① 有学者根据人类对水资源的利用和影响程度，将地表水资源利用划分为四个阶段。①未被人类利用阶段。该时期的河流系统保持原始的自然状态，河道内水量充足，完全能够满足河流系统的生态功能。②合理利用阶段。该时期的河流系统虽然受人为的影响，但河道内剩余的水量能够满足河流系统的生态功能，保持系统的生态平衡和稳定。③极限利用阶段。该时期的河流系统受人为影响极大，人类对水资源的开发已到极限，如果超过此极限，河流生态系统就会遭到破坏。此阶段河道内保留的水量就是保证河流生态系统稳定的"阈值"，也就是满足河流最基本生态功能的河道最小生态水量。④过度利用阶段。该时期水资源的开发利用已经超出水资源极限利用阶段，河流系统受到人类的极度影响，河道内剩余的水量已经不能满足河流基本生态功能的需求，河流生态系统遭到破坏，水生态环境恶化，必须尽快恢复和重建河流生态系统环境。参见王西琴、张远、刘昌明《河道生态及环境需水理论探讨》，《自然资源学报》2003 年第 2 期。

② M. Pusch and A. Hoffmann, "Conservation Concept for a River Ecosystem (River Spree, Germany) Impacted by Flow Abstraction in a Large Post - mining Area", *Landscape and Urban Planning*, Vol. 51 (2000. 2), pp. 165 - 176.

的需要，还应该保护生态环境，预留满足生态用水需要的河水。由于水域生态系统的脆弱及其对人类生存的重要意义，因此，在设计国际河流制度框架时必须树立生态理念，充分认识到生态需水是所有河流进行水分配和可持续开发利用的基础，也是国际河流水权分配的基础。在进行国际河流制度的框架设计时，要坚持以维持国际河流生态水量为前提，然后确定国际河流的水权，明确各流域国权利与义务，这对于研究河道生态、环境需水量，解决水环境中的突出问题，具有十分重要的意义。

在国际河流实践中，有些国家达成的条约已经关注到生态需水。例如西班牙和葡萄牙1998年达成的《保护和可持续利用西班牙—葡萄牙流域条约》就明确规定了河流的最小生态需水量。[①] 该条约规定，上游国在规划未来资源利用时，必须保证该计划能够使河流维持最小流量。在保证最小流量的情况下，上游国家可根据自己的意愿，选择自己认为最合适的方式，自主地对河流资源进行利用；下游国对资源的利用和开发，同样也必须保证最小流量，不能对最小流量构成威胁。[②] 非洲的一些条约也考虑到河流的最小需水问题。如《因科马蒂和马普托水道临时协议》的附件中，就列明了这两条国际河流及其支流的最小流量值，以确保两条国际河流的生态需水，保护河流环境和生态系统。

其次，国际河流制度的框架设计必须以明确流域国家行使权力的边界为核心。

国家利益来源于国家的实际需要[③]，这些需要受主观影响很大。“自身利益的含义本身是弹性的，具有很强的主观性。国家对于自身利益的认识取决于两个因素：一是行为者对特定行动可能产生结果的预期，二是国家固有的本质性的价值观念。”[④] 因而，如果国际河流利用没有客观标准，流

---

① 何艳梅：《国际河流水资源公平和合理利用的模式与新发展：实证分析、比较与借鉴》，《资源科学》2012年第2期。

② 国际大坝委员会：《国际共享河流开发利用的原则与实践》，贾金生、郑璀莹、袁玉兰等译，中国水利水电出版社，2009，第61~63页。

③ 亚历山大·温特：《国际政治的社会理论》，秦亚青译，上海人民出版社，2000，第162页。

④ 罗伯特·基欧汉：《霸权之后》，苏长和、信强、何曜译，上海人民出版社，2001，第75页。

域国家就可能将国家利益定位于国家对水资源的需要，使流域合作难以实现。

例如在两河流域，土耳其、叙利亚和伊拉克三国提出的水消费需求已经超出两河所能提供的水资源总量。如果流域三国都将国家利益定位于国家需要的话，则流域国家的利益不可能协调，三国之间的合作不可能实现（见表5－4、5－5）。

表5－4 幼发拉底河的水量和流域国的消费目标①

（消费目标百分比是各国需求除以总水量35.58所得结果）

单位：十亿立方米/年

国　家	水潜力	消费目标
土耳其	31.58（88.70%）	18.42（51.77%）
叙利亚	4.00（11.30%）	11.50（32.30%）
伊拉克	0.00（0.00%）	23.00（64.60%）
总　计	35.58（100.00%）	52.92

表5－5 底格里斯河的水量和流域国的消费目标②）

（消费目标百分比是各国需求除以总水量48.67所得结果）

单位：十亿立方米/米

国　家	水潜力	消费目标
土耳其	25.24（51.90%）	6.87（14.10%）
叙利亚	0.00（0.00%）	2.60（5.30%）
伊拉克	23.43（48.10%）	45.00（92.50%）
总　计	48.67（100.00%）	54.47

从表5－4、5－5中可以看出，三个流域国计划利用河水的总量超出了幼发拉底河总水量173.4亿立方米，底格里斯河各国需求也超出本身水量58亿立方米，两河水资源潜力是不能满足三国水需求的。而且，由于气候变化、人口增长和经济发展等，三国对水的需求量会越来越大。因而，基于各国用水需求来解决国际河流问题，实现流域国长久稳定合作的愿望是不可能

①② 资料来源：土耳其外交部《土耳其、叙利亚和伊拉克之间的水问题》，http：//sam.gov.tr/wp－content/uploads/2012/01/WATER－ISSUES－BETWEEN－TURKEY－SYRIA－AND－IRAQ.pdf。

达成的。

因此，国际河流争端的解决，不能建立在国家需要的基础上，必须有一个客观的标准来界定国家利益，使流域各国明确自己的利益边界，约束自己的用水行为。那么，在国际河流流域，国家利益的边界在哪里呢?

从理论上来说，国家对于自然资源的利益边界，在于国家主权。国家对自然资源的占有和使用，必须以主权为限，任何国家都无权占有别国资源。对于国际河流水资源来说也是如此。这样就必须明确流域国家所享有的国际河流水资源所有权（水权）的份额。流域国家只能使用自己水权份额内的水。如果水权份额内的水不能满足本国需要，可以采取国家协商的方式，通过利益交换获取水资源，但绝对不可以无偿占有甚至通过军事行动去抢夺。

但现实中的情况是，国际河流水权迟迟未能确定，国际河流因此成为一种事实上的公共资源。虽然 1997 年公约提出了公平合理利用的一般原则，但对于公平合理并没有确定客观标准，只是强调流域国对国际河流有着共享利益，国际河流是共享资源，并倡议流域国之间进行国际合作和协调。这就使流域国家在国际河流上的国家利益没有客观边界，给流域强国占有更多资源的机会，造成了实力强弱成就其使用权多少的客观事实。很多国际河流水危机的原因就在于对这种“公共资源”的争夺。如有学者认为，“中亚水危机不是量的危机，而是一种分配危机；问题不是水短缺，而是水管理”①。

“在很多情况下，即使有共同利益，合作也照样会失败。”② 水资源是非常重要的自然资源，它不但影响流域国家的社会经济和政治生活，而且在一定程度上决定着流域国家在水政治复合体权力结构中的位置。“新的地缘政治逻辑是资源决定地缘战略：谁控制了资源，谁就能控制世界。”③虽然流域国家存在诸如环境生态等共同利益，但各自的国家利益，仍然是流域国家首要考虑的。由于利益的获取和国家实力有重要的关联，为了摆

---

① G. Gleason, *The Central Asian States: Discovering Independence* (Boulder: Westview Press, 1997), p. 161.

② R. O. Keohane, *International Institutions and State Power* (Boulder: Westview Press, 1989).

③ 张文木：《世界地缘政治体系与印度未来安全》，《战略与管理》2001 年第 3 期。

脱自己对水资源的敏感性和高度的依赖，流域国家必然试图提升自己控制水资源的能力，占有尽可能多的水资源，以使自己在增加对别国影响力的同时减少别国对自己的负面影响。

水资源的重要性使流域国家有了获得更多水的需求，而水权不定则使这些需求有了凭借强权就可以得到满足的可能性。因此，在水权未定的情况下，“相互依赖的发展将增强有关行为者相互伤害的可能性”[①]。流域国家为了获取更多的水而进行诸多努力，特别是在水短缺日益加剧的情况下，为了在国际水资源的争夺中取得优势，流域国家必定会增加自己的国家实力。而国家实力的提高是没有止境的，因为对自己国家实力的判断，是建立在对自己实力的认识以及与其他流域国家的比较中完成的。流域国家的国家实力及其在水政治复合体权力结构中的地位，不仅取决于自身发展的程度，还取决于自身发展程度与其他流域国家的发展程度的比较。为了增强自己在国际河流竞争利用中的优势地位，流域国家必定在发展本国的政治军事实力中相互攀比，使国际河流流域发生冲突的可能性增加。特别是那些对水资源的依赖程度较高的国家，争夺水资源的动机更强。它们会以各种手段维护自己的利益，从而增加了用武力解决问题的风险。

20 世纪末，全球共有七个主要国际河流流域存在较为严重的分水问题，分别是底格里斯—幼发拉底河流域、约旦河流域、尼罗河流域、咸海流域、恒河流域、湄公河流域以及埃夫罗斯—玛里查河流域。[②] 其中，约旦河流域、尼罗河流域都有相当大的冲突升级的可能性。例如在尼罗河流域，埃及对水的依赖程度最高，它对尼罗河水贡献最小但用水最多，流域分水机制来自殖民时代，剥夺了上游国家的用水权因而很不公平。埃及为了维持这种既得利益必定要增强实力以加强自己在流域中的优势地位，而上游国也必定会采取行动维护权益。“在权利资源分布极不均衡的情况下，权利资源的转移最有可能产生，使某种权利资源转向另一种更为有效但代价也更高的权利资源。因此，处于劣势的行为体改善自己的权利地位的目

---

① O. Young, “International Regimes: Problems of Concept Formation”, *World Politics*, Vol. 32 (1980), pp. 331 - 356.

② 何大明、苟俊华、Hsiang - teKung:《国际河流（湖泊）水资源的竞争利用、冲突和求解》,《地理学报》1999 年增刊。

的，可以通过把争议问题升级的方式得以实现。”[1] 当前埃塞俄比亚等上游国家已经形成各自的单方开发计划，与埃及的冲突处于一触即发的态势。

其他流域如约旦河、印度河、湄公河等也是如此，其争端都表现为水资源的竞争利用，矛盾很难解决。尽管有成功的水分享管理的例子，但在水权没明确的情况下，国际河流流域实现合作管理仍然比较罕见。[2] 因此，只有确定流域各国的水权份额，才能确定各国在国际河流中国家利益的边界，最终避免和阻止冲突的发生。因而，确定水权、明确流域国权利行使的边界，是国际河流制度框架设计的核心。

最后，国际河流制度框架的设计必须采用受益补偿概念，以平衡流域国之间的各类利益。

国际河流是非常重要的国家资源，也是人类生活必需的生存资源。在一些流域地区，水资源极为匮乏，流域国之间水资源分配极为不均，有些国家水资源非常充足，有些国家的水资源甚至不能满足人们基本的饮用水需求。因而国际河流制度的框架设计必须充分考虑各类利益的平衡，使国际河流水资源不但能够满足整个流域地区甚至流域外人类的基本需要，也使贡献率高、水权份额大的国家利益不受损害。

1992 年《有关水和可持续发展的都柏林声明》的第四条原则规定，水具有经济价值，应该把它看作经济物品；所有人都享有以付得起的价格，获得清洁水和卫生设施的基本权利。因此，保障人类的用水需求，是国际河流制度框架设计中必须重点关注的问题。从国际河流利用实践看，人类基本用水需求在各种国际文件中都有规定。例如 1997 年《国际水道非航行使用法公约》第二款规定，国际水道国之间发生争议时，可以依据该公约第五条至第七条解决这些冲突，但在解决时，特别应该注意维持生命所必需的人的需求。2004 年的《关于水资源法的柏林规则》明确了“人类基本需求”的含义，认为“维持生命所必需的人的需求”指的是维持人类生存必须直接利用的水，包括饮用水、生活用水等。2001 年的《波恩国际

---

① 罗伯特·基欧汉、约瑟夫·奈：《权利与相互依赖》，门洪华译，北京大学出版社，2002，第 19 页。

② A. P. Elhance，“Hydropolitics：Grounds for Despair，Reasons for Hope”，*International Negotiation*（2000. 5），pp. 201 – 222.

淡水会议行动建议》第四条建议提出了水资源分配中的用水优先权，即应首先满足人的基本用水需求，然后是河流生态用水需求，最后是包括粮食生产在内的经济方面用水需求。

但如果将某一国的水资源，无偿地提供给其他流域国家的人民使用，就会造成该国的利益受损。因为根据主权原则，任何国家都不能无偿使用别国的水资源，无论何种原因。这样就形成了国家利益与人类基本需求之间的矛盾。虽然“将水作为经常商品进行管理是达成效率和公平利用、促进对水资源的维持和保护的重要路径”①，但在国际河流流域，对水的支付是一个敏感的问题，毕竟水与其他自然资源不一样，它是人类共同的需要。而且下游国家对水资源的利用已经有很长的历史，不考虑其用水基本需求显然不可取。因此，在解决国家利益与人类需求之间的矛盾时，必须考虑周全。从流域国家实践来看，采取受益补偿原则不失为一个较好的方法。采用受益补偿原则之下的水资源流转，并不是单纯地将水作为商品，而是在考虑人类水权的基础上，兼顾国家利益，因而是一种公平合理的制度。

受益补偿原则是指在国际河流利用和保护中受益的国家对为其受益在客观上采取措施并付出相应代价的国家给予合理补偿的原则。② 将受益补偿作为平衡国家利益与人类共同需要的原则，主要是因为受益补偿不但体现了公平理念，在国际河流水体利用和保护中，能够兼顾上下游、左右岸国家的利益，实现国际河流的公平合理利用，而且可以均衡流域国家的利益分享与责任承担，使沿岸国家权利义务趋于对等。从流域国家国际河流实践看，受益补偿原则是很多流域国家国际河流协定的重要内容之一。在沃尔夫统计的 149 条河流中，有受益补偿条款的河流有 10 条，占 7%，是在分水谈判中运用最为频繁的规则。③ 在实践中，一些较为成功的条约所采用的都是受益补偿原则，如美加关于哥伦比

---

① The Dublin Statement on Water and Sustainable Development, 31 January 1992, Principle 4, http://www.un-documents.net/h2o-dub.htm.

② 黄锡生、张雒：《论国际水域利用和保护的原则》，《西南政法大学学报》2004 年第 1 期。

③ A. T. Wolf, “Criteria for Equitable Allocations: The Heart of International Water Conflict”, *Natural Resource Forum*, Vol. 23 (1999. 1), pp. 3 – 30.

亚的分水协议、美国和墨西哥关于科罗拉多河以及格兰德界河的分水协议等都含有程度不同的受益补偿条款，而且主要是下游国家提供补偿（见表5－6）。

表5－6　包含受益补偿条款的部分国际河流条约①

条约名称	缔约国	受益补偿类型	具体内容
1925/1951年Gash河条约	苏丹和厄里特里亚	下游国受益补偿	厄立特里亚每年利用65MCM的河水，剩余的河水将流向苏丹。苏丹每年支付给厄里特里亚其接收到的河水灌溉Gash三角洲的土地收益金额的20%，超过50000镑/年②
1961/1964年哥伦比亚河协议	加拿大和美国	综合（设施利用与下游国受益补偿）	关于设施利用补偿：加拿大要在其领土内建设15500000英亩－英尺的有效库容以防洪、提高水流和水电生产，美国要支付给加拿大约0.644亿美元作为8450000英亩－英尺的总有效库容的防洪控制储量设备的建设资金。另外，作为补偿美国要对加拿大支付其防洪期间使用的其他运行成本和机会成本 关于下游受益补偿：因加拿大境内的储水大坝提升水流而产生的下游电力利益的一半，要提供给加拿大。在1964年加拿大和美国之间的换文中，加拿大以约2.5亿美元的价格将这些下游电力收益卖给美国
1975年Helmand河协议	阿富汗和伊朗	下游国受益补偿	伊朗和阿富汗同意水分享体制，伊朗提供财政支付并在运输权上做了让步，阿富汗通过Bandar出口货物，以换取更多的水

① 王志坚：《国际河流法研究》，法律出版社，2012，第192~193页。

② 数字有所修正。

续表

条约名称	缔约国	受益补偿类型	具体内容
1985年红河协议	美国和加拿大	设施利用补偿	加拿大和美国同意加高它们边界一边的部分堤岸，在边界建设国际堤岸，以保护两岸边界社区免受洪水灾害。加拿大要支付给美国建设国际堤岸部分的费用。同样，加拿大必须每年支付美国17000美元作为国际堤岸的日常维护费用
1989年Souris河协议	美国和加拿大	设施利用补偿	加拿大要建设Rafferty和Alameda大坝，给美国提供最小为377800英亩-英尺的防洪库容，为美国提供供水利益。美国要支付给加拿大4110万美元作为Rafferty和Alameda大坝的防洪库容费用。加拿大承担两个大坝的运行和维护费用
2000年Chu和Tala河协议	吉尔吉斯斯坦和哈萨克斯坦	设施利用补偿	吉尔吉斯斯坦和哈萨克斯坦同意吉尔吉斯斯坦（拥有国家间设施的一方）有权从哈萨克斯坦（国家间设施的使用方）获得提供安全可靠运行成本的补偿

三 促进合法有效的国际河流机制的形成

合法有效的国际河流机制意味着它是被流域国家普遍承认并被大多数国家接受的，具体表现为国际社会成员对规则、规范的遵守和服从。只有被普遍遵守，对各个行为体具有控制力或者约束力，执行和实施情况良好，国际河流机制才具备有效性。在这一点上，新现实主义、新自由制度主义和建构主义之间并无差异。国际河流机制是通过流域国充分协商而形成的，其最重要的表现形式是缔结国际河流条约。因而，机制的合法有效，就体现在条约的自愿缔结和普遍遵守上。只有流域国积极主动地缔结和履行条约，才能避免和解决国际河流冲突，最终形成国际河流安全秩序。但当前情况是，流域国参与建构与执行国际河流机制动力不足，流域制度缺乏有效性。要使流域机制合法有效，必须缔结流域国权利义务对等的国际河流条约。

（一）流域国参与机制构建动力不足，国际河流制度缺乏有效性

如前所述，当前有许多国际河流流域没有最基本的管理制度，而存在国际河流管理条约的流域，不履约的情况也时常出现。这表现为以下两种情况：首先，从条约的缔结上看，当前还有许多流域没有缔结任何条约，全球性质的就国际河流进行水分配和水管理的国际公约——1997年《国际水道非航行使用法公约》——指导实践作用有限；其次，从条约的执行情况看，流域国不承认条约、随意违反协议的情况并不鲜见，国际河流单边开发行为也时有发生。这种状况说明，流域国在缔结和遵守国际河流条约方面都存在动力不足的情况，国际河流制度有效性极为缺乏。

那么，是什么原因使流域国家不愿意缔结或者不愿意遵守已经批准、加入的条约呢？

在现实中，流域国家参与谈判、进行合作的动力，不但在于相互依赖的客观需要，更来自国家利益的主观需求。流域国在将要设定的制度框架下能够得到什么、得到多少，都会影响流域国家参与机制建构的积极性。制度的形成最基础的条件是流域国以平等的身份自愿参与，但当前的情况是，国际河流水政治复合体普遍呈现不对称的权力结构，在这种结构之下，缔结条约的流域国家地位不平等，形成的机制可能不符合一些国家的利益，因而一些流域国家不愿意缔结条约。

权力不对称可能会产生两种合作结果：一种是水霸权情况下产生的“强迫的自愿合作”；另外一种是流域国家以结盟的方式对抗流域优势国家，使优势国家的权力削弱，结果产生一种新的不平等，甚至使优势国家成为弱势国家。在这种情况下，优势国家如果缔约可能会面临权益难以维护，甚至受到侵犯的后果，因而优势国家缔约的积极性不高，甚至可能采取单边行动维护利益。这种单边行动的行为，会造成一种水霸权的假象，但实际上只是优势国家以较为极端的方式维权的结果。

流域国家不愿意履约的原因也大致如此。在水霸权强迫性自愿合

作的情况下，虽然条约已经订立，但由于弱国的利益受到侵犯，因而弱国履行条约的动力不足；在优势国家与弱国地位转换的情况下，优势国家利益可能得不到维护，因而也会出现履约动力不足的情况。从国际法理论上看，条约必须遵守，遵守条约是每一个国家的义务，因而在一般情况下，国家不会不遵守条约。而且，国际河流流域的主流是合作，这说明流域国家普遍有合作的意愿，是愿意遵守协议的。如果不是有不得已的情势，流域国家一般会遵守已经缔结的条约，不会单方毁约。这个不得已的情势只有一种，那就是本国利益由于履约会遭到重大侵害。

侵害别国利益主要表现为一些流域国行使权利超越了边界，使用了别国的水资源，其使用权大于本国的水资源所有权（水权），从而侵害了别国的水权。一般来说，在资源所有权确定的情况下，国家可以依法行使主权权利，如果权利受到侵害，可以通过司法方式，使权利得到维护。但由于国际河流利用理论中存在回避水权的倾向，流域国家在水权遭到侵害后很难维护自身权益，这一问题难以根除；即使双方同意将争端提交国际法院，但法院的判决也不一定能得到很好的执行，因而造成制度的合法性危机。比如对于2010年的乌拉圭纸浆厂案，法院进行了判决，但问题依然存在。

（二）合法性危机是国际河流制度有效性缺失的根本原因

“如果缺乏合法性，无论在国内还是国际层面，国际机制都很难发挥作用”[①]，因为合法性是有效性的基础。制度只有具备合法性才能被各成员国承认有效，从而在实践中得到普遍的遵守。“在不求助于合法化的情况下，没有一种政治系统能够成功地保证大众的持久忠诚，即保证其成员意志的遵从。”[②] 在国际河流流域也是如此。从当前情况看，流域国之间缔约和履约动力不足，不但影响流域制度的形成，也使已经存在的流域制度得

① H. Milner, “The Assumption of Anarchy in International Relations Theory: A Critique”, in D. Baldwin, *Neo-realism and Neo-liberalism: The Contemporary Debate* (New York: Columbia University Press, 1993), pp. 143 - 169.

② 尤尔根·哈贝马斯：《交往与社会进化》，张博树译，重庆出版社，1989，第186页。

不到遵守，有些河流流域制度已经形同虚设，有效性大打折扣。这种情况说明，国际河流流域已经出现合法化危机。

国际河流机制合法性危机通常由以下几个原因引起。

（1）国际河流条约没有涵盖全流域，参与制定的国家只是部分流域国家，这就造成部分流域国家权利受损甚至被剥夺的后果。国际河流制度合法性的根源在于所有流域国的参与以及普遍承认，并且通过国内法律程序予以确认。“规则的制定必然在同意的基础上，也即只有被制定主体认可、接受，国际机制才具备必要的合法性权威，从而正常发挥机制的效能。”① 因而，缔结条约是流域各国管理国际河流最重要的权利，是否参与水条约的缔结，对自己的利益分配有很大的影响。但在国际河流流域，由于水资源的重要性以及国家利益的差异性，难以达成全流域协议。部分流域国家经常采用部分结盟与订约的方式确定权利，以获取最大限度的国家利益。虽然较少的参与国家可能更容易达成合作，但将某些流域国家排除在外会直接导致被排除国家利益受损，造成国际河流利用不公平的结果。湄公河流域就是这样的例子。缺乏中国参与的湄公河委员会（MRC）极大地降低了湄公河协议执行的力度。

（2）外部力量的介入促成的合作可能只是表面和谐，其结果并不公平，潜在的冲突依然存在。国际合作并不一定是仁慈的。② 在很多情况下，国际社会的“合作可能是按牺牲一些国家的利益来使另一些国家获益的形式设计的，它可能强调或者缓和不完美世界中的不正义”③。例如尼罗河的分水机制，就是殖民主义偏向埃及的结果。另外，在国际河流实践中，由于政治原因，有约束力的协议和承诺不能形成的时候，在外部压力之下，流域国家往往先达成一些没有约束力的框架协议，以形成流域合作的现象。这种情况在非洲特别明显。非洲的国际河流开发利用受外部影响大，流域国之间缔结的国际河流条约理念先进，甚至脱离了本地的实际。如SADC 1995 水道共享协议将寻求 SADC 地区共享水道的环保性管理、可持

① 苏长和：《全球公共问题与国际合作——一种制度的分析》，上海人民出版社，2000，第106页。

② 詹姆斯·德·代元：《国际关系理论批判》，秦治来译，浙江人民出版社，2003，第303页。

③ 大卫·A. 鲍德温：《新现实主义和新自由主义》，肖欢荣译，浙江人民出版社，2003，第113页。

续发展和公平使用作为目标，但未能关注流域各国的重点问题——开发利用国际河流发展经济，更别说划分水权了。这使非洲国家履行协议动力不足，经济贫弱更限制了条约的履行。

（3）流域水霸权的衰落，使机制合法性出现危机。权力结构不对称使部分流域国在缔约中处于不利地位，缔约的结果可能导致利益受损，但又不得不屈服于流域水霸权，使条约出现权利义务不对等的结果，形成强迫性自愿合作的局面。这种情况下形成的条约完全依赖水霸权的权力得以维持。当情况发生变化，水霸权和其他流域国家的实力对比有所改变，水霸权呈现衰落，甚至难以占据优势时，水霸权对其他流域国家的控制能力减弱，水霸权指导下缔结的条约就会出现合法性的危机。尼罗河流域的情况就是如此。随着上游国家经济实力的增强，埃及不得不参与尼罗河流域倡议，在某些方面对上游国家做出一些让步。

（4）人口增长、气候和环境变化会影响水资源的供需关系，使条约的适应性降低。一些条约在制定时没有考虑到这些情况，而且未能及时进行调整，则可能面临合法性降低的危险。例如印度河水条约、美墨科罗拉多河流域条约都面临这样的问题。

（5）流域国家在谈判时回避水权，只谈合作，使条约失去了合法性的依据，部分流域国利益受损，因而很难得到执行。例如在咸海流域，流域水量主要源于塔吉克斯坦和吉尔吉斯斯坦，吉尔吉斯斯坦产水量占锡尔河总径流量的75%，塔吉克斯坦产水量占阿姆河总径流量的74%①，但这两国用水较少，塔吉克斯坦实际用水率仅为3%②。下游的三个流域国家土库曼斯坦、乌兹别克斯坦、哈萨克斯坦干旱少雨，来水主要依靠上游国，它们是水资源的主要消耗国。根据《中亚五国水协定》，锡尔河径流量的分配比例为乌兹别克斯坦53%，哈萨克斯坦31%，吉尔吉斯斯坦9%，塔吉克斯坦7%。③ 阿姆河径流量分配比例为乌兹别克斯坦

① 胡文俊：《咸海流域水资源利用的区域合作问题分析》，《干旱区地理》2009年第11期。

② 塔吉克斯坦总统拉赫莫诺夫在2003年博鳌亚洲论坛上的演讲，《区域合作对中亚有迫切现实意义》，http://finance.sina.com.cn/g/20031102/1454501559.shtml，2012年5月3日访问。

③ 杨恕、田宝：《中亚地区生态环境问题述评》，《东欧中亚研究》2002年第5期。

48.2%，土库曼斯坦35.8%，塔吉克斯坦15.4%，吉尔吉斯斯坦为0.6%。从分配方案中可以看出，两个水资源贡献最大的上游国，分得的径流量最少。虽然后来土库曼斯坦和乌兹别克斯坦达成了平均分配两国径流量的协定[1]，但它们对境外来水的依赖度分别高达97%、77%，协议执行起来非常困难。塔吉克斯坦、吉尔吉斯斯坦两国用水量不足该地区用水量的15%。吉尔吉斯斯坦曾希望下游国家在能源供应方面给予补偿，但希望落空，因而条约执行动力削弱，吉尔吉斯斯坦甚至完全不想执行协议。吉尔吉斯斯坦议会认为，虽然吉尔吉斯斯坦政府签署了《中亚五国水协定》，但该行为没有获得吉国议会的批准，因而违反了吉尔吉斯斯坦相关水法规定，这样就从根本上否认了本国执行协定的可行性。《中亚五国水协定》的合法性受到了很大的挑战。

（三）缔结权利义务对等条约是机制有效的核心要素

如前所述，流域国参与制度构建动力不足是制度效力缺乏的直接原因。而流域国不愿意缔结条约，从根本上看，是因为条约不能帮助其实现公平合理利用国际河流的强烈愿望。那么，什么样的条约，才是适应性强、流域国自愿缔结和遵守并且能够实现国际河流公平合理利用的呢？

从实践看，条约能否体现流域国对等的权利义务，是条约是否合法有效的最核心标准。那些执行情况良好的国际河流制度，都能够体现流域国对等的权利义务。例如美加哥伦比亚河条约，就是成功的国际河流条约的典范。美国与加拿大签订的1909年边界水条约，是以分水为基础的综合性水条约。条约的适用范围包括美国和加拿大自治领国际边界沿线两岸之间的湖泊、河流及其相连的水道等相关部分，包括一切港湾，但不包括天然水道流入或流出上述湖泊、河流和水道的支流，或流经边界的溪流。[2] 而1961年美加哥伦比亚河条约是在1909年双方水条约基础上对哥伦比亚河

---

① R. Gulnara, A. Natalia, A. Nikolai, et al., *Aral Sea: Experience and Lessons Learned Brief* (Lake Basin Management Initiative, 2003).

② 《英国（加拿大）—美国的边界水域条约》序条。

的特别规定。条约的内容十分广泛，双方引水量的限定是条约的核心内容之一，条约非常详尽地规定了美加双方的引水量和方式[1]，较好地解决了双方的水量分配问题。实际上，该条约的成功很大程度上得益于将分水与防洪、发电紧密结合，确定了双方的收益，体现了上下游国家之间的权利义务对等。

那些不能得到有效履行的条约，都具备权利义务不对等的特征。例如中亚咸海流域五国 1992 年的《中亚五国水协定》，虽然由新成立的五国协商制定，但其水量分配制度并没有同步更新，而是沿用了苏联时期的水量分配制度[2]，将阿姆河和锡尔河的水量大部分分配给下游流域国，以保证这些国家的农业灌溉用水需求。但下游国家在接受这些水量时却不愿意承担义务，哈萨克斯坦和乌兹别克斯坦都不愿意对吉尔吉斯斯坦进行能源补偿，反而要求吉尔吉斯斯坦按国际市场价格购买能源。这样，上游国承担了释放水量、维持水库运转等义务，而下游国家则没有义务，由此造成了上下游国家权利义务的不对等，条约的执行力也几近于无。

从实践上看，在当前存在的各种类型的国际河流水条约中，只有权利义务对等的条约才会使流域国家的合作动力强，因为这种类型的条约对所有国家的利益都进行周全的考虑；而在权利义务不对等以及以结果平等为目标的平均分配机制中，部分国家缺乏合作动力。流域国家的权利义务对等，是流域国家以平等的身份参与协商、以流域国家水权确定为基础的结果。权利义务对等的条约既能顾及河流生态，又能平衡所有流域国家的利益，因而结果是公平合理的。

各种水条约类型及其执行效果见表 5-7。

---

① 条约规定加拿大在其境内为哥伦比亚河流域提供 1550 万英亩-英尺的蓄水设备以调节哥伦比亚河的水流量，在批准日 20 年后，加方有权在不列颠哥伦比亚省沼地渠附近到哥伦比亚河源头之间，从柯特奈河每年取水 150 万英亩-英尺，但引水后该河下游引水处的水流量不能低于每秒 200 立方英尺，或其自然流量。从批准日后 60~100 年，加方有权将流入边界的柯特奈河的水引向哥伦比亚河上游，但引水不能使该河在不列颠哥伦比亚省纽盖脱附近的水流量低于每秒 2500 立方英尺或其自然流量。在加方行使规定的权利的最后 20 年，对引水的限制为水流量不得低于每秒 1000 立方英尺或其自然流量。以上数量单位均来自条约原文。

② 冯怀信：《水资源与中亚地区水安全》，《俄罗斯中亚东欧研究》2004 年第 4 期。

表 5－7　国际河流流域水条约类型及流域国之间的合作动力

水条约类型	合作模式	利益分配模式	合作的动力	利益分配结果
权利义务不对等	不分配水权的不对称合作	不对称的利益分配	缺乏	不公平
平均分配权利义务	平等分配水权与平等合作	平等分配	缺乏	不合理
权利义务对等	确定水权基础上的平等合作	根据权利分配利益	较强	公平合理

四　公开数据信息，搭建合作平台

国际河流安全共同体构建的起点和基础，是流域国家提出能够形成共识的国际河流利用理论。但国际河流利用理论的提出，并不意味着其他流域国家一定会同意该理论，并由此达成共识，形成合作的观念性基础。流域国家之间必须有一个平台，借助平台，流域国能够宣传自己的理论，并且对理论进行商讨，对各项事务充分协商，逐渐形成共同的价值认同。随着相互间信任度的上升，安全共同体才有可能逐渐构建起来。

实现理论引导观念的目标，流域国首先必须有形成理论和宣传理论的专家团队，然后要营造各种平台，利用不同手段，给流域各国的专家们提供交流理论观念的机会，形成专家团队的共同知识，建立起流域国家合作开发与保护国际河流的共识。

在国际河流实践中，规划决策者、各类专家以及相关人员对事情的认知，极大地影响着资源管理决策。世界银行曾经对发达国家大坝建设与公众参与情况进行分析和统计。从表 5－8 中可以看出，在国家大坝建设过程中，专家的参与力度还是比较大的，而且随着时代的发展，参与专家的学科背景越来越广泛。专家的认知可以改变决策者的偏好，帮助决策者重新确定他们的期望，并据此协调他们的行为。

专家团队共同知识的形成，是一个长期的过程，需要充分的交流和沟通。交流和沟通的途径主要有学术会议、学术成果的出版与传播、学术人员访学与交流等，另外，召开培训班也是比较好的做法。所有这些手段都

表 5-8 世界银行对发达国家大坝建设公众参与情况的分析①

大概年代	主要参与的公众人员
第二次世界大战前	工程师
第二次世界大战后	工程师 经济学家
1970 年代后期	工程师 经济学家
1980 年代后期	工程师 经济学家 环境学家与社会学家
1990 年代早期	工程师 经济学家 环境学家与社会学家 受影响的人
1990 年代中期	工程师 经济学家 环境学家与社会学家 受影响的人 非政府组织
21 世纪初	工程师 经济学家 环境学家与社会学家 受影响的人 非政府组织 一般公众

需要平时的投入。加拿大联邦政府就支持了全国的一些研究机构，如国家水研究院、大湖渔业和水生科学实验室、淡水研究院和圣劳伦斯中心等，它们和其他机构一起进行了广泛的水科学合作研究，产生的新理念为加拿大国际河流水资源谈判起了重要的作用。

专家们达成共识的一个非常重要的途径，是数据信息的共享。国际河流的各种数据信息是流域国进行水权谈判的基础。如果流域国对对方提出的数据不信任，则协议无法达成。在相互不信任的情况下，仅仅强调共同利益是不足以在流域国之间达成共识的。缺乏对国际河流客观情况的认知，会影响流域国对当前形势的判断。因此，强调共同利益并不一定能产生合作，因为“合作不单单是共同利益的问题。基本情况不确定以及合作主体获取信息的能力不均衡，会造成集体行动的障碍，使一些合作主体难以在战略上对合作事项进行正确的判断，无法意识到它们之间的共同利益能够实现”②。因此，充分交换信息，在数据信息上相互信任，是国际河流合作成功的前提。

首先，数据信息是国家水外交决策的基础。信息是流域国家对自己在国际河流利用中可得到多少水以及多少收益进行判断的依据。数据信息是否准确与充分，影响一国对于国际河流水资源分配和合作的预期。信息不足是国际河流流域事务中经常存在的一种现象。由于技术发展不完善，任

① 陈丽晖等：《国际河流流域开发中的利益冲突及其关系协调——以澜沧江—湄公河为例》，《世界地理研究》2003 年第 3 期。

② R. O. Keohane, *International Institutions and State Power* (Boulder: Westview, 1989).

何主体都不可能掌握完全的信息，另外，流域国经济技术发展水平不同，掌握的信息也会有差别。因而，为了使合作成功的可能性增加，必须相互交流信息，打造信息数据库平台。

其次，可靠的数据信息是计算河流生态需水和确定水权份额的依据。没有客观科学的数据，容易导致流域国家按照各自需求用水，从而造成流域生态环境保护与流域国利益之间协调困难。咸海的生态恶化很大程度上与没有考虑河流的生态需水有关。而在两河流域中，由于可靠信息不足，再加上流域各国将水资源的需求和现实使用作为水权获得标准，各流域国家（无论实力强弱）对国际河流水资源的权利预期没有限制，三个流域国家提出的对水的需求，远远超出了水资源的实际供应能力，使问题的解决变得不可能。而合作进行得好的国家，信息共享程度也会很高。美加跨界水委员会实体、莱茵河及多瑙河委员会有很多信息网站，都会定期或不定期印刷报告，各流域国公众都可以免费索取，而且它们经常组织协商。[①]这些措施使信息和数据共享不再成为流域国合作与公众参与的障碍。

再次，主动掌握数据信息的国家，在谈判中必然会处于主导地位。在国际河流流域，各流域国家的经济发展水平、收集数据信息的能力不一，使信息不对称成为普遍现象。当流域国就一个问题进行谈判时，某一国家可能比其他国家更加熟悉和了解这一问题的性质，从而对该问题的影响程度和收益结果进行更好的判断，最终确定更有利于自己的解决途径。信息不对称使谈判各方没有共同的谈判基点和平台，会影响水协议的达成。有学者认为，信息不对称是两河水资源案例中三国谈判的最基础障碍。[②]信息分享可以弥补信息不对称的缺陷，使流域国家在数据信息的享有上趋于平等，从而增加成功缔约的概率。因此，无论是国际公约还是国家间的条约，交换数据信息都是不可缺少的条款。如 1997 年《国际水道非航行使用法公约》第 9 款规定“国家必须有规律地交换河道的现有数据”。

---

① J. V. Assetto and P. S. Mumme, “Decentralization, Public Participation, and Transboundary Water Management in Hungary and Mexico”, in J. Gayer. *Participatory Processes in Water Management (PPWM): Proceedings of the Satellite Conference to the World Conference on Science* (Budapest, Hungary, June 28 ~ 30, 1999).

② R. Just and S. Netanyahu (eds.) *Conflict and Cooperation on Transboundary Water Resources* (Norwell: Kluwer Academic Publishers, 1998), p. 9.

最后，充足的信息会消除外界误解，增加流域国之间的信任，为缔结水条约创造较好的外部环境。在湄公河流域，虽然中国已经在许多方面取得了研究成果，也采取了很多措施确保河流生态和河流环境，但由于宣传力度不够，中国所做的事情没有被国际社会充分了解，造成了一些误解。例如一些国外人士就认为中国在澜沧江的环境保护方面没有做出积极的行动。因此，必须组织力量，将本国相关学者、专家的研究成果和行为公开并且广泛宣传，以促进流域国之间的对话和交流，缓解矛盾和冲突，促进合作。

第六章　启示与建议

一国的地缘政治因素，是形成国家安全政策的基础，对国家安全有着重要的影响。“国家的战略疆域、地理位置、接壤情况，以及在此基础上形成的地缘政治关系本身就具有极大的战略意义，直接影响着国家的安全。”[①] 我国是世界上国际河流（流域）最多的国家之一，数量仅次于俄罗斯、美国、智利，与阿根廷并列第 4 位。[②] 在我国 15 条重要的国际河流中，有 12 条发源于中国，且多为世界级大河。流域涉及越南、朝鲜、俄罗斯、印度等 19 个国家，其中 14 个为毗邻的接壤国，影响人口近 30 亿。流域面积为 280 多万平方公里，占中国国土面积的 30%[③]，年径流量占中国河川年径流量的 40%[④]。而且大部分国际河流水量充沛，水力资源丰富，每年流至境外的径流量高达 4000 亿立方米。[⑤] 虽然国际河流众多，但我国是世界上水资源贫乏的国家之一，人均水资源仅为世界平均水平的 1/4。

对我国来说，国际河流问题的解决不但关系到国内经济建设和区域经济平衡与稳定，还关系到我国与周边国家的关系。我国的水资源相当贫乏，对国际河流的开发有助于缓解我国水资源短缺的现状，消减供需矛盾带来的压力。例如克拉玛依市缺水问题因为“引额济克工程”的实施而基本得到解决。但由于国际河流开发涉及国际社会舆论、技术、理论等许多问题，我国国际河流开发程度普遍很低。另外，我国周边国际河流水政治复合体都处于安全机制模式，与我国共享河流的流域国多为发展中国家，发生冲突的可能性本身就比较大，这对我国国际河流开发利用有一定的阻

① 彭光谦：《军事战略简论》，解放军出版社，1989，第 14 页。

② 王俊峰、胡烨：《中哈跨界水资源争端：缘起、进展与中国对策》，《国际论坛》2011 年第 7 期。

③ 邓宏兵：《我国国际河流的特征及合作开发利用研究》，《世界地理研究》2000 年第 2 期。

④ 刘恒、耿雷华、钟华平等：《关于加快我国国际河流水资源开发利用的思考》，《人民长江》2006 年第 7 期。

⑤ 刘丹、魏鹏程：《我国国际河流环境安全问题与法律对策》，《生态经济》2008 年第 1 期。

碍。因而，积极解决国际河流争端，处理好与西南、西北等周边国家的水政治关系，建构国际河流水政治复合体，就成为我国必须解决的重要问题。

第一节　中国各国际河流水政治复合体均处于安全机制模式

中国国际河流主要分布在东北、西北和西南等少数民族集中的边远落后地区，组成水政治复合体的流域国家多为发展中国家，经济发展是国家的主要大政方针，流域国对水的依赖程度高，因而国际河流水资源供求矛盾突出，水压力较大。流域国家围绕国际河流利用有一系列的争议，但主要问题是水电开发和水量分配问题。在当前合作促安全的共识之下，流域国之间形成了一些合作机制，但这些机制主要集中于环境保护与信息共享，全流域实质分水的协议并不存在，缺乏争端解决与预防的机制。而且流域外部势力对水政治复合体的影响较大，流域内权力结构不对称。

一　中国国际河流冲突以水电开发、水量分配为主

我国国际河流主要分布在三个区域：一是东北国际河流，以界河为主要类型；二是新疆国际河流，以界河为主，兼有出、入境河流；三是西南国际河流，以出境河流为主。这三个地区所处地理位置差异较大，河流特性各不相同，开发目标也存在较大的差异。

东北地区的国际河流主要包括额尔古纳河—黑龙江、鸭绿江、图们河、绥芬河等，河流性质以界河为主，从次流域单元来看，共有大小 10 条界河和 3 个界湖。东北地区的国际河流流域面积广阔，河流水量充沛，含沙量少，通航里程较长，水力资源丰富，但实际开发利用较少。目前我国东北地区国际河流水资源主要用于工农业和城市生活供水，需要解决的问题是生态问题、界河上的自由航行权问题、跨界污染问题以及护岸工作滞后造成的坡岸冲刷、国土流失严重与河流中心线变化产生的边界问题。

西南地区主要的国际河流有5条，包括澜沧江—湄公河、怒江—萨尔温江、雅鲁藏布江—布拉马普特拉河—恒河、独龙江—伊洛瓦底江、印度河等，多属于南北走向的出境河流，最后注入了印度洋或太平洋。西南地区国际河流水量充沛，坡陡谷深，水力资源十分丰富。我国是所有西南国际河流的上游国，境内基本上是农业区，工业不发达，水质污染轻微。我国西南国际河流主要供给工农业用水和居民生活用水，另外，澜沧江流域的水电开发也是目前主要的利用方式。

西北地区的国际河流多集中于新疆境内，主要河流有额尔齐斯河—鄂毕河、伊犁河、乌伦古河、塔里木河、哈尔乌苏河，出境水量有210亿立方米。西北地区干旱少雨，降水较少，国际河流水量也受到了影响。但也有一些国际河流水量充沛，如额尔齐斯河的水力资源就非常丰富，可开发的水能资源超过270万千瓦。[①] 额尔齐斯河全长2669公里，流域面积为107万平方公里，其中在我国境内长546公里，流域面积为50860平方公里。额尔齐斯河是我国唯一的流入北冰洋的河流，也是西北地区唯一的外流水系。西北地区国际河流主要用于灌溉、发电、满足畜牧业基地建设用水、城市发展与居民生活用水，与相邻国家间的主要用水问题是水量分配。中国主要国际河流概况见表6－1。[②]

表6－1　中国国际河流概况[③]

河　　名	总流域面积（平方公里）	发源地	流域国家（境内流域面积占流域总面积比例）
黑龙江—阿穆尔河	1884000	蒙古	中国（45.11%）、俄罗斯（53.36%）、蒙古（1.52%）、朝鲜（0.01%）
鸭绿江	63000	中国吉林	中国（49.59%）、朝鲜（50.38%）

① 邓宏兵：《我国国际河流的特征及合作开发利用研究》，《世界地理研究》2000年第2期。

② 何大明、汤奇成等：《中国国际河流》，科学出版社，2000，第3页。

③ 何大明、冯彦：《国际河流跨境水资源合理利用与协调管理》，科学出版社，2006，附录一、附录二，第169～190页，经整理。详细原始数据见 Aaron T. Wolf, J. Natharius, J. Danielson, B. Ward, and J. Pender, "International River Basins of the World", *International Journal of Water Resources Development*, Vol. 15（1999.4）, pp. 387－427。表6－1中a表示中方控制，但印度主张主权面积比例；b表示印度控制，中方主张主权面积比例。

续表

河名	总流域面积（平方公里）	发源地	流域国家（境内流域面积占流域总面积比例）
图们江	33000	中国吉林	中国（68.56%）、朝鲜（30.9%）、俄罗斯（0.54%）
绥芬河	16800	中国吉林	中国（58.39%）、俄罗斯（41.61%）
伊洛瓦底江	404100	中国西藏	中国（4.6%）、缅甸（91.15%）、印度（3.52% +0.29%[b]）
怒江—萨尔温江	244100	中国西藏	中国（52.43%）、缅甸（43.85%）、泰国（3.71%）
澜沧江—湄公河	780300	中国青海	中国（21.58%）、老挝（25.42%）、泰国（24.87%）、柬埔寨（20、11%）、越南（4.49%）、缅甸（3.53%）
珠江	361500	中国云南	中国（97.28%）、越南（2.72%）
印度河	1086000	中国西藏	中国（10.22% +0.89%[a]）、巴基斯坦（56.09%）、印度（25.98% + 0.15%[b]）、阿富汗（6.68%）
元江—红河	164600	中国云南	中国（51.28%）、越南（47.98%）、老挝（0.75%）
雅鲁藏布江—布拉马普特拉河—恒河—梅格纳河	1675700	中国西藏	中国（19.12%）、印度（58.14% + 4.07%[b]）、巴泊河（8.79%）、孟加拉国（7.36%）、不丹（2.38%）、缅甸（0.13%）
北仑河	960	越南	中国（73.61%）、越南（23.69%）
额尔齐斯河—鄂毕河	2734800	中国新疆	中国（1.84%）、哈萨克斯坦（20.97%）、俄罗斯（77.14%）
伊犁河	161200	哈萨克斯坦	中国（34.21%）、哈萨克斯坦（60.28%）、吉尔吉斯斯坦（5.4%）
塔里木河	950200	吉尔吉斯斯坦	中国（94.9% +2.27%[a]）、吉尔吉斯斯坦（2.51%）、巴基斯坦（0.2%）、塔吉克斯坦（0.11%）、哈萨克斯坦（0.01%）、阿富汗（≈0）

续表

河　　名	总流域面积（平方公里）	发源地	流域国家（境内流域面积占流域总面积比例）
咸海	1319900	中国/阿富汗	中国（≈0）、哈萨克斯坦（69.97%）、乌兹别克斯坦（17.93%）、吉尔吉斯斯坦（17.93%）、塔吉克斯坦（0.99%）、土库曼斯坦（0.12%）
哈尔乌苏河	197800	中国新疆	中国（0.06%）、蒙古（98.77%）、俄罗斯（1.17%）
乌伦古河	88400	蒙古	中国（86.27%）、蒙古（13.65%）、俄罗斯（0.04%）、哈萨克斯坦（0.04%）
中国国际流域面积为3211660平方公里，占国土总面积的34.4%（中国亚洲大陆国土面积以9338902平方公里计算）			

注：有少数数据不精确或有误差，在不影响全局的情况下，本书以保留原始数据的形式进行处理。

与我国共享国际河流流域的沿岸国家以发展中国家为主，有些甚至是最为贫困的国家（见表6－2）。

表6－2　中国国际河流流域国2006年人类发展指数①的世界排名位次②

中　国	81	泰　国	74	巴基斯坦	134	哈萨克斯坦	79
越　南	109	印　度	126	阿富汗	未知	塔吉克斯坦	122
柬埔寨	129	不　丹	135	朝　鲜	未知	吉尔吉斯斯坦	110
缅　甸	130	孟加拉国	137	蒙　古	116	乌兹别克斯坦	113
老　挝	133	尼泊尔	138	俄罗斯	65	土库曼斯坦	105

目前我国国际河流的开发仍然是以趋利为目的的开发，开发时存在利益冲突，矛盾较大。各沿岸国家社会经济发展迅速，水需求也同步增加，国际河流的竞争利用加剧，冲突的危机也随之增大。如伊犁河流域，根据

① 王志坚：《我国国际河流法律研究中的几个问题》，《华北电力大学学报》2011年第3期。

② 人类发展指数（HDI）由巴基斯坦籍经济学家赫布卜·乌·哈格（Mahbub ul Haq）和印度籍经济学家阿马蒂亚·库马尔·森（Amartya Sen）于1990年创设。HDI是在三个指标的基础上计算而来：健康长寿，用出生时预期寿命来衡量；教育获得，用成人识字率（2/3权重）及小学、中学、大学综合入学率（1/3权重）共同衡量；生活水平，用实际人均GDP（购买力平价美元）来衡量。

1985 年的数据，全流域灌溉面积为 76.31 公顷，其中，中国 40.31 公顷，占 52.8%；哈萨克斯坦 36.0 公顷，占 47.2%；全年引水量为 93.44 亿立方米，其中中国引水 50.24 亿立方米，占 53.8%；哈萨克斯坦引水 43.2 亿立方米，占 46.2%。[①] 我国和哈萨克斯坦对伊犁河流域的水资源利用几乎对等。但随着淡水资源的日益匮乏，对水的竞争利用加剧，冲突的可能性增加。

我国与国际河流其他沿岸国家的冲突主要是有关水电开发与水量分配上的争议。如中国计划在西藏一些河流上修建水利工程，这引起了印度的高度关注和不满，印度方面认为中国可以借此控制流入印度的河水流量。另外，在信息共享方面也有一些矛盾，如印度指责中国在分享有关泥石流的信息方面动作迟缓。东北国际河流上则有一些生态保护上的矛盾，如 2005 年中国的松花江污染使中俄两国出现了争端。

我国属于缺水国家。目前对于水资源的供需情况的评价，国际上的标准如下：一个国家或地区如果人均年占有水资源量在 3000 立方米以下则为轻度缺水地区，如果在 2000 立方米以下则为中度缺水地区，如果在 1000 立方米以下则为重度缺水地区，而如果在 500 立方米以下则为极度缺水地区。[②] 按照这种标准来看，中国的整体水资源供需情况已经达到中度缺水地区的边缘，而且考虑到我国水资源分布严重不均衡的情况，整体的形势已经十分严峻（见表 6-3）。

表 6-3 根据人均指标得出的中国不同地区的缺水状况[③]

缺水程度	地 区
极度缺水	北京、天津、河北、山西、上海、江苏、山东、河南、宁夏
重度缺水	辽宁
中度缺水	吉林、浙江、安徽、湖北、陕西、甘肃
轻度缺水	内蒙古、黑龙江、湖南、广东、四川、贵州
不 缺 水	福建、江西、广西、云南、西藏、青海、新疆

① 何大明、汤奇成等：《中国国际河流》，科学出版社，2000，第 101 页。
② 吴季松：《水资源及其管理的研究与应用》，中国水利水电出版社，2000，第 58 页。
③ 闵庆文、成升魁：《全球化背景下的中国水资源安全与对策》，《资源科学》2002 年第 4 期。

国际河流水资源是我国水资源的重要组成部分，但国际河流开发涉及国际层面，出于对国内经济发展、周边安全、国际环境的考虑，我国对河流的开发一直集中于国内河流。目前，国内河流的开发已经接近饱和，而国际河流总体开发程度偏低，许多河流处于未开发状态。如西南地区国际河流，水资源极为丰富，其径流模数达到69万立方米/平方公里，为全国平均数的2.5倍，但区内多为高山峡谷、地形起伏大、水流急，开发利用难度很大，开发利用程度最低，仅为1%左右，其中雅鲁藏布江，藏南、藏西诸河利用率仅为0.3%。[①] 总体来说，我国对现有跨境水资源的利用量还不到5%。[②] 西藏水能资源的利用率几乎不到1%。[③] 而西北地区的国际河流，其开发的程度也要比境外国家低很多。新疆国际河流开发利用量还不到地表径流总量的1/4，远远低于新疆地区其他国内河流[④]，额尔齐斯河基本上是我国待开发的国际河流。[⑤]

因而，我国开发利用国际河流是必然的趋势。但自我国开发国际河流以来，邻国就国际河流问题向我国提出的交涉增多，有的已成为双边外交关系的重点问题。在不同的河流流域，面临的争议也不一样，如西南国际河流主要涉及水量分配、污染、冲刷崩岸、划界变化以及上下游报汛等问题。[⑥] 西北国际河流问题则主要集中在水量分配，而东北地区的国际河流，由于位于我国重要的重工业区内，水质污染较为严重，主要面临环境问题引发的冲突。因此，如何化解矛盾、避免冲突并促进国际河流开发利用是我国当前非常现实的任务。

二 与其他流域国家的合作主要集中于信息共享

相互的依存关系使流域国之间存在冲突与合作两种可能性，而持续的

---

① 刘恒、耿雷华、钟华平等：《关于加快我国国际河流水资源开发利用的思考》，《人民长江》2006年第7期。

② 贾琳：《国际河流开发的区域合作法律机制》，《北方法学》2008年第5期。

③ 蓝建学：《水资源安全合作与中印关系的互动》，《国际问题研究》2009年第6期。

④ 张健荣：《由新疆国际河流水利开发引发的思考》，《社会观察》2007年第11期。

⑤ 何大明、汤奇成等：《中国国际河流》，科学出版社，2000，第91页。

⑥ 欧阳春媚：《浅谈中国——东盟合作云南省国际河流涉外工作管理》，《中国水利学会首届青年科技论坛论文集》（2003）。

国际河流互动，就现实问题进行谈判和磋商，在达成共识的基础上寻求解决问题的契机，是避免冲突、促进合作的重要途径。在新形势下，我国和周边流域国家对于国际河流合作达成一些共识，在国际河流领域也有了一定程度的合作，缔结了一些与国际河流利用有关的协定。

在东北地区中国与其他流域国家关于国际河流方面的合作并达成的协定包括 1992 年与俄罗斯签署的《关于黑龙江和松花江利用中俄船舶组织外贸运输的协议》，1994 年与蒙古签署的《关于保护和利用边界水协定》，2001 年与哈萨克斯坦签署的《关于利用和保护跨界河流的合作协定》，2006 年与俄罗斯、蒙古签订的《联合保护黑龙江生态方案》，2008 年与俄罗斯达成的《跨界水体利用和保护合作协议》等。

在西南地区，包括 2000 年与老挝、缅甸、泰国签订的《澜沧江—湄公河商船通航协定》；2002 年与湄公河委员会达成协议，同意向湄委会秘书处提供澜沧江—湄公河汛期的水文资料，以协助下游国家预防洪灾，并同意与本流域国家共享景洪和漫湾等水坝的汛期水文数据；2005 年与印度签署的《中方向印方提供朗钦藏布江—萨特莱杰河汛期水文资料的谅解备忘录》。[①]

在西北地区，中哈两国自 1992 年 1 月正式建交后开始协商国际河流问题，2002 年中哈签订《睦邻友好合作条约》，2006 年中哈双方签订了《关于开展跨界河流科研合作的协议》、《关于中哈国界管理制度的协定》以及《关于相互交换主要跨界河流边境水文站水文水质资料的协议》等一系列的协定，对中哈两国在国际河流流域共同开展科学研究和技术交流进行了较为系统的制度安排。[②]

但在这些国际性文件当中，专门性细节性的水条约比较少，其主要内容还是关于国际河流利用和保护的概括性与原则性的规定。细节性条款主要集中于流域环境保护、信息共享等方面，合作程度比较浅，协议内容宽泛，操作性不强。例如中国和湄公河流域国家的合作主要集中在航运基础建设和打击贩毒等方面，而关于湄公河水资源利用方面则缺乏有效的管理

---

① 蓝建学：《水资源安全合作与中印关系的互动》，《国际问题研究》2009 年第 11 期。

② 王俊峰：《中哈跨界水资源争端：缘起、进展与中国对策》，《国际论坛》2011 年第 7 期。

机制。究其原因，是因为目前国际河流法中有关国际河流利用的原则，如公平合理利用与不带来重大损害等原则，以承认和维持现有国际河流利用状态为主，使国际河流上下游国家的权利义务不对等，对后开发的上游国家非常不利。在没有客观公正的国际河流理论与原则的情况下签订内容过细的条约，无疑会制约我国对国际河流的开发利用。

近几年，为增信释疑，我国在信息资料公开方面做出了更多努力。如2008年6月5日，中国与印度签署了《中华人民共和国水利部与印度共和国水利部关于中方向印方提供雅鲁藏布江—布拉马普特拉河汛期水文资料的谅解备忘录》，中国在汛期向印度提供雅鲁藏布江上三个水文站的雨量、水位和流量资料。[①] 2008年9月16日，中国与孟加拉国签署了《中方向孟方提供雅鲁藏布江—布拉马普特拉河汛期水文资料的谅解备忘录》，中国在汛期向孟加拉国提供雅鲁藏布江上三个水文站的水文资料。合作的加强要求我国在数据的把握上更加准确、科学，以满足日益频繁的国际合作的需要。

2008年8月，我国水利部与湄公河委员会签署了《中华人民共和国水利部与湄公河委员会关于中国水利部向湄委会秘书处提供澜沧江—湄公河汛期水文资料的协议》。[②] 2011年，中国又向湄公河委员会提供了澜沧江旱季水文数据，以帮助湄公河下游国家更好地抗旱减灾。2010年6月，中国邀请湄公河委员会的官员和专家参观景洪及小湾大坝，实地考察中国对澜沧江水量调节的技术问题以及相关的经济发展项目、环保建设和移民安置工作[③]，以增进流域国的互信，消除疑问，促进合作。

三 一些水政治复合体受外部势力影响较大

国际组织对我国周边一些国际河流流域地区有着特别大的影响，有的甚至已经能够影响国际河流水资源利用规则的制定和决策的形成。如

① 中华人民共和国水利部网站，http://www.mwr.gov.cn/zwxx/btxx/200809181432 2676d880.aspx。

② 潘一宁：《非传统安全与中国—东南亚国家的安全关系——以澜沧江—湄公河次区域水资源开发问题为例》，《东南亚研究》2011年第8期。

③ 潘一宁：《非传统安全与中国—东南亚国家的安全关系——以澜沧江—湄公河次区域水资源开发问题为例》，《东南亚研究》2011年第8期。

下湄公河流域机制，就是在亚行的支持下推动的。各方外部力量介入其中，给湄公河流域安全带来很大的影响。1999 年东盟首脑会议期间，缅甸、泰国、老挝和柬埔寨就开展地区性佛教旅游事宜达成了合作意向，同时也形成了湄公河—恒河合作倡议的构想。随后，越南对此表示出兴趣并参与进来，印度也对邻近国家的这一举措高度关注。2000 年 11 月 1 日湄公河—恒河合作倡议成立，印度积极参与和倡导，美国、日本也积极介入。

美国总统奥巴马上台后，重新调整了外交政策的重心，东南亚再一次成为美国外交的重点。2009 年 9 月，美国加入了《东南亚友好条约》，并与湄公河下游四国共同磋商“美湄合作”框架设想。[①] 日本作为下湄公河流域五国传统的合作伙伴，已经与其形成长久稳定的合作机制，例如定期召开的日本—湄公外长会议。日本通过经济援助对湄公河流域产生影响，它对老挝、柬埔寨和越南的“开发三角地带”提供了大量经济援助与财政支持。澳大利亚不断对湄公河流域国提供资金，给湄公河流域国家的能源和基础设施建设提供支持，对湄公河流域产生了重大影响。目前，印度已经成为外部力量眼中遏制中国的“棋子”和重要力量，被美国和日本外部力量竭力拉拢。

国际非政府组织对我国国际河流水政治复合体也有重要影响。客观上来说，非政府组织在国际河流流域的活动，具有专业性、公益性和灵活性的特点，超越狭隘的地区、部门和国家利益，对于实现国际河流的全流域管理，保护国际河流流域的生态环境有一定的积极作用。另外，它们在推动国际河流水政治复合体安全秩序构建中也能起到正面的影响作用。它们支持流域国家间的合作，通过有组织的行动、与学术界及政府的争论等各种舆论的力量，引导着国际河流合作。但非政府组织在国际河流流域的活动也有着不能忽视的消极影响，这些负面影响主要包括如下几方面。

（1）非政府组织的介入，可能使多种利益介入其中，国际河流流域问题因而变得更加复杂。一些非政府组织，尽管它们就某些问题的结论并不

---

① 邓蓝：《湄公河——恒河合作倡议：十年发展与前景展望》，《东南亚南亚研究》2010 年第 11 期。

一定非常正确，但它们在行动上非常坚定，甚至具有某种宗教式的狂热。[①]它们非常坚定地参与国际河流流域事务，对许多流域事务产生影响。各类利益团体不断团结更多的社会组织，使自己的力量越来越大，最终可以影响舆论甚至国家的行为和决策。这种影响力可能被外国势力利用，成为外国势力发挥软权力的渠道。因为软权力不但可能通过文化输出、电影、电视节目、艺术和学术著作实现，也可以通过国际组织（例如国际货币基金组织、北约或美洲人权委员会等）发挥作用。这些行为体在外国势力的影响下，其活动有可能超出一定范围和理性程度，给国际河流流域地区和平与稳定带来负面影响。2010 年初，湄公河流域发生严重干旱，一些下游国家的媒体和国际非政府组织借机错误引导舆论，宣传是上游国家的水坝建设导致干旱，造成了上下游关系紧张。

（2）非政府组织的介入，可能会改变水政治复合体权力结构，从而影响水政治复合体的走向。在一些区域外大国的眼里，澜沧江—湄公河流域有着十分重要的战略意义。为了向该流域渗透力量，它们通过国际自然联盟、国际河流网络、湄公观察等各类国际环保组织和区域组织，积极介入大湄公河合作开发，努力使自己成为该地区的利益相关者。它们在合作过程中忽视发展中国家的特点和经济发展需求，散布生态、人的安全与国家发展对立的安全理念，片面强调环境保护，阻碍发展中国家的发展，以增强西方国家的整体优势，从而主导该流域的地区事务，影响流域国家的经济发展，引导流域地区合作关系的走向。例如，在中国筑坝的问题上，外部势力不顾事实，毫无原则地支持湄公河下游国家，阻碍中国在国际河流流域水利工程的建设。

（3）非政府组织的介入，可能使一些国际河流水政治复合体实际受制于西方国际河流开发理念。这些理念可能超越了这些国际河流流域的发展水平，因而适应这些理念对流域发展会有不利影响。中国国际河流水政治复合体的组成国家多为发展中国家，其对于国际河流开发的主要方式是水电，而国外对国际河流水电的开发，在 20 世纪七八十年代已经完毕。由于

---

① 查道炯：《中国周边关系中的非政府因素与中国学者研究方法的转变》，《当代亚太》2009 年第 1 期。

水电建设对生态的负面影响在国外水电开发的几十年里已经出现，因此，自20世纪80年代开始，对国际河流生态的保护成为国际热点问题。这种理念给国际河流开发带来极大的阻碍，使我国在国际舆论领域，不但没有优势，反而处于弱势地位。这些组织的介入，使国际河流生态成为焦点问题，在特定的时候甚至将其上升到国家间关系、国际政治层面，而“流域地区人民的贫困问题、有益于当地经济的发展的水电建设问题以及中国边境的经济和社会发展需求的问题被严重忽视了”①。

第二节　中国在水政治复合体权力结构中优势地位不明显

我国几乎是周边大多数国际河流的上游国，与周边国家相比，军事实力也较强，因而是国际河流的优势国家。但地理和经济等实力上的优势，并没有带来国际河流开发利用中的优势，我国与国际河流共享国的谈判也处于事实上的被动地位，不但受制于名义上的水霸权舆论，而且在某些水政治复合体内话语权丧失，在机制建构方面也未能起到应有的作用。当前，在国际河流问题上，中国采取的是一种沉默外交的方式，希望把该问题裹在地区经济贸易共同发展中，实施搭车战略，通过发展经济贸易，进而解决国际河流问题。但鉴于“中国威胁论”的舆论背景以及中国在国际河流上的地理位置优势，这样的构想不但很难实现，还可能造成现实中中国际河流开发利用的困境。

一　中国在复合体内成为“名义上”的水霸权

我国多居于国际河流的上游，地理位置特殊，境内水能资源十分丰富，对国际河流的利用和开发理论上拥有天然的控制权。但中国上游国家的地理位置也使我国在国际河流问题上容易孤立，因为下游国家众多，客观上形成了以一对多的态势，这是所有国际河流源头国家都面临的处境。另外，我国意识形态、民族文化等都与周边国家有很大差异，下游流域国

① 查道炯：《中国周边关系中的非政府因素与中国学者研究方法的转变》，《当代亚太》2009年第1期。

家对我国的心理认同度不是很高。从现实情况看，下游开发早，获利多，我国的开发对下游的影响较大，而且我国西南各国都是东盟成员国，受美国、日本全球战略的影响较大，很容易联合起来一致阻止中国的水利开发。客观上看，我国对国际河流水体的开发利用将或多或少地对下游产生影响，会使下游国家既得利益减少，因而下游国家对我国在国际河流水体利用上的举动一直保持着高度的警惕。

特别是在湄公河流域，在2010年大旱期间，尽管证据表明湄公河上的水电项目不是造成旱灾的原因，我国也是受灾最严重的地区之一，但我国澜沧江流域的水电开发还是饱受国际舆论指责，甚至有国外媒体指责“中国大坝扼杀了湄公河”[①]。尽管作为河流的上游国，我国在开发水力资源时，考虑到上游的地理位置，专门成立了国际河流水电开发生态环境工作委员会（ESCIR），研究工程建设可能对下游的影响，并积极采取措施消除不利影响。但下游国家以及一些外国媒体对中国的努力视而不见，总拿中国跨境河流开发问题做文章，说“中国用水牵制亚洲地区”“中国过度使用跨境河流将给其他国家造成生态灾难”“中国在出口污染”“中国利用生态武器制造洪水”等。[②]

而印度更是将水威胁与国家安全结合起来，认为“中国利用上游的优势地位，将水资源作为对付下游印度的武器”[③]。更有印度学者说，“中国在青藏高原启动了庞大的跨流域调水工程……将雅鲁藏布江的洪水调到河水枯竭的黄河中。由于青藏高原是亚洲几乎所有大型河（恒河除外）的源头，因而，通过调水，水有可能成为北京对付印度的武器”[④]。这些议论根本不顾我国南水北调西线工程的取水范围，忽视调水水源早就确定在长江流域，不包括西南地区的怒江、雅鲁藏布江和澜沧江等国际河流的事实。另外，印度媒体也迎合西方反华势力，攻击中国是国际安全的威胁之一，大喊“中国威胁论”，提出联合日本、东南亚各国及美国，构筑针对中国

---

① 胡学萃：《国际河流开发不必“大惊小怪”——访国家能源局新能源和可再生能源司司长王骏》，《中国能源报》2010年8月23日第20版。

② 胡学萃：《国际河流开发不必“大惊小怪”——访国家能源局新能源和可再生能源司司长王骏》，《中国能源报》2010年8月23日第20版。

③ 蓝建学：《水资源安全合作与中印关系的互动》，《国际问题研究》2009年第6期。

④ Brahma Chellaney, “Counter China’s Designs”, *The Times of India* (Jan. 16, 2008).

的亚洲安全体系。这些说法虽然经不起推敲，但很有吸引力，外部势力通过联合下游国家，对中国开发国际河流形成很大阻力。

不仅是西南地区，西北地区的国际河流开发利用也存在这种情况。从20世纪90年代以来，我国在新疆北部地区正式启动了“635”引水工程。该工程包括890公里渠道，5个水库、3个电站，启动了对新疆额尔齐斯河和伊犁河的开发，这也引发了“中国水威胁论”。有哈萨克斯坦媒体说：“注入巴尔喀什湖地区的伊犁河水已经严重超支，中国方面的过量取水会导致湖泊大面积干枯，给该地区带来严重的生态灾难。”[①] 并且宣称：“中国对跨界河流的利用力度的加大，极有可能给哈萨克斯坦带来一系列的负面后果：打破巴尔喀什湖和扎伊桑湖地区的天然水平衡和自然平衡；使气候恶化；渔业损失；农业收成下降；牧场退化；水中有害物质增加，不再符合农业用水和日常饮用的标准等等。”[②] 实际上，哈萨克斯坦境内对上述河流的开发利用程度已经非常高，远远超出我国对这些河流的利用程度。哈萨克斯坦在1970年就在伊犁河下游修建了恰普恰盖水库，总库容为280亿立方米，径流调节系数达56%，完全控制了由我国出境的水量；哈萨克斯坦于1967年在额尔齐斯河下游修建了布赫塔尔马水库，总库容为496亿立方米，径流调节系数达170%[③]，同样对从我国流入的河流水量实现了完全的控制。可以这么说，哈萨克斯坦是我国流入河流水量的既得利益者，对中国出境水量变化非常敏感。由于中国对河水的合作数量多少直接关系到哈萨克斯坦的水资源利益，因而哈萨克斯坦对我国利用河水的行为必然会感到不适，提出反对意见是在所难免的。

总体上来说，我国在与周边国家就国际河流问题协调和谈判方面处于舆论上的弱势。为扭转弱势，赢得舆论支持，我国目前的应对措施一是强调我国用水对境外影响不大，二是不断在国际河流利用方面进行更严格的自我限制。例如我们一再强调，我国新疆“635”引水工程对下游国家的用水影响并不大。因为我国新疆“635”引水工程引水量即使达到极限状态，也仅为30亿立方米左右，仅占我国额尔齐斯河出境水量的30%左右，

---

① 张健荣：《由新疆国际河流水利开发引发的思考》，《社会观察》2007年第11期

② 张健荣《由新疆国际河流水利开发引发的思考》，《社会观察》2007年第11期。

③ 张健荣：《由新疆国际河流水利开发引发的思考》，《社会观察》2007年第11期。

占额尔齐斯河进入哈萨克斯坦斋桑湖水量的1/10，占额尔齐斯河流入北冰洋水量的3%。我国对伊犁河的调水量也只有30亿~40亿立方米，占伊犁河出境水量的1/4~1/3①，对下游国家的用水同样不会造成大的影响。在解释没有得到对方及国际社会认可的情况下，中国有时会不得不限制自己合理的开发行为。例如中国境内澜沧江干流的梯级开发就一度因受到下游国及国际组织的反对而搁置。因此，中国上游国家的优势地位受到极大的牵制，国际河流开发水平极低，实际上处于流域中的弱势地位。

二　中国在某些水政治复合体内话语权丧失

虽然中国努力让周边国家认识到我国开发国际河流的政策以及行为的无害性，但这种努力并没有换来相应的回报。“水霸权”、“中国水威胁论”的声音依然存在，而中国至今还未能有应对这种论调的适宜且有力的回击手段，有时候甚至只能以消极的避免沟通的方式来回避问题，在国际河流领域中出现失语现象。国际上不利的舆论环境对我国国际河流开发有着很大的制约。

在湄公河流域，流域国家几乎都有修建水坝的行为，例如缅甸、柬埔寨、老挝、越南都在湄公河支流上修建了多个水坝。中国的景洪水坝是中国第一座外商投资并控股的水电站，泰国公司的投资占整个建设费用的70%，景洪水电站所发电量也全部输往泰国。但令人奇怪的是，遭受指责的只有中国。澜沧江上的水坝已经严重影响中国形象，使很多人形成了“中国政府不负责任”的认识。中国的水坝似乎成了湄公河流域一切矛盾的中心，在流域国人们的心中形成了隔阂，影响着人们对中国的看法。②

在中印边境地区，情况也是一样。印度政府计划在雅鲁藏布江建造的上西昂河水电站，是印度25年建设计划的重点工程。该工程规模很大，仅次于中国三峡水电工程和巴西伊泰普水电工程。该工程的水坝建成后，处于上游的中国西藏林芝的部分地段将可能被淹没，水坝对气候的影响还有可能

① 张健荣：《由新疆国际河流水利开发引发的思考》，《社会观察》2007年第11期。
② 于春：《还原一个真实的中国》，《水坝科技日报》2009年2月18日第5版。

造成洪灾威胁和环境变化，对墨脱县及其邻近地区的负面影响非常大，难以进行精确的评估。[1] 但是世界舆论并没有对其进行集中、大量的谴责。

流域国质疑中国“软威胁”“软制衡”的声音大行其道，给中国水外交带来了较大困境，而这实质上反映了中国水政策话语权的合法性危机。目前，在开发国际河流的问题上，我国处于地理和经济、技术上的优势地位，但并没有掌握水政治话语权。下游国家以及一些西方国家的“中国威胁论”话语，虽然是一些陈词滥调，却实际阻碍着我国国际河流的开发利用。因此，中国要在国际河流开发利用上有所作为，就必须反思什么样的话语既能正当合理地维护我国在国际河流上的用水权益，又能取得周边流域国家和国际社会的认同。

话语权的取得是流域国家软权力构建的关键过程。“话语意味着一个社会团体依据某些成规将其意义传播于社会之中，以此确立其社会地位，并为其他团体所认识的过程。”[2] 国际话语权能以非暴力、非强制的方式改变他人的思想和行为，并使某一国家地方性的理念和主张成为世界性的理念和主张。它可以成为某一流域国家争夺和占有国际河流水资源的功利性工具，通过承认某一类话语否认其他话语的正当性与合法性，来为本国谋利。在现实生活中，“人们必须借助话语建构自己的身份，并在特定的话语系统里把自我表达出来，为他人所理解。而人们所言说的话语，所写出的文本中无不蕴含着某种权力关系，因而掌握话语言说权和文本书写权的人把世界描述、解释和规范成什么样子，世界就是什么样子。也就是说，掌握了话语权就掌握了世界”[3]。

但话语权不是仅靠提供理论就自然取得的。“权力，尤其是软权力，依赖于他者的同意。”[4] 在提升软权力的过程中，流域国总面临着如何使其他国家认同自己的理论和观念的问题。足够多的流域国家认同，是软权力提升的前提。“通过传统和教育承受了这些情感和观点的个人，会以为这

① 蓝建学：《水资源安全合作与中印关系的互动》，《国际问题研究》2009 年第 6 期。

② 王治河：《福柯》，湖南教育出版社，1999，第 159 页。

③ M. Foucault, *Discipline and Punish*: *The Birth of the Prison* (New York: Pantheon Books, 1977), p. 27. 转引自董青岭《国家形象与国际交往刍议》，《国际政治研究》2006 年第 3 期。

④ G. F. Treverton and S. G. Jones, *Measuring National Power*, Rand Corporation, 2005, p. 12.

些情感和观点就是他的行为的真实动机和出发点。”[1] 因此话语权取得的重点在于使自己的理念被人所知、被人认同，实现以非暴力、非强制的方式改变他人的思想和行为，并使一国的理念与主张成为世界性的理念与主张。话语权是一种以话语为媒介的软权力的表现方式，因而其影响手段主要是各种宣传措施，其作用方式是通过理论和价值观念的宣传，改变其他流域国家的价值预期，其作用表现为其他流域国家外交政策和行为的改变。

中国在国际河流话语权的丧失，有以下几个原因。

第一，以“韬光养晦、有所作为”为核心的外交政策的影响。该政策要求我国在遇到国际矛盾和国际冲突时尽量少出头并低调面对，在国际组织和国际会议等场合尽量不要成为议题的发起者、议程的设立者和文本的起草者。因此，在许多国际场合，中国是一个较为主动的沉默者、被动的参与者或中立的弃权者。也正是因为这个原因，从表面上看，中国确实参与了国际河流事务，融入了国际社会，但中国参与的质量并不高，话语权掌握在其他流域国家的手里。

第二，中国缺乏既能维护国家利益又能得到普遍承认的国际河流理论，难以在国际河流机制构建上采取主动。自改革开放以来，中国开始在各个领域引入西方理论，力求“与世界接轨”，西方话语大量涌入，并多数被中国采用。各个学科都努力寻求与国际同步，言必称西方，西方话语也因此而成为各学科的主流话语。在国际河流领域也是这样，西方的环境保护等话题，纷纷成为国际河流的主要问题，并且成为我国开发国际河流的主要阻碍，而中国话语在国际河流领域并未形成。结果就是，当我国开发国际河流时，流域国家和西方国家就会抛出中国威胁论；而如果我国一味采用西方的概念、话语和逻辑体系，对西方抛出的中国威胁论进行批驳，就会深深陷入西方的话语和逻辑圈套之中，难以自拔。

第三，我国在议题设立和规则制定等方面的能力有限。这使我国在目前的国际河流问题上只能采取沉默或者回避的态度。即使有所回应，也是一种被动的应对，未能主动出击。在这些因素的影响下，中国在国际河流

---

① 《马克思恩格斯选集》第二卷，人民出版社，2009，第498页。

上的话语权逐渐丧失，优势地位变成了弱势地位。

三 中国在复合体机制建设中未能占据主导地位

在国际河流流域，地缘政治对流域国家的影响是巨大的。流域国家因为共享国际河流而存在强烈的相互依赖关系。在这种相互依赖的关系中，上游国家由于处于有利的地理位置，可以通过利用地理环境来实现以权力、利益、安全为核心的主导地位，并借助这种特定的地理环境展开相互竞争与协调。但地理位置上的优势并不必然导致主导地位的形成。比如在尼罗河流域，埃及在地理位置上处于下游的不利位置，但它在尼罗河水政治复合体的中处于主导地位。

对于中国来说，中国在周边的国际河流中几乎都位于上游，经济实力在各国际河流的流域国中也处于优势地位，但这些综合实力并没有使中国在国际河流流域的机制建设中取得主导地位。相反，当前在水政治复合体的机制建设中，我国处于非常被动的境地，表现为中国在机制内容中影响力不足，机制的规定对中国不利，中国的国际河流开发受外部势力牵制太多。

例如湄公河流域，在长期的国际河流实践中，下游流域国家形成了国际河流开发利用机制。早在20世纪50年代，湄公河地区四国——泰、越、老、柬——就成立了湄公河协调委员会，开始在水资源共同开发和利用方面进行合作。20世纪90年代冷战结束后，在亚洲开发银行的促进之下，湄公河下游流域国家再度启动了经济合作发展计划。此后，下游国家继续采取排斥上游国参与、扩大自己既得利益的做法，1995年四国签订了《湄公河流域可持续发展合作协定》，成立湄公河委员会。此后，中国也开始重视湄公河流域的经济合作发展，到2000年前后，已积极而全面地参与了该区域的经济合作发展规划、投资及建设。中国也更迫切地希望参与到湄公河水资源的开发与治理中。但由于湄公河机制结构已经被下游国家建立起来，我国处于非常被动的地位：中国要么参与机制，接受湄公河委员会已经形成的规则，虽然这个机制显然不利于上游国；要么不参与机制，下游国家势必会搬出水威胁论，陷我国于不合作的不利地位。

由于对水政治复合体机制影响力的不足，我国国际河流开发受到极大牵制，受制于流域内现存机构的主要宗旨以及所谓世界先进理念的主要框架。由于西方国家已经从国际河流开发发展到环保阶段，因而，环境保护问题成为下游国家和西方国家阻止我国开发国际河流的重要工具。为了应对这些问题，我国在开发国际河流方面，只能特别强调国际河流保护问题，以尽量避免纷争，但效果仍然不理想。比如在建设小湾水电站时，我国一边开发一边保护，共将1.25亿元的环保资金用于防治河流水土流失和保护流域生态环境。针对下游国家普遍关注的大坝对鱼类的影响问题，我国非常重视，并且考虑周密。在大坝建设时，在大坝下方为逆水而上产卵的鱼专门建造了回流洞，并在洄游鱼类较集中地区开辟了洄游鱼类自然保护区，例如罗梭江、南阿河和南腊河流域的鱼类自然保护区。[①] 为保护澜沧江和湄公河的良好水质，已实施《澜沧江流域环境治理规划》多年。澜沧江流域已建成20个水文环境监测站、3~4个大型污水处理厂，关闭了污染严重的数十家生产企业，还设立2~3个新的自然保护区。云南省规定沿江的城市必须建设垃圾处理场和污水处理厂，不许将有害物体排入江中。[②]

但无论付出多大的努力，现实的情况是，中国因为澜沧江水坝而遭受的负面评价越来越多。原因主要是：其一，缺乏理论引导和宣传，我国在环境问题的处理上采取的“沉默外交”政策，以及国内学者对于与国际接轨的渴望，使我国在处理有关国际关系上缺乏理论支撑，采取回避保守的态度，导致我国在舆论上的不利局面；其二，中国与流域下游国家人民和媒体之间，缺乏有效的沟通渠道和方法，导致中国声音的缺失；其三，有效理论的缺失，使我国在条约签署方面不但不能主导，甚至缺乏讨价还价的基础，只能让步以求和谐，在问题的应对上深陷对方的话语逻辑之中，不停地辩解反而更授人以柄。

从当前情况看，中国仍然是周边国际河流制度建设参与程度较低的国家，创设规程的意识、规程设置能力、国际规则利用技巧等方面都存在一些问题。从国际河流开发行为规则的创立角度，中国的参与行为较为被

① 李希昆、罗薇《由小湾水电站建设引发的对国际河流的开发与保护的思考》，《中国法学会环境资源法学研究会2003年年会论文集》，2003。

② 周东棣：《开发澜沧江不污湄公河》，《新华每日电讯》2001年2月12日第5版。

动，很少提出建设性、可操作性方案，更多是发表原则性声明，仅发挥了象征性的影响。另外，中国政府和国内外民间团体、非政府组织没有很好地进行沟通与合作。中国的民间外交影响力不足，对外文化传播与交流相对薄弱。而且我国解决水资源纠纷的实践能力也较为缺乏，在中央政府统一领导下，地方水纠纷一般都会通过行政手段解决，缺乏协商谈判解决水权的经验。

中国是周边国际河流安全秩序的重要行为主体，而国际河流安全秩序是流域国家之间权力、利益以及观念分配的结果，所以作为实力较强的流域国家，它的行为应该对国际河流秩序产生影响。中国应该能通过自己的水政策影响国际河流条约的缔结，形成有利于或最起码不损害自身利益的国际河流机制。[①] 但从这些年的实践看，我国在这方面的行动是滞后的，有关国际河流开发利用的理论没有形成，在国际河流流域主导地位消失。中国必须重视软权力的构建，积极形成国际河流理论，调整政策，通过引导认识，求得共识，积极主动地参与到国际河流机制建构中，发挥流域优势国家应有的作用。

第三节　提升软权力，推动国际河流水政治共同体的形成

作为周边国际河流安全秩序的重要行为主体，中国在国际河流上的政策和行为，往往是流域国家甚至流域外力量关注的焦点，也必将对中国周边乃至世界国际河流秩序产生影响。而且中国国际河流流域是我国北部和西南地缘战线的重要组成部分，直接关系到我国北部和西南地区的国防与经济发展安全。因此，我国必须加大力度解决这些安全问题。我们在国际河流水政治共同体建构中，不能无所作为。我们要提升自己的软权力，通过构建公平合理的国际河流利用理论并形成国家语言，争取国际河流水政治复合体中的话语权和国际河流机制建设中的主导地位，进而促进全球国

① 土耳其以及埃塞俄比亚等国近年来都提倡将公平、合理和最优化利用作为国际河流水资源利用的原则，土耳其还在国际公开场合提出对《国际水道非航行使用法公约》进行修改的意见，这是流域地理位置优势国家主动倡导流域公平合作的表现。参见陈霁巍，胡文俊《水联合：加强流域管理与跨界合作》，《中国水利报》2009 年 4 月 2 日。

际河流法体系的公平，使全球国际河流流域真正实现可持续发展。

一　强调权利义务对等，寻求平等的流域国地位

对自身进行准确定位，对一国外交政策制定起着非常重要和关键的作用。准确的角色定位能够帮助国家形成有利于自己的相关国际行为准则，找到自己的活动方向，从而更顺利地实现国家利益。国家在国际上的身份，会直接影响一国的国际形象和话语权。

（一）弱化上游国地理位置优势，将中国定位于普通流域国

“国家对本身地位问题的认识由两个相互关联的环节组成。其一是客观地认识本国在世界上现有权力结构中的位置，其二是该国对自己未来可能的地位目标如何进行主观界定。”[①] 因此，中国在国际河流流域中的地位，不但体现了中国在现有的国际河流流域权力结构中的位置，而且还体现了中国对于未来在国际河流流域地位目标的构想。

一些流域国和某些西方国家，用水霸权、中国水威胁等话语，将中国放在不平等的地位上，别有用心地将我国定义为水霸权，使我国“被定位”。被定位为水霸权的结果是，对我国开发利用国际河流的行为有着极大的阻碍，不利于我国国际河流权益的维护。在国际河流流域中的身份要用自己的话语主动定位，而不是被他国的话语定位。要破除西方中国水威胁论的话语，就必须有自己的水霸权理论，形成自己的水霸权的衡量标准。

因此，中国应将自己的地位定位于普通流域国，尽量争取平等的国家地位，而不应强调自己的上游国身份。上、下游国的区分，很清楚地具有一种界定的意味，使上、下游流域国处于不平等的位置上。在国际社会中，一提到上游国家，人们就会想起其地理位置的优势，将其放置于流域强国的位置；而提到下游国家，人们就会将其放置于流域弱国的位置。正因如此，许多国际河流制度，都是建立在维护下游国家的既得利益、牺牲上游国家利益的基础上的。例如1959年埃及—苏丹分配尼罗河的水资源条

---

① 庞中英：《在变化的世界上追求中国的地位》，《世界经济与政治》2000年第1期。

约，该条约将8个上游流域国排除在外。① 埃及拥有对上游国家开发利用尼罗河的否决权，上游埃塞俄比亚只有在埃及对水的使用得到满足的情况下才能独立行动。1994年约以和平条约虽然对约旦来说不公平，但下游两国瓜分河水，对上游国家更不公平。

（二）强调权利义务对等是国际河流公平合理利用的前提和基础

平等的流域国地位，是国际河流利用理论建构的起点。由此起点出发，可以推断出另外一个重要的观点，那就是要使国际河流利用公平合理，流域国之间在国际河流利用方面的权利义务必须对等。

国际河流领域曾经有两个极端对立的理论：绝对领土主权论以及绝对领土完整论。前者对上游国有利，而后者对下游国有利。由于我国还没有形成更为先进的理论，当前中国要么采用绝对领土主权论来维护权利，要么限制自己的开发需求以应对危机。这两种方法都不能很好地维护我国的权益，有时甚至会适得其反。比如对绝对领土主权理论的引用，就很有可能造成不好的后果。土耳其前总理德米雷尔关于两河水资源是土耳其独有的表述，不但未能支撑其国家水政策，反而使土耳其成为外界怒斥其“水霸权”的最有力论证。我国地理位置、综合实力以及周边安全与土耳其有众多可类比之处，言语不慎的负面影响非常大。

当前国际河流开发利用原则大多不利于上游国。在当今世界上，国际河流领域研究总体处于较低的水平，其主流话语都是西方的。近年来，虽然软权力的建设成为我国相关学者研究的热点，呼吁重视软权力建设的论述也非常多，但在国际河流流域未能产生一些客观科学的既能够维护自己利益又能为周边国家和世界所普遍接受的理论。国际河流学术界被动地接收了大量西方的概念、原则和规则，在这些西方观念的影响下，符合本国实际情况的原创观念和话语被消灭在萌芽状态，更别说用原创的理论去影响别国的观念了。

① M. Zeitoun, *Power and Water*: *The Hidden Politics of the Palestinian – Israeli Conflict*（London: I. B. Tauris, 2008）.

为了应对国际上的不利局面，各上游国都各显神通，提出了自己的理论。如土耳其就提出了“三阶段”计划，以寻求在处理国际河流问题上的主导地位。土耳其在两河水政治复合体中，处于孤立的位置，它面对的是整个阿拉伯世界。但由于土耳其提出了一个较为可行的方法，给自己一个说话的平台，缓和了同周边国家的矛盾，使下游国家也不能一味地强调历史权利。通过一段时间的交涉和谈判，目前情况看起来对土耳其还是有利的。

但“三阶段”计划只是一个国际河流分水的技术解决方案，并没有从根本上改变上游国家的不利地位。为了改变上游国家弱势的国际河流流域地位，必须构建一个以流域国家平等地位为前提的、权利义务对等原则为核心的法律理论。不但如此，为了让理论更为客观、科学，必须用世界通行的语言，辅以科学的数据来阐述观点。当前，在国际河流利用领域，普遍接受的国际法原则是公平合理利用原则。但该原则中有关国际河流开发利用的公平合理的标准不统一，操作性不强。因此，如果我国找到一种简明客观科学唯一的标准，对国际河流公平合理利用状况进行评估，使公平合理利用原则具有操作性，同时归纳出典型案例，促进国际河流公平合理利用，这个理论必定能够被流域国家接受，这个理论就是流域国权利义务对等理论。

第一，权利义务对等能够促进流域国家合作的兴趣，使流域各国积极投入到构建国际河流水政治安全共同体中来。流域国家共同参与是构建共同体的第一步，而共同参与的前提，是流域国家合作兴趣的提升。流域国家是否有兴趣有动力参与国际河流合作，是合作成功的保证。例如在两河流域，由于在两河水资源利用上权利义务不对等，土耳其的合作意愿一直不高，尽管叙利亚一直要求[①]土耳其参与水问题的三边会谈，但土耳其一直采取战略拖延态度，一直持续单边开发 GAP 工程。虽然土耳其在 2001 年 8 月与叙利亚签署了谅解协议，承诺在农业用水研究和训练上的进一步合作[②]，但该合作至今没有实质性的进展。被下游国寄予厚望的幼发拉底

---

① “Damascus Hopes of Turkish Participation at Negotiations about the Tigris”, in *Arabic News Online* (26 March 2001).

② “Syrian Turkish Water Coordination”, in *Arabic News Online* (23 August 2002).

河—底格里斯河合作倡议（ETIC）虽然在2005年就建立了[①]，但至今没有召开水问题的三国会议，三国之间的分水方法仍然存在分歧。从所有这些事实来看，三国合作仅限于程序上的合作，对于实质上的水体分享矛盾的解决，还必须建立在水权明晰、流域国家权利义务对等的基础之上。

第二，权利义务是否对等使国际河流利用有了统一的、具体的评判标准，因而可以在同一平台上引导流域各国对于国际河流利用是否公平合理形成认知。从当前国际河流实践来看，贫水国家寻找新的途径来满足其对淡水日益增长的需要，而富水国家试图避免流域分配不公所带来的不利影响。[②] 但无论是贫水国家还是富水国家，只要感觉国际河流利用是公平合理的，利用河流产生的收益是公平合理分配的，就可以促进各国合作的意愿。从本质上说，合作真正动机的形成是每一个流域国家都能得到自己应得的那部分水权以及因水权而带来的收益。

将国际河流水资源作为公共资源会与主权国家的自然资源主权相冲突，这必然导致一部分国家权利受损，一部分国家获益。既得利益国家不愿意放弃利益，受损国家要争取自己的权益，必定会发生冲突。在这种情况下，对于所有流域国家来说，交易成本都过于高昂。对于水权大获利少的国家来说，还存在其他交易成本，如获取信息、讨价还价、监督和执行条约等方面所需要的费用。这些费用的存在，使其更愿意采取单边开发行为，这样获利更为直接。而单边开发又会使既得利益国家受损，因而，会产生新一轮的互动。这就会使国际河流条约以及制度设定，逐步趋于国家间权利义务对等。实际上，流域国之间相互依赖在某种程度上还体现为公平规则和准则的产生过程。

---

① 幼河和底河合作倡议（ETIC）在2005年建立，在流域国专家和美国的倡议下，它致力于在流域国之间提供对话机会；形成吸引该地区决策者和制定者的项目概念；通过不同利益相关群体的参与建立次网络，这些群体包括农场主、地区组织、NGOs、商人和专业协会；给公共官员和专家提供一个处理共同问题的场所；实施对所有沿岸国有利的试验计划；提升公众对幼河和底河地区问题的认知；对确保可持续合作和发展的教育和能力建设提供便利。

② T. Bernauer, "Explaining Success and Failure in International River Management", *Aquatic Sciences*, Vol. 64 (2002. 1), pp. 1 – 19.

第三，权利义务对等原则可以适用于所有的国际河流，也可以统一我国对外政策以及立法理念。我国的国际河流主要分布于东北、西北和西南三处地区，各个地区所面临的情况、要解决的重点都不相同。例如东北主要是界河，面临的是生态问题；西南则主要是以我国为源头国的上下游型河流；西北的国际河流处于干旱地区。我国国际河流类型众多，与流域国之间关系复杂，当前我们采取的策略是用不同的处理原则来应对不同区域的问题，而这种不统一的立法理念，不但直接影响我国国际河流的对外政策，也有一定程度上影响了我国的国际形象，为中国水威胁论留下了口实。

第四，权利义务对等可以帮助确定流域国家利益的边界。虽然各国对于国家利益的界定并不一致，但“国家活动最基本的根据是国家利益”①，因而国家利益是各自行为的出发点。国际河流流域国因同处一条河流的水文系统内而产生了相互依赖关系，但相互依赖不一定导致流域国家之间的合作。虽然相互依赖关系以及共同利益的存在，使流域国家之间必须互动，但互动可能产生两种结果：冲突或者合作。流域国家在国际河流利用上，无论是发生冲突还是合作，都是为了国家利益。因此，国家利益是国际河流流域国进行合作的动力，也是冲突的原因。国家通过理性衡量，选择其中的一种，作为获取利益的方式。

缔结权利义务对等的条约使流域国可以坦然地应对国际国内的压力，进而促进国际合作。当一个流域就条约问题进行谈判的时候，它同时面临内部竞争和邻国压力。条约结果会给一国经济带来巨大的影响。例如，接受严格的污染条款（即放弃污染的权利）作为国际条约的一部分，其后果将在一定程度上制约国内某工业或者农业发展。因而，如果一国在缔结国际河流条约时在国际河流利用上做出较大让步，可能会导致国内相关利益群体的反对。如果国际河流条约中规定的权利义务严重不对等，就有可能会影响一国政治稳定，进而损害地区安全。例如 1991 年 12 月，尼泊尔吉

① 西奥多·A. 哥伦比斯、杰姆斯·沃尔夫：《权力与正义》，白希译，华夏出版社，1990，第 104 ~105 页。

·普·柯伊拉腊政府承认由印度单方面修建的塔纳科普工程为“既成事实”，并与拉奥政府达成了塔纳科普工程的谅解协议。[①] 尼泊尔人民对协议中的收益提出质疑，对印度的敌意增加，并进行了示威游行。

第五，权利义务对等可以使流域各方行为有序、互信增加。国际规范是按照权利和义务定义行为标准。国家缔结条约，设计国际制度的目的是稳定国际关系，从而促进国际合作。为了达成这样的目标，制定国际条约的国家，要有平等的政治地位。在国际社会里，权利义务对等是国家地位平等的表现。国际法首要的基本原则就是国家在处理国际事务时遵循平等原则。在多数国际事务的决策程序中，国家发言权、表决权不受国家的实力强弱影响。许多内容不平等的条约，本质上都是缔约方地位不平等的集中反映。如尼罗河 1929 年条约和 1959 年条约，阿拉伯国家和以色列之间地位的不平等正是导致现有合作鲜有成效的原因。在实践中，权利义务对等的条约维持时间长久，流域国之间的关系处理得也比较好。

（三）以权利义务对等评估国家行为，应对水霸权威胁论

权利义务对等体现了流域国在用水上的平等地位，其目的是通过对流域国权利义务的具体设定，使公平合理利用原则更具有操作性，促进国际河流公平合理利用目的的实现。本书对权利义务对等理论的初步构想是，将权利义务对等原则作为评估公平合理利用的基础途径，并且将权利义务的界定放置于水权明确的基础之上。其具体内容是，在明确生态需水的基础上，根据各国对水资源的贡献率确定水权，并且依据受益补偿原则来进行流域内外水使用权的流转。标准客观科学，操作简便，必定能提升流域各国参与国际河流合作的动力，可以作为缔结国际河流条约的指导原则。以此为理论基础，积极与周边国家进行谈判，可以改变我国被动的、消极的局面，也可以缓和与周边国家的矛盾，减少中国水威胁论的论调，为我国争取更多的权益。具体操作步骤如下。

---

① 协议允许印度使用长 577 米、在尼泊尔领土修建的塔纳科普水坝的左侧水流导入坝。尼泊尔还可以免费获得 1 千万个单位（千瓦小时）的电力。D. Gyawali and A. Dixit：“The Mahakali Impasse and Indo - Nepal Water Conflict”，in Samir Kumar Das（ed.）*Peace Processes and Peace Accords*（New Delhi：Sage Publications India Pvt Ltd，2005），p. 260。

（1）强调国际河流水资源利用中扣除生态需水的必要性。这样，在以后利用国际河流河水的过程中，我国应对其他国家以生态为借口来制约我国利用时，就占据了先机。

（2）强调以贡献率为标准确定水权。贡献率多的国家水权多，这是符合水资源主权原则和权利义务对等法律原则的。虽然这很难被一些既得利益多而水量贡献率少的国家接受，但强调贡献率，至少使我们的损失摆在了明处，而那些获利多的国家，也失去了合法性基础，强调其既得使用权也显得不那么理直气壮。这比中国现在所强调的绝对领土主权原则显得温和得多，也更为合理，能使下游国家的中国水威胁论失去基础，在实际谈判中可以为中国争取应得的权利。

在权利义务对等原则之下，贡献率是水权确定的唯一标准，澜沧江在平时对湄公河的贡献率为18%，但在4月旱季，这个比例会增加到近45%[①]，几乎占湄公河来水的一半。因此，我国应该强调自己的水的贡献多，可以多得到水权，因而可以多使用。这样才符合水资源的主权原则，符合国际河流的公平合理利用原则，国际上也是有先例可以遵循的（如美国、加拿大在哥伦比亚河流域，以及美国、墨西哥在科罗拉多河流域的合作）。

以贡献率的多少划分水权是确定上下游国际河流水权的方法。在界河，则一般不存在分水问题，对国际河流的利用，也采取平等原则，承担相同的责任，拥有相同的义务。

（3）强调受益补偿，能使我们的努力得到回报，即使得不到回报，也能让其他沿岸国家认识到我们的损失。

鉴于我国在国际河流上游国家的位置，为了避免舆论上的不利，我国对下游国家非常宽容，不但很多水文信息服务都是免费的，甚至对下游流域国侵犯我国权益的时候也未能做出有力的回应。例如印度25年建设计划的重点工程（雅鲁藏布江上建造的上西昂河水电站的水坝）建成后，可能会淹没处于上游的中国西藏林芝的部分地段，对墨脱县及其邻近气候的影

① C. Sretthachau and P. Deetes：《国际河流上的水电开发对下游的影响澜沧江—湄公河个案研究》，《联合国水电与可持续发展研讨会文集》（2004）。

响可能造成洪灾威胁和环境变化。根据国际河流实践，印度对中国是应该进行补偿的，例如哥伦比亚河利用中美国对加拿大的补偿就是如此。但印度不但不补偿，如果中国提出反对意见，还会抛出水霸权威胁论进行回应，使我国非常被动。对于中国提供的免费服务，下游国家都是心安理得地接受，而且视为自己变得的权利。但如果我们强调权利义务对等，说明哪些是该做的，比如信息的公布，哪些是必须通过受益补偿平衡权利义务的，比如有控制的泄洪，那么我国就可以逐步争取平等的流域国地位。

另外，我国在国际河流生态问题上做出了巨大努力，也付出了很大的代价。但下游国家不但不承认，还在以生态为借口，强调我国利用国际河流的不合理不合法。因此，我国要在确定国际河流水权的基础上，呼吁沿岸国家制定国际河流的污染物排放标准和水质标准，同时强调受益补偿原则，明确各方的收益以及应承担的义务，使自己在生态问题上处于主导地位。

（4）强调国际河流条约签订时所有国家参加的必要性。当前，我国为了避免被动，在国际河流中，一般采取一对一的策略，进行双边谈判。这种策略很容易导致水霸权印象。例如，在恒河流域，印度为了多分得利益，采取的也是一对一的政策。它不但排斥流域外国家的参与，而且排斥流域内尼泊尔和孟加拉国的共同协商，更排斥上游国中国的参与，这种行为遭到很多的非议。以权利义务对等理论为基础，中国可以积极倡议全流域多边谈判，通过科学的计算确定水权，进而明确各国权利义务，最终可以缔结公平的全流域水条约。

（5）强调在面临水资源短缺的情况下，通过改进技术和经济手段来提高水生产率的必要性。中国国际河流都位于缺水地区，提高农业灌溉技术能够大量地减少和节约用水，可以缓解缺水问题。印度通过改变传统的地表灌溉方式，采用较为省水的滴灌技术，提高了该地区的甘蔗、香蕉、甜马铃薯、棉花等作物的用水效率，但使用滴灌技术的土地并不多，世界上采用滴灌技术的灌溉用地仅为所有灌溉用地的 1% 。[1] 中国可以倡议和周边流域国共同发展农业科技，通过提高技术和管理水平来缓解地区水危机，

---

① P. H. Gleick, "Soft Water Paths", *Nature*, Vol. 418 (July 25, 2002), p. 373.

通过技术合作促进流域机制建设。

二　引导国际舆论，赢得话语权

国际河流理必须被其他流域国家接受，才能成为观念力量，从而引导国际河流开发利用的方向和水政治共同体框架的形成，而拥有这种有影响力的观念的国家，也就赢得了话语权。

（一）在国际河流理论引导下形成自己的话语逻辑

观念在国际河流开发中起着非常重要的影响作用。在国际河流实践中，许多国家都以观念的输出作为国际河流合作的前提，引导国际河流合作开发符合自己的利益。例如印度和尼泊尔的国际河流问题处理中，印度在1988年完成塔纳科普拦水大坝以及发电站的工程建设后，最后的导入坝建设要占用尼泊尔境内长577米的土地，必须经尼泊尔同意才能进行。在和尼泊尔谈判前，印度先从价值观念入手，引导尼泊尔对国际河流的认知。1990年3月31日印度政府向尼泊尔王室政府递交的协议草案中，将科西等尼泊尔国内的主要河流界定为尼、印两国的“共享河流”（commonly shared rivers）。该共享河流的提法，得到后来巴塔拉伊领导的过渡政府的认可，以此为基础缔结的条约，也符合印度的利益。

话语权的基础，在于形成自己的国际河流利用理论，有着自己的话语逻辑。如果没有自己的理论和逻辑，仅仅用当前既有的概念、话语和逻辑为自己主张权利，就难以占据辩论中的主导地位，难以掌握话语主动，会深深陷入对方的话语逻辑之中，使自己处于不利地位。而且“当今国际传播的总体格局基本是被西方的国际性传媒集团垄断，非西方或非英语国家的传媒则处在一种边缘化状态”[①]，这使中国天然地处于话语上的弱势。为了摆脱语言宣传上的弱势地位，我国只能采取更为客观的方式，来建立和传播自己的理论。搭建以权利义务对等为核心的国际河流公平合理利用评估数据库是目前比较好的方法，这样可以使所有流域国家都处于同一客观

① 安东尼·史密斯：《民族主义：理论、意识形态、历史》，叶江译，上海世纪出版集团，2006，第11页。

的平台之上。通过数据信息的传播，我们可以传播权利义务对等理念，使之被国际社会潜移默化地接受。

（二）借助国际河流水权评估数据库传播国际河流理论

在国际河流理论研究中，几乎所有理论的传播，都借助了一些数据库。例如沃尔夫教授和他的团队对于国际河流的研究，就是因为其数据库才广为人知的。国际河流理论的研究，不同于其他的人文学科，它是一个综合的学科，其研究的可信度，必须借助数据的验证。另外，公开一些必要的数据说明我国在利用国际河流上的弱势，也可以赢得国际舆论的支持和理解。

笔者对国际河流公平合理利用评估的基本构想是，构建一个国际河流公平合理利用评估数据库。该数据库以水权构建为中心任务，通过具体科学的计算，对现有流域国家的国际河流协议以及国际河流水利工程进行评估和审查，以确定其是否符合公平合理利用原则，宣传自己的观点和理念。具体步骤如下。

（1）明确水权是流域各国对国际河流进行公平利用的法律依据，因而条约水权是否明确是国际河流公平合理利用评估的第一步。从国际河流实践来看，解决长久冲突以及约束国家单边行为，其基础是水权的划分。只有各国按照自己的水权来要求权利，才能更好地设定各自的权利义务，使权利得以维护，义务得以履行。如果因为一国处于优势，就要求其放弃其优势，损害其国际河流利用中的利益，是极不公平的。这样的条约在执行时就会遇到阻碍。

比如恒河流域国际河流条约就面临这样的情况。在恒河流域，印度处于绝对的优势地位，其军事、经济实力都比孟加拉国要强大，而且处于孟加拉国的上游。对于水的自然贡献来说，印度贡献大，孟加拉国基本上没有贡献。如果从水权确定的原则上看，印度比孟加拉国的水权要多得多。但印度和孟加拉国之间缔结的许多条约，都不是以确定水权为基础的。例如 1975 年印孟临时协定、1977 年 11 月 5 日《恒河河水分配和增加恒河水流量的协定》、1982 年 11 月双方签署的分配恒河河水的《谅解备忘录》、1996 年 12 月 12 日的《分水条约》等，都是如此。这些条约都未能得到很好地执行，其中，1975 年临时协议只维持了短短一个月便失去了效力。[①]印度虽然勉强执行了 1977 年 11 月 5 日的《关于在法拉卡水坝分配恒河河水和增加其流量的协定》，但在协议期满后 1982 年签订的《谅解备忘录》中就对内容做了修改，而且修改后的条约也未能得到有效履行，印度继续单方面分流恒河河水，恒河水争依然存在。1996 年的《分水条约》中，印度分得的水份额比在以往的任何协议中得到的都要多，接近五五分成，但由于并未遵循客观的水权分配，还是未能有效地解决印孟恒河水资源争端。进入 21 世纪后，工农业的发展以及人口的快速增长，使印度水资源供需矛盾日益增大。为了解决水资源短缺问题，从 2003 年开始，印度计划实施“河流联网”工程，印孟之间由于水资源分享问题再起纷争。[②]

（2）预留生态需水是维持河流合理利用的前提，因而作为评估河流公平合理利用的第二步。例如对印度河流联网工程的评估，要考察该工程是否留出了河流生态需水。该工程对河流生态影响特别大。专家们估计，只要印度截留两条河流中 10% ~20% 的河水，孟加拉国 1 亿人的生计就会受到很大影响，大批地区会缺水，沙漠化和盐碱化问题随之而来，河流生态也会失衡，流域环境面临严重的威胁，严重制约流域地区特别是孟加拉国的国民经济的发展。[③] 如果印度将恒河全部改道，孟加拉国将不能接收到恒河河水，干旱季节的孟加拉国将会成为完全的干涸之地，孟加拉国的灌溉用水和生活用水会严重缺乏。另外，恒河三角地区的植物也难以生存，生态将遭到严重破坏，恒河流域的环境灾难将不可避免。[④] 如果出现环境灾难，说明印度在河水的预留上出现了问题。目前，从印孟两国关于“河流

---

① I. Hossain, “Bangladesh – India Relations: The Ganges Water – Sharing Treaty and Beyond”, *Asian Affairs*, Vol. 25 (1998, 3).

② 印度国家水利开发署提出了一项预计耗时 10 年之久、耗资 2000 亿美元之巨的庞大引水工程——“河流联网”工程。按照该设想，印度要在 10 年内挖掘近 1000 公里长的运河，通过运河将包括恒河和布拉马普特拉河在内的 37 条主要河流联成网络，将发源于喜马拉雅山麓的各大河河水截流，输往印度东北部和南部缺水地区。M. M. Sarker, “Bangladesh Foreign Policy VIS – à – VIS India: Nature and Trend”, *Reginal Studies*, Vol. 26 (2007. 1), pp. 76 –99。

③ Q. K. Ahmad and A. U. Ahmed, “Regional Cooperation on Water and Environment in the Ganges Basin: Bangladesh Perspectives”, in M. M. Q. Mirza, *The Ganges Water Diversion: Environmental Effects and Implications* (London: Kluwer Academic, 2004), pp. 305 – 323.

④ M. M. Sarker, “Bangladesh Foreign Policy VIS – à – VIS India: Nature and Trend”, *Reginal Studies*, Vol. 26 (2007. 1), pp. 76 – 99.

联网”工程的数次谈判来看，印孟两国虽然在一些无关紧要的问题上表现合作的态度，如实施“河流联网”工程前的提前告知义务等，但在生态水量预留的问题上没有实质进展。因此印度要真正实施该工程，必须打消外界对其破坏流域生态的疑虑，将河流生态需水作为首要考虑事项。

（3）流域国家利用国际河流的权利义务是否对等是国际河流公平合理利用的核心内容，因而作为评估国际河流公平合理利用的第三步。

对等的权利和义务不但来自基本的法律原理，也来自国际河流沿岸国家之间平等的合作关系。要使沿岸国家的合作更加稳定与长久，在明确其各自出资（水权）的基础上，界定各自对河水利用的权利义务是核心。“国际河流冲突的实质是国家水权与相应的国际义务之间的冲突，因而平衡流域内各国主权权利和利益成为解决国际河流冲突的关键。”①

流域国家共同利用国际河流时应做到国与国之间权利和义务平衡与对等，以下的流域国权利义务条款可以作为合作内容以及国际条约是否公平合理的依据。

国际河流沿岸国家利用水体的权利可以包括如下六个方面。①自由处置各自水权的权利，包括利用、转让以及因此而获得的收益。处置的依据是国家的国内法及政策。②同流域的沿岸国家在同类利用中享有优先得到河水使用权转让的权利。③按各自投资比例分享共同投资的大坝等基础设施的灌溉、防洪、发电等的收益。④对于那些没有进行受益补偿，由上游国家单独兴建的具备防洪能力的大坝，上游国家只需要提出防洪预警。但如果是由上下游国家共同出资兴建，或者下游国家已经做出受益补偿的大坝，则上游国家必须承担防洪责任。在洪水超过所建大坝防洪能力的情况下，上游国家可以免责。⑤下游国家在提供准确数据基础上有权提出满足其发展的水量要求。上游国家有权对增加的水量进行全面权衡，并得到一定的补偿。⑥如果下游建坝使上游受损（土地淹没、气候和环境生态变化等），上游国家有得到补偿的权利。

国际河流沿岸国家利用水体的义务可以包括如下七个方面。①按照贡献量比例承担维持全流域最小生态需水的义务；对于按照比例承担全流域

① 金菁、贾琳：《国际河流冲突的国际法思考》，《南京政治学院学报》2009年第2期。

最小生态需水的义务，上下游国家因为贡献量不同而承担的水量也不相同。如果下游国家对国际河流贡献量不足以维持自身的最小生态径流，位于其上游的贡献量大的国家可按比例多承担，如果遇到干旱则按比例缩减，除非上游国自己不足以维持最小生态径流，否则必须维持下游国的最小生态径流。如果该流域有沿岸国对河流的贡献率为0，则其最小生态径流必须由上游国家提供的水予以满足。②在测算最小生态需水量时，各流域国家有相互合作的义务，必须公开测算最小生态需水所需数据。对于计算生态需水不需要的资料，流域国可不提供。③尽一切可能预防、控制、治理河流污染。④对于下游国家提出增加水量的合理要求，上游国家应在充分交换数据和符合河水利用排序的基础上，优先予以满足。⑤下游流域国对国际河流的利用如果会对上游流域国造成损害，有与上游国家进行充分协商达成协议并且进行受益补偿的义务。⑥自然贡献量大、水源丰富的流域国家要优先供给非流域国家，满足其人道主义要求，包括饮水、卫生等的需要。水使用权的转让可以通过水交易实现。⑦消除或减轻损害的义务。当损害已经发生，国家有义务积极采取措施，避免损害进一步扩大，在可能的情况下尽力将损害后果消除或减轻。

三　积极参与国际河流立法，在水政治共同体建构中发挥主导作用

是否在规则的制定中占据主导地位，其理念是否成为规则的一部分，是衡量一国国际河流软权力是否构建起来的最终标志，也是流域国国际河流话语权的最终体现。“一个国家如果不能将自己的理念渗透到国际制度中，只是简单地参与国际制度，那么它永远只是追随者，甚至被制度主导者的理念同化，不太可能享有软实力。”[①] 当国际河流规则承载了一国价值观，以符合占优势地位国家意愿的方式来制约别国选择的时候，它就是“一种潜在的实力来源”[②]。从工具性角度看，国际河流规则可以帮助流域国获取更大的利益。“国际制度一旦形成，参与国家就会依赖这些制度处理各项事务。如果在制度建构中，国家不能将自己的观念在制度中贯彻和

① 苏长和：《国际制度与中国软实力》，门洪华主编《中国：软实力方略》，浙江人民出版社，2007，第116页。

② 约瑟夫·奈：《美国定能领导世界吗》，何小东等译，军事译文出版社，1992，第93页。

凝聚，将会形成对主导制度形成的国家的持久依赖，软实力发挥因此会受到很大的限制。”①

但规则并不是依据理论就可以自动形成的，国际河流条约的缔结，并不仅仅只是法律问题，还涉及水文、统计、政治等各个学科，成功的缔结条约需要各个方面的详细准备。

（一）做好条约缔结的数据信息准备

缔结条约的关键和核心是水权的分配问题。从目前实践来看，水权分配有多种形式，如按照水量的比例分水、按照水系分水以及综合分水。按比例分水的实践有美国与墨西哥对科罗拉多河的利用；按水系分水的实践主要有印度与巴基斯坦对印度河河水的利用；而美国与墨西哥对格兰德河的利用、西班牙和葡萄牙对共享水域的利用，则是综合分水方法的实践。但无论对于哪种方式的水分配，与水有关的各类数据和信息，都是谈判的基础。

权利义务对等原则下国际河流水权的确定有三个关键因素：国际河流水资源总量、生态需水以及各沿岸国家对国际河流水资源的贡献率。另外，围绕这些关键数据，还有一些与分水有关的基础性的数据，如年降水量、年径流量与枯湿季径流变幅、生态和经济发展用水量、维护水和生态环境的费用等。只有所有的数据都客观科学，才能使流域国在进行谈判时处于主导性的地位。而所有这些数据的确定，都离不开细致的基础工作。因而，流域国要加快各类水文站、人才的建设，运用各种高新技术的监测手段，如遥感（RS）、地理信息系统（GIS）、专家系统（ES）等，以使采集的数据准确可信。另外，这些数据可以作为流域国决策的基础，使流域国在国际河流水资源谈判中处于主导地位。

缔约国之间相互交换数据与资料是确定条约内容的基础。最小生态径流的计算、按贡献率确定水权份额，都必须有各流域国认可的精确水文数据，包括流量、流速和流态等，而这些数据都必须经过长期观测，要体现

---

① 王京滨：《中日软实力实证分析——对大阪产业大学大学生问卷调查结果的考证》，《世界经济与政治》2007 年第 7 期。

国际河流流量在不同的水文条件下的变化，特别是在正常水文年和连续干旱年的变化。如印度和孟加拉在恒河法拉卡分水谈判中，刚开始相互都不承认对方水文监测数据的准确性，但最终在1977年就恒河流量数据达成一致，并在此基础上达成分水协定。因而，建立准确长期的水文观测资料，以计算出支撑生态的需水量是各国的重要任务。而当前最关键、最困难的是定量评估流域生态系统的水需求，特别是估算临界点（维持生态系统的最小径流需求）的水量的计算，该数据也是依据权利义务对等原则确定各国用水权的核心。

在实践中，由于国际河流的每一个河段主权的存在，使各流域国家不能获取其他河流段的河流信息，同时每个流域国家获取河流数据和信息的能力不一，以及一些国家从保护自己利益和国家安全出发，对一些关键的数据保密等，导致经常会出现可靠信息不足的情况。另外，各流域国家科学方法差异和技术上的不确定，也会影响信息的获取。流域国家经常为蒸发率、流量（季节或者年）、含水层的数量和它们之间的联系而争吵，这使得水量的评估非常困难。流域国可以通过相互达成协议，事先提供交换信息的清单使谈判更为透明，从而减少在获得信息方面的不平等。①

各流域国家提供的数据信息越可靠，促进国际合作的可能性也就越大。流域共享数据信息会产生一定的制度，可以使流域各方相互之间对对方的行为能够做出预测，减少行为的不确定性，提升流域各国对于合作的认识能力。“国际制度的程序和规则本身就是一种信息结构，这些程序和规则形成了判断一国政府行动是否合法的标准，流域国家可以借此预测什么行动原则是可以接受的，什么行动是被禁止的，从而减少冲突。”② 流域国家获得的可靠信息，不仅是有关国际河流的科学客观的水文水资源信息，还包括国家是否会遵守条约的信息。通过条约建立国际河流制度，流域国可以明确各流域国家的责任，对其他国家的行为进行预测，从而减少和预防冲突。

---

① C. Sadoff and D. Grey, “Beyond The River: The Benefits of Cooperation on International Rivers”, *Water Policy*, Vol. 4 (2002. 5), pp. 389 – 403.

② R. O. Keohane, “International Institutions: Can Interdependence Work?” *Foreign Policy*, 1998 (3), pp. 82 – 96.

在充分考量各类数据的基础上，流域各国还必须依据受益补偿原则使水使用权在流域内外流转。而流转时需要多少补偿，也是流域各国在谈判时必须依据客观数据进行计算的。受益有可能是无形的或者是短期内感受不到的，因而难以计算。但是，各流域国家在签订条约时都要对受益进行详细计算，这些都是以做好对国际河流资源的各类水文数据的调查为基础的。

（二）设定好国际河流谈判目标

因为国际河流的水权谈判，牵涉国家的主权问题，各国立场难以调和，因而国际河流谈判往往较为艰难，历时一般较长。如哥伦比亚条约只牵涉美、加两个国家，但该条约的缔结也花费了十多年的时间。也正因如此，目前还有三分之二的国际河流没有建立法律制度。

国际河流水权谈判的紧迫和尖锐复杂，使谈判过程充满了艰险，因而谈判目标的选择就非常必要。条约可以是单一目标，也可以是多种目标。但一般来说，目标较少的情况下，更容易达成协议，目标越多，谈判的过程则越艰难。例如在印孟关于分享恒河水资源而引起的争端中，印度的主要目的并不是获取水资源，而是确立其在南亚的主导地位。因此印度和孟加拉国恒河水争端，实质上是印度在其主导的南亚政策的支持下，凭借恒河，控制孟加拉国。也正因如此，印度在对待关键问题——扩大恒河旱季水源的方案上，才可以做出相应的让步。

在实践中，为了协议的达成，目标有时会显得非常的宽泛和含混。例如南共体水道协议修正案在第二条明确地提出了目标条款，将其目标界定为成员国间开展密切合作，促进南部非洲共同体内共享水道的合理利用和保护，以及对这些共享水道进行持续、协调的管理，同时促进南共体区域一体化，缓解该地区的贫困。从这个规定可以看出，这些目标非常宽泛，不够具体和明确，实际上是很难实现的。但设定宽泛目标的好处是，流域国之间容易达成共识，促进条约成功缔结。

（三）精心设计条约条款

条约的条款是规则的具体体现。国际河流条约条款一般包括水权确定条款、流域国家权利义务条款、利益流转条款、机制设定条款、争端解决机制条款以及弹性条款。

第一，确定界定水权的核心条款。在权利义务对等原则之下缔结水条约，其基础就在于各流域国家水权的确定。只有确定水权，才能界定各流域国家的权利和义务。国际河流水权分配非常复杂和敏感，涉及所有流域国家的切身利益，很容易受到其他因素的影响。由于各国际河流流域环境各不相同，流域国的经济发展水平和政治社会文化差异很大，流域国家关系有好有坏，这些都会影响水权分配。因此，水权分配方案因流域、流域国家的不同会有一些差异。水权分配方案的设计应充分考虑各种因素，找出流域内水权分配的根本性标准，提出合理的水权分配方案，使其不但能够满足维持河流生态所需的水量水质标准，还能使相关各国的权利义务对等。

第二，以水权份额为基础的流域国权利义务条款。国际河流流域国的权利义务有程序上的义务和实体上的义务，其设立依据是各流域国家的水权份额。国际河流流域国家在实体上的权利和义务的法律依据是国家在国际河流中所占的水权份额。主要内容包括围绕国际河流水和生态等产生的一系列权利义务，如对国际河流生态环境系统展开保护，对水资源进行可持续利用，以预防和控制国际河流水质污染和环境退化，履行自己的权利和义务，以减少对其他流域国以及流域环境造成损害。

国际河流条约对于流域国家程序上的义务规定得比较仔细，也较为成熟和细致，如通知义务、信息和数据上的相互合作义务、磋商谈判义务等。1995 年南共体水道共享协议修正案的第四项，就规定了这样的一些程序上的义务。它要求准备对共享水道采取行动的国家，根据被通知国的要求，向被通知国提供新增数据、信息，以利于被通知国对此行为做出正确有效地评估。在没有取得被通知国同意的情况下，准备采取行动的国家不应实施或者允许实施预设方案。而被通知国的义务是，应当根据该协议第三项的规定，尽早与通知国交流评估结果。如果被通知国发现通知国的预设方案在实施方面与协议的第三条第七款或第十款不一致，被通知国应当给评估结果附上一份书面说明，并且还规定了具体的回复期限。

第三，详细具体的受益补偿措施条款。这类条款主要包括流域内和流域外的受益补偿，具体为流域内和流域外受益补偿的多少以及在什么情况下进行受益补偿等问题。

第四，条约的执行条款（包括流域委员会的成立）。在条约缔结过程中，通行的做法是设立作为河流管理机构执行条约的各种类型的流域委员会。1994 年多瑙河流域国依据《为保护和可持续利用多瑙河条约》，设立了负责监督条约执行、给流域各国提供咨询和建议的多瑙河委员会。1995 年，下湄公河流域国根据《湄公河流域可持续发展合作协定》，成立了确保协定实施的湄公河委员会。很早以来，莱茵河就设置了管理机构，对莱茵河进行管理，对流域各国有关国际河流管理提供建议和咨询，并监督条约的实施。目前，莱茵河有两个管理机构，莱茵河航行委员会根据 1815 年《关于欧洲河流航行规则的公约》建立，莱茵河国际委员会则根据 1963 年《保护莱茵河伯尔尼公约》设立。

第五，弹性条款。由于在制定水条约时不可能预见未来所有的变化，因而国际河流条约中还必须包含一些弹性条款，以应对不可预见的变化，减轻冲突的潜在危险，例如水量变化引起的冲突。气候变化可以导致国际河流的水量变化，从而使原有的分水协议在执行中出现问题，最终引发争端。例如，在美墨国际河流谈判过程中，墨西哥低估了本国对国际河流可能的开发率以及天气干旱可能的持续时间，高估了河流的可利用水量，使条约难以应对气候变化和本国经济发展带来的水资源利用量的变化；以色列也在一定程度上高估了基内列特湖的蓄水量。这些条款都弹性不足，从而在条件变化时，会引发条约执行方面的新问题。因此在条约谈判过程中，应充分考虑各种情况，制定出适应未来变化情况的弹性条款，特别应考虑极端水文条件下河流水量的变化，使条款适应性更强、更有执行力。

许多国际河流条约都规定了一些例外条款，以尽可能应对这些情况。例如在美国和墨西哥格兰德河协议中，美国允许墨西哥在其五年的特别干旱期内提供的水流量低于最少要求，并形成水债务，在下一个五年偿还。但这些例外因素并不仅仅是干旱，还有洪水。在气候变化的背景下洪水给下游国构成了真实的风险，其发生频率和严重性将显著增加。而洪水是许多国际河流条约所忽视的内容。1985 年至 2005 年间跨界洪水发生率最高的 43 条国际河流，都没有相关的防洪机制。

第六，争端的解决机制条款。争端的解决机制对于国际河流河水的有效管理有着特别重要的作用。没有清晰的冲突解决机制，国家就会有欺骗的动机或者完全违反规则的行为。因此，在水协议中，争端机制的设计就是非常重要的内容，这在各个国际河流条约中都有反映。南共体1995年水道共享协议第七条涉及国际河流的争端解决机制。协议规定，那些可以适用于协议的国际河流争端，如果不能通过协商友好解决，就必须诉诸南共体法院予以裁决，南共体法院对该国际河流争端给出的裁决具有最终约束力，争端各方必须接受。

总之，国际河流合作受不同国际河流流域地理水文环境、流域经济发展水平、流域政治社会文化背景等多因素的影响。因此，在国际河流条约中，都应该包含这些因素条目。当然，在不同的流域，针对不同的对象，应根据国际河流水政治复合体内的社会、经济和环境条件，以及水文地理特征，制定出精确规范、操作性强的条款。

主要参考文献

中文（含译著）

〔德〕尤尔根·哈贝马斯:《交往与社会进化》，张博树译，重庆出版社，1989。

〔法〕亚历山大·基斯:《国际环境法》，张若思编译，法律出版社，2000。

〔美〕大卫·A. 鲍德温:《新现实主义和新自由主义》，肖欢荣译，浙江人民出版社，2003。

〔美〕布鲁斯·拉西特、哈斯·斯塔尔:《世界政治》，王玉珍等译，华夏出版社，2001。

〔美〕汉斯·摩根索:《国家间政治：寻求权力与和平的斗争》，徐昕等译，中国人民公安大学出版社，1990。

〔美〕肯尼兹·沃尔兹:《国际政治理论》，信强译，上海人民出版社，2003。

〔美〕罗伯特·基欧汉:《霸权之后：世界政治经济中的合作与纷争》，苏长和等译，上海人民出版社，2006。

〔美〕扎尔米·卡尔扎德、伊安·O. 莱斯:《21 世纪的政治冲突》，张淑文译，江苏人民出版社，2000。

〔美〕罗伯特·基欧汉:《霸权之后》，苏长和、信强、何曜译，上海人民出版社，2001。

〔美〕罗伯特·基欧汉、约瑟夫·奈:《权力与相互依赖》，门洪华译，北京大学出版社，2002。

〔美〕诺曼·迈尔斯:《最终的安全——政治稳定的环境基础》，王正平、金辉译，上海译文出版社，2001。

〔美〕尼克松：《1999：不战而胜》，朱佳穗、庄汉隆译，长征出版社，1988。

〔美〕Peter H. Gleick：《世界之水：1998～1999年度淡水资源报告》，左强等译，中国农业大学出版社，2000。

〔美〕斯蒂芬·范·埃弗拉：《战争的原因》，何曜译，上海人民出版社，2007。

〔美〕斯皮克曼：《和平地理学》，刘愈之译，商务出版社，1965。

〔美〕约瑟夫·奈：《美国定能领导世界吗》，何小东等译，军事译文出版社，1992。

〔美〕约瑟夫·奈：《软力量——世界政坛成功之道》，吴晓辉等译，东方出版社，2005。

〔美〕约瑟夫·奈：《美国霸权的困惑》，郑志国、何向东等译，世界知识出版社，2002。

〔美〕约瑟夫·奈：《硬权力与软权力》，门洪华译，北京大学出版社，2005。

〔美〕西奥多·A. 哥伦比斯、杰姆斯·沃尔夫：《权力与正义》，白希译，华夏出版社，1990。

〔美〕詹姆斯·多尔蒂、小罗伯特·普法尔茨格拉夫：《争论中的国际关系理论》，阎学通，陈寒溪译，世界知识出版社，2003。

〔美〕亚历山大·温特：《国际政治的社会理论》，秦亚青译，上海人民出版社，2000。

〔奥〕阿·菲德罗斯等：《国际法（上卷）》，李浩培译，商务印书馆，1981。

〔英〕安东尼·吉登斯：《民族——国家与暴力》，胡宗泽等译，三联书店，1998。

〔英〕安东尼·史密斯：《民族主义：理论、意识形态、历史》，叶江译，上海世纪出版集团，2006。

〔英〕巴瑞·布赞、〔丹〕奥利·维夫：《地区安全复合体与国际安全结构》，潘忠岐等译，上海人民出版社，2010。

〔英〕巴瑞·布赞：《世界历史中的国际体系：国际关系研究的再建

构》，刘德斌译，高等教育出版社，2004。

〔英〕巴里·布赞：《人、国家与恐惧：后冷战时代的国际安全研究议程》，闫健、李剑译，中央编译出版社，2009。

〔英〕詹姆斯·德·代元：《国际关系理论批判》，秦治来译，浙江人民出版社，2003。

《马克思恩格斯选集》第一卷，人民出版社，1995。

联合国开发计划署：《2006年人类发展报告》（中文版）。

国际大坝委员会：《国际共享河流开发利用的原则与实践》，贾金生、郑璀莹、袁玉兰等译，中国水利水电出版社，2009。

蔡守秋：《国际环境法学》，法律出版社，2004。

陈沫：《中东水资源短缺问题透视》，《中东非洲发展报告 No.6（2002～2003）》，社会科学文献出版社，2003。

封志明：《资源科学导论》，科学出版社，2004。

殷罡：《阿以冲突——问题和出路》，国际文化出版公司，2002。

胡平：《国际冲突分析与危机管理研究》，军事谊文出版社，1993。

何大明、汤奇成：《中国国际河流》，科学出版社，2000。

何大明、冯彦：《国际河流跨境水资源合理利用与协调管理》，科学出版社，2006.

陆忠伟：《非传统安全论》，时事出版社，2003。

门洪华：《霸权之翼：美国国际制度战略》，北京大学出版社，2005。

门洪华：《中国：软实力方略》，浙江人民出版社，2007。

彭光谦：《军事战略简论》，解放军出版社，1989。

苏长和：《全球公共问题与国际合作——一种制度的分析》，上海人民出版社，2000。

王志坚：《国际河流法研究》，法律出版社，2012。

王志坚：《国际河流与地区安全——以中东两河为例》，河海大学出版社，2011。

王治河：《福柯》，湖南教育出版社，1999。

吴季松：《水资源及其管理的研究与应用》，中国水利水电出版社，2000。

徐向群、余崇健：《第三圣殿——以色列的崛起》，上海远东出版社，1994。

肖宪：《中东国家通史・以色列卷》，商务印书馆，2001。

杨曼苏：《国际关系基本理论》，中国社会科学出版社，2001。

朱和海：《中东，为水而战》，世界知识出版社，2007。

郑守仁：《世界淡水资源综合评估》，湖北科学技术出版社，2002。

英 文

Ahmad, Q. K. and Ahmed, Ahsan Uddin, "Regional Cooperation on Water and Environment in the Ganges Basin: Bangladesh Perspectives" in Mirza, M. Monirul Qader, *The Ganges Water Diversion: Environmental Effects and Implications* (London: Kluwer Academic, 2004), pp. 305 – 323.

Aioubov, S., "Relations Warming between Tajikistan and Uzbekistan", *RFE News Briefs* (20 February 1997).

Allan, John. A., *The Middle East Water Question: Hydropolitics and the Global Economy* (London: I. B. Tauris, 2001)

Allan, John A. and Mallat, Chilbi eds., *Water in the Middle East: Legal, Political, and Commercial Implications* (London and New York: I. B. Tauris, 1995).

Assetto, Valerie J. et al., "Decentralization, Public Participation, and Transboundary Water Management in Hungary and Mexico" in J. Gayer, *Participatory Processes in Water Management (PPWM): Proceedings of the Satellite Conference to the World Conference on Science* (Budapest, Hungary, June 28 – 30, 1999).

Aydin, Mustafa and Ereker, Fulya, *Water Scarcity and Political Wrangling: Security in the Euphrates and Tigris Basin* (springer, 2009).

Aykan, Mahmut Bali, "The Turkish – Syrian Crisis of October 1998: A Turkish View", *Middle East Policy*, Vol. 6 (1998. 4), pp. 174 – 191.

Baxter, Craig, *Bangladesh: A New Nation in an Old Setting* (Colorado: Westview Press Inc., 1984).

Beeson, Mark, "Rethinking Regionalism: European and the East Asia in Comparative Historical Perspective", *Journal of European Public Policy*, Vol. 12 (2005. 6), pp. 969 – 985.

Bennett, Lynee L., Ragland, Shannon E. and Yolles, Peter, "Facilitating International Agreements through an Interconnected Game Approach: The Case of River Basins", in Just, Richard and Netanyahu, Sinaia (eds.) *Conflict and Cooperation on Transboundary Water Resources* (Boston: Kluwer Academic Publishers, 1998), pp. 61 – 88.

Bengio, Ofra and Özcan, Gencer, "Old Grievances, New Fears: Arab Perceptions of Turkey and its Alignment with Israel", *Middle Eastern Studies*, Vol. 37 (2001. 2).

Benvenisti, Eyal, *Sharing Transboundary Resources–International Law and Optimal Resource Use* (Cambridge: Cambridge University Press, 2002).

Betts, Richard K., *Conflict after the Cold War* (New York: Pearson Longman, 2004).

Bernauer, Thomas, "Explaining Success and Failure in International River Management", *Aquatic Sciences*, Vol. 64 (2002. 1), pp. 1 – 19.

Bhasin, Avtar Singh (ed.), *Nepal–India, Nepal–China Relations: Documents* 1947 – *June* 2005, *Volume–I* (New Delhi: Geetika Publishers, 2005).

Bleier, Ronald, "Will Nile Water Go To Israel?: North Sinai Pipelines And The Politics Of Scarcity (Part 1)", *Middle East Policy*, Vol. 5, (1997. 3), pp. 113 – 124.

Biswas, Asit K., *International Waters of the Middle East: From Euphrates–Tigris to Nile* (New York: Oxford University Press, 1994).

Bulloch, John, Darwish, Adel, *Water Wars: Coming Conflicts in the Middle East* (London: Victor Gollancz, 1993), Baldwin, David. *Neo–realism and Neo – liberalism: The Contemporary Debate* (New York: Columbia University Press, 1993.

Buzan, Barry and Waever, Ole, *Regions and Powers: The Structure of International Security* (Cambridge: Cambridge University Press, 2003).

Buzan, Barry, *People, States and Fear: A Agenda for International Security Studies in The Post - Cold War Ear* (New York: Harvester-Wheatsheaf, 1991) .

Buzan, Barry et al. (eds.) *Security: A New Frame - work for Analysis* (Boulder, Colorado: Lynne Rienner Publishers, 1998) .

Çarkoĝlu, Ali and Eder, Mine, "Domestic Concerns and the Water Conflict over the Euphrates - Tigris River Basin", *Middle Eastern Studies*, Vol. 37 (2001. 1), pp. 41 - 47.

Chace, James and Rizopoulos, Nicholas X., "Towards a New Concert of Nations: An American Perspective", *World Policy Journal*, Vol. 16 (1999. 3), pp. 1 - 10.

Chellaney, Brahma, "Counter China's Designs", *The Times of India* (Jan. 16, 2008) .

Christopher, Chase - Dunn and Grimes, Peter, "World-systems Analysis", *Annual Review of Sociology*, Vol. 21 (1995), pp. 387 - 417.

Conca, Ken, Wu, F. and Neukirchen, J., *Is there a Global Rivers Regime? Trends in the Principles Content of International River Agreements.* A research report of the Harrison Program on the Future Global Agenda, University of Maryland (September 2003) .

Conca, Ken, *Governing Water: Contentious Transnational Politics and Global Institution Building* (Cambridge, MA: MIT Press, 2006) .

Condon, Emma et al., *Resource Disputes in South Asia: Water Scarcity and the Potential for Interstate Conflict*, Research Report, Workshop in International Public Affairs, School of Public Affairs University of Wisconsin Madison (June 1, 2009) .

Cosgrove, William J. and Rijsberman, Frank R., "World Water Vision: Making Water Everybody's Business", in Shiklomanov, I. A., *World Water Resources and Their Use* (Paris: UNESCO, 1999) .

Deutsch, Karl W. and Burrel, Sidney A., *Political Community and the North Atlantic Area* (Princeton: Princeton University Press, 1957) .

Dhungel, Dwarika N. and Pun, Santa B. (eds.) *The Nepal-India Water*

Resources Relationship: *Challenges* (Dordrecht, The Netherlands: Springe, 2009) .

Dolatyar, Mustafaand Gray, Tim S. , *Water Politics in the Middle East* (New York: St. Martin's Press, 2000) .

Eitan, Rafael, "Israel's Critical Water Situation", *Water and Irrigation Review* (April – October, 1990) .

El – Fadel, M. et al. , "The Nile River Basin: A Case Study in Surface Water Conflict Resolution" .

Journal of Natural Resources & Life Sciences Education, Vol. 32 (2003), pp. 107 – 117.

Elhance, Arun P. , "Hydropolitics: Grounds for Despair, Reasons for Hope", *International Negotiation*, Vol. 5 (2000. 2), pp. 201 – 222.

Elhance, Arun P. , "Hydropolitics: Grounds for Despair, Reasons for Hope", *International Negotiation*, Vol. 5 (2000. 2), pp. 201 – 222.

Elhance, Arun P. , *Hydropolitics in the 3rd World*: *Conflict and Cooperation in International River Basins* (Washington DC: US Institute of Peace Press, 1999) .

Evans, Graham and Newnham, Jeffrey, *Dictionary of International Relations* (New York: Penguin, 1998) .

Falkenmark, Malin, "The Massive Water Scarcity Now Threatening Africa: Why Isn´t It Being Addressed?", *Ambio*, Vol. 18 (1989. 2), pp. 112 – 118.

Fischhendler, Itay, "Ambiguity in Transboundary Environmental Dispute Resolution: the Israel – Jordanian Water Agreement", *Journal of Peace Research*, Vol. 45 (2008. 1), pp. 91 – 110.

Foucault, Michel, *Discipline and Punish*: *The Birth of the Prison* (New York: Pantheon Books, 1977) .

Freeman, Joshua, "Taming the Mekong: The Possibilities and Pitfalls of a Mekong Basin Joint Energy Development Agreement", *Asian – Pacific Law and Policy Journal*, Vol. 10 (2009), pp. 453 – 481.

Friedrich, Jana and Oberhäsli, H., "Hydrochemical Properties of the Aral Sea Water in Summer 2002", *Journal of Marine Systems*, Vol. 47 (2004), pp. 77 - 88.

Garfinkle, Adam, *Israel and Jordan in the Shadow of War* (New York: St. Martin's Press, 1992).

Gleason, Gregory, *Uzbekistan: From Statehood to Nationhood* in Bremmer, Ian and Taras, Ray (eds.) *Nations and Politics in the Soviet Successor States* (Cambridge: Cambridge University Press, 1993), pp. 351 - 353.

Gleason, Gregory, *The Central Asian States: Discovering Independence* (Boulder: Westview Press, 1997).

Gleditsch, Nils. P. et al., *Conflicts over Shared Rivers: Resource Scarcity or Fuzzy Boundaries?* (Oslo: International Peace Research Institute (PRIO) 2005).

Gleiek, Peter H., "Water and Conflict: Fresh Water Resources and International Security", *International Security*, Vol. 18 (1993. 1), pp. 79 - 112.

Gleick, Peter H., "Soft Water Paths", *Nature*, Vol. 418 (July 25, 2002), p. 373.

Gleick, Peter H., "Waterand Conflict: Fresh Water Resources and International Security", in Lynn-Jones, S. and Mille, S. (eds.) *Global Dangers: Changing Dimensions of International Security* (Cambridge, Massachusetts, London: Themit Press, 1995).

Gleiek, Peter H., "Water and Conflict: Fresh Water Resources And International Security", *International Security*, Vol. 18 (1993. 1), pp. 79-112.

Giordano, Meredith A. and Wolf, Aaron T., "World's International Freshwater Agreements", *Atlas of International Freshwater Agreements*. UNEP and OSU. 2002.

Godan, Bonaya Adhi, *Africa's Shared Water Resources: Legal and Institutional Aspects of the Nile, Niger and Senegal Water Systems* (Boulder, CO: Lynne Reinner Publishers, Inc., 1985).

Goodland, Robert, "Environmental Sustainability in the Hydro Industry", in: *Large Dams – learning from the Past Looking at the Future* (Gland, Switzerland: IUCN–The World Conservation Union & The World Bank Group, 1997).

Güner, Serdar, "The Turkish–Syrian War of Attrition the Water Dispute", *Studies in Conflict and Terrorism*, Vol. 20 (1997. 1), pp. 105–116.

Gulnara, Roll et al., *Aral Sea: Experience and Lessons Learned Brief* (Lake Basin Management Initiative, 2003).

Gulick, Edward Vose, *Europe's Classical Balance of Power: A Case History of the Theory and Practice of One of the Great Concept of European Statecraft* (New York: Norton & Company, 1967).

Gyawali, Dipak, "Nepal – India Water Resource Relations", in Zartman, William and Rubin, Jeffrey Z. (eds.) *Power and Negotiation* (Michigan: The University of Michigan Press, 2000), pp. 129 – 154.

Gyawali, Dipak and Dixit, Ajaya, "The Mahakali Impasse and Indo–Nepal Water Conflict", in Das, Samir Kumar eds. *Peace Processes and Peace Accords* (New Delhi: Sage Publications India Pvt Ltd., 2005).

Haddad, George, Szeles, Ivett and Zsarnoczai, Sandor J., "Water Management Development and Agriculture in Syria", *Bulletin of the Szentistvan University* (2008), pp. 183 – 194.

Haddadin, Munther, *Diplomacy on the Jordan: International Conflict and Negotiated Resolution* (Kluwer Academic Publishers, 2002).

Hamner, Jesse H. and Wolf, Aaron T., "Patterns in International Water Resource Treaties: The Transboundary Freshwater Dispute Database", *Colorado Journal of International Environmental Law and Policy*, 1997 Yearbook.

Haftendorn, Helga, "Water and International Conflict", *Third World Quarterly*, Vol. 21 (2000. 1), pp. 51–68.

Haugaard, Mark and Lentner, Howard H., *Hegemony and Power: Consensus and Coercion in Contemporary Politics* (New York: Lexington Books, 2006).

Hossain, Ishtiaq, "Bangladesh–India Relations: The Ganges Water–Sharing Treaty and Beyond", *Asian Affairs*, Vol. 25 (1998. 3), pp. 131 – 150.

Jacques, Kathryn. *Bangladesh, India and Pakistan: International Relations and*

Regional Tensions in South Asia (*International Political Economy*) (London: Palgrave Macmillan, 2000).

Jagerskog, Anders, "Prologue-special Issue on Hydro-hegemony", *Water Policy*, Vol. 10 (Supple 2, 2008), pp. 1-2.

Just, Richard E. and Netanyahu, Sinaia (eds.) *Conflict and Cooperation on Transboundary Water Resources* (Norwell: Kluwer Academic Publishers, 1998).

Karpuzcu, Mehmet, Gurol, Mirat D. and Bayar, Senem. *Transboundary Waters and Turkey* (Istanbul, GIT: Burcu Kayalar, 2009).

Klare, Michael T., "The New Geography of Conflict", *Foreign Affairs*, Vol. 80 (2001. 3), pp. 49 - 61.

Klare. Michael, *Resource Wars: The New Landscape of Global Conflict* (New York: Henry Holt and Company, 2001).

Keohane, Robert and Nye, Joseph S., *Power and Interdependence: World Politics in Transition* (Boston: Little & Brown, 1977).

Keohane, Robert O., *After Hegemony: Cooperation and Discord in the World Political Economy* (Princeton: Princeton University Press, 1984).

Keohane, Robert O., "International Institutions: Two Approaches", *International Studies Quarterly*, Vol. 32 (1988. 4), pp. 379-396.

Keohane, Robert O., "Institutional Theory and the Realist Challenge after the Cold War", in Baldwin, David A. (ed.) *Neorealism and Neoliberalism* (New York: Columbia University Press), pp. 269-300.

Keohane, Robert O., *International Institutions and State Power* (Boulder: Westview Press, 1989).

Keohane, Robert O., "International Institutions: Can Interdependence Work?" *Foreign Policy*, 1998 (3), pp. 82-96.

Kut, Gün, "Burning Waters: the Hydropolitics of the Euphrates and Tigris", *New Perspectives on Turkey* (1993. 9), pp. 12 - 13.

Lloyd, Seton, *Twin Rivers*, 3rd edition (London: Oxford University Press, 1961).

Lukacs, Yehuda, *Israel, Jordan, and the Peace Process* (Syracuse: Syracuse

University Press, 1996) .

Lukes, Steven, *Power: A Radical View*, 2nd edition (London: Palgrave Macmillan, 2005) .

Mamatkanov, Dushen M., "Mechanisms for Improvement of Transboundary Water Resources Management in Central Asia", in NATO, *Transboundary Water Resources: A Foundation forRegional Stability in Central Asia* (Germany: Springer, 2008), pp. 141 – 152.

Martin, Keith, Rubin, Barnett R. and Lubin, Nancy, *Calming The Ferghana Valley: Development and Dialogue in the Heart of Central Asia* (New York: The Century Foundation Press, 1999) .

Mason, Simon Jonas Augusto, *From Conflict to Cooperation in the Nile Basin* (Switzerland: Swiss Federal Institute of Technology Zurich, 2003) .

McQuarrie, Patrick, *Water Security in the Middle East: Growing Conflict Over Development in the Euphrates–Tigris Basin* (Trinity College, Dublin, 2004) .

Mekonnen, Dereje Zeleke, "The NileBasin Cooperative Framework Agreement Negotiations and the Adoption of a 'Water Security' Paradigm: Flight into Obscurity or a Logical Cul–de–sac?", *The European Journal of International Law*, Vol. 21 (2010, 2), pp. 421 – 440.

Mehmet, Tomanbay, "Turkey's Approach to Utilization of the Euphrates and Tigris Rivers", *Arab Studies Quarterly*, Vol. 22 (2000. 2), pp. 77 – 101.

Meijerink, Sander V., *Conflict and Cooperation on the Scheldt River Basin: A Case Study of Decision Making on International Scheldt Issues Between* 1967 *and* 1997 (Dordrecht: KluwerAcademic press, 1999) .

Mesfin, Seyoum, "Egypt is Diverting the Nile through the Tushkan and Peace Canal Projects", *Addis Tribune* (January 30, 1998) .

Milner, Helen, "The Assumption of Anarchy in International Relations Theory: A Critique", Review of International Studies, Vol. 17 (1991), pp. 67 – 85.

Mitiku, Demisse, "Analysis of Drought in Ethiopia Based on Nile River Flow Records", in *The State of the Art of Hydrology and Hydrogeology in the Arid and Semi-Arid Areas of Africa* (Proceedings of the Sahel Forum, Illinois, International Water Resources Association, 1990), pp. 159 - 168.

Mirumachi, Naho and Allan, J. A., "Revisiting Transboundary Water Governance: Power, Conflict, Cooperation and the Political Economy", *International Conference on Adaptive and Integrated Water Management* (November 2007, Basel, Switzerland), pp. 12 - 15.

Mmanuel, Wallerstein M. I., *The Modern World-System: Capitalist Agriculture and the Origins of the European World-Economy in the Sixteenth Century* (New York and London: Academic Press, 1974).

Mohamoda, Dahilon Yassin, *Nile Basin Cooperation, a Review of the Literature*, Current African Issues (Nordic Afrika Institute, 2003. 26).

Morgan, Patrick M., "Regional Security Complexes and Regional Orders", in Lake, David A. and Morgan, Patrick M., *Regional Orders: Building Security in a New World* (University Park: Pennsylvania State University Press, 1997).

Nayak, S. C., "Nepal's Perception of India's Role in South Asia", in Dharamdasani, M. D. (ed.) *Contemporary South Asia* (Varanas: Shalimar Pub House, 1985).

Nolan, Janne E., *Global Engagement: Cooperation and Security in the 21st Century* (Washington D C: Brookings, 1994).

Nussbaum, Arthur, *A Concise History of the Law of Nations, revised edition* (New York: Macmillan, 1954).

Nye, Joseph. S., *The Paradox of American Power: Why the World's Only Superpower Can't Go it alone*(Oxford: Oxford University Press, 2002).

Nye, Joseph. S., *Soft Power: The Means to Success in World Politics* (New York: Perseus. 2004).

Nye, Joseph. S., "Think Again: Soft Power", *Foreign Policy*, Vol. 26, (February 2006).

Nye, Joseph S., "The Changing Nature of World Power", *Political Science Quarterly*, Vol. 105 (1990. 2), pp. 177 - 192.

Nye, Joseph S., "Soft Power", *Foreign Policy*, Issue 80 (Fall 1990), pp. 153 - 171.

Paisley, Richard, "Adversaries into Partners: International Water Law and the Equitable Sharing of Downstream Benefits", *Melbourne Journal of International Law*, Vol. 3 (2002, 2), pp. 280 - 300.

Peachey, Everett J., "The Aral Sea Basin Crisis and Sustainable Water Resource Management in Central Asia", *Journal of Public and International Affairs* (2004. 15), pp. 1 - 20.

Plaut, Martin, "*Nile States Hold 'CrisisTalks'*", BBC, March 7, 2004.

Postel, Sandra, *The Last Oasis: Facing Water Scarcity* (London: Earthscan Publications, Ltd., 1992).

Pusch, Martin and Hoffmann, Andreas, "Conservation Concept for a river Ecosystem (River Spree, Germany) Impacted by Flow Abstraction in a Large Post - mining Area", *Landscape and UrbanPlanning*, Vol. 51 (2000. 2), pp. 165 - 176.

Raphaeli, Nimrod, *The Looming Crisis of Water in the Middle East*, MEMRI's Inquiry & Analysis Series Report No. 124 (February, 2003).

Rashid, Harun Ur., *Indo - Bangladesh Relations: An Insider's View* (New Delhi: Har - Anand Publications Pvt. Ltd., 2002).

Roudi - Fahimi, Farzaneh, Creel, Liz and De Souza, Roger - Mark. *Finding the Balance: Population and Water Scarcity in the Middle East and North Africa* (Washington, DC: Population Reference Bureau, 2002).

Sadoff, Claudia W. and Grey, David, "Beyond the River: the Benefits of Cooperation on International Rivers", *Water Policy*, Vol. 4 (2002. 5), pp. 389 - 403.

Sarker, Md. Masud, "Bangladesh Foreign Policy VIS-à-VIS India: Nature and Trend", *Reginal Studies*, Vol. 26 (2007. 1), pp. 76 - 99.

Salmi, Ralph H., "Water, the Red Line: The Interdependence of Palestinian and Israeli Water Resources," *Studies in Conflict and Terrorism*, Vol. 20 (1997. 1), pp. 15 - 51.

Scheumann Waltina, and Schiffler, Manuel (eds.) *Water in the Middle East: Potential for Conflicts and Prospects for Cooperation* (Verlag: Berlin: Heidelberg: New York: Springer, 1999).

Schulz, Michael, "Turkey, Syria and Iraq: A Hydropolitical Security Complex", in Ohlsson, L. ed. *Hydropolitics: Conflicts over Water as a Development Constraint* (London: Zed Books, 1995), pp. 91 - 122.

Seliktar, Ofra, "Turning Water into Fire: The Jordan Rivers the Hidden Factor in the Six Day War", *The Middle East Review of International Affairs*, Vol. 19 (2005. 2), pp. 57 - 71.

Sharma, Narendra P. et al., *African Water Resources Challenges and Opportunities for Sustainable Development* (World Bank Technical Paper No. 331, 1996), p. 8.

Smakhtin, Vladimir, Revenga, Carmen and Döll, Petra., "A Pilot Global Assessment of Environmental Water Requirements and Scarcity", *Water International* (2004. 3), pp. 307 - 317.

Soysal, Smail, "Turkish-Syrian Relations (1946 - 1999)", *Turkish Review of Middle East Studies Annual* 1998 - 1999 (Istanbul, ISIS, 1998), pp. 101 - 124.

Spector, Bertram, "Motivating Water Diplomacy: Finding the Situational Incentives to Negotiate", *International Negotiation* (2000. 5), pp. 223 - 236.

Song, Jennifer and Whittington, Dale, "Why Have Some Countries on International Rivers been Successful Negotiating Treaties? A Global Perspective", *Water Resources Research*, Vol. 40 (2004. 5), pp. 1 - 18.

Starr, Joyce R., "Water Wars", *Foreign Policy* (No. 82, Spring 1991), pp. 17 - 36.

Stewart, Dona J., *Good Neighbourly Relations: Jordan, Israel and the* 1994 - 2004 *Peace Process* (London, New York: Tauris Academic Studies, 2007).

Sullivan III, Michael J., *Measuring Global Values: The Ranking of the* 162 *Countries* (New York: Greenwood Press, 1991).

Tadesse, Tsegaye, "Ethiopia Accuses Sudan and Egypt over Nile Waters",

Reuters World Service (26 February 1997) .

Teclaff, La, *Water Law in Historical Perspective* (Buffalo, New York: William S. Hein, 1985)

Teclaff, La, *The River Basin in History and Law* (Hague: Martinus Nijhoff, 1967) .

Tekeli, Sahim, "Turkey Seeks Reconciliation for the Water Issue Introduced by the South - eastern Anatolia Project (GAP)", *Water International*, Vol. 15 (1990. 4), pp. 206 - 216.

Towfique, Basmanand Espey, Molly, *Hydro politics: Socio - economic Analysis of International Water Treaties* (Long Beach: American Agricultural Economics Association, 2002) .

Tomanbay, Mehmet, "Chapter 6: Turkey's Water Potential and the Southeast Anatolia Project", in David. B. Brooks, and O. Mehmet (eds.) *Water Balances In The Eastern Mediterranean* (New York: IDRC Publication, 2000) .

Treverton, Gregory F. and Jones, Seth G. , "Measuring National Power", Rand Corporation (2005) .

Turan, Ilter, "Chapter 10 Water and Turkish Foreign Policy", in Martin, Lenore G. and Keridis, Dimitris (eds.) *The Future of Turkish Foreign Policy* (Cambridge, MA: MIT Press, 2004), pp. 191 - 210.

Turton, Anthony R. , "An Introduction to the Hydropolitical Dynamics of the Orange River Basin", in Nakayama, Mikiyasu (ed.) *International Waters in Southern Africa* (Tokyo: United Nations University Press, 2003), pp. 136 - 163.

Turton, Anthony R. and Earle, Anton, "Post-apartheid Institutional Development in Selected Southern African International River Basins", in Gopalakrishnan, C. , Tortajada, C. and Biswas A. K. (eds.) *Water Institutions: Policies, Performance & Prospects* (Berlin: Springer - Verlag, 2005), pp. 154-173.

Turton, Anthony R. , "The Evolution of Water Management Institutions in Select Southern African International River Basins", in Biswas, Asit K. et. (eds.) *Water as a Focus for Regional Development* (London: Oxford University Press, 2004), pp. 251 - 289.

Turton, Anthony R., Environmental Security: A Southern African Perspective on Transboundary Water Resource Management, In *Environmental Change and Security Project Report*, The Woodrow Wilson Centre (Summer 2003, Issue 9).

Turton, Anthony R., "A South African Perspective on a Possible Benefit – Sharing Approach for Transboundary Waters in the SADC Region", *Water Alternatives*, Vol. 1 (2008: 2), pp. 180 – 200.

Turton, Anthony R., Ashton, P. J. and Cloete, E. (eds.) *Transboundary Rivers, Sovereignty and Development: Hydropolitical Drivers in the Okavango River Basin* (Pretoria & Geneva: AWIRU & Green Cross International, 2003).

United Nations, *World Population Prospects: The* 1996 *Revision* (UN Department of Economic and Social Affairs: 1998).

Utton, Albert E. *Transboundary Resources Law* (Boulder and London: Westview, 1987).

Ventner, Al J., "The Oldest Threat: Water in the Middle East", *Jane's Intelligence Review*, Vol. 10 (1998. 2)

Waltz, Kenneth N., *Theory of International Politics* (New York: McGraw – Hill Inc, 1979).

Waltz, Kenneth N., "Globalization and American Power", *Political Science and Politics* (Spring 2000), pp. 46 – 57.

Warner, Jeroen, "Contested Hydro-hegemony: Hydraulic Control and Security in Turkey", *Water Alternatives*, Vol. 1 (2008. 2), pp. 271 – 288.

Waterbury, John, *The Nile: National Determinants of Collective Action* (Ann Arbor, MI, USA: Yale University Press, 2002).

Waterbury, John, *Hydropolitics of the Nile Valley* (New York: Syracuse University Press, 1979).

Weiss, Edith Brown, *The Evolution of International Water Law* (Hague: Martinus Nijhoff, 2009).

Wittfogel, Karl A., *Oriental Despotism: A Comparative Study of Total Power* (New Haven: Yale University Press, 1957).

Wolf, Aaron T., "Criteria for Equitable Allocations: The Heart of international water Conflict", *Natural Resource Forum*, Vol. 23 (1999. 1), pp. 3-30.

Wolf, Aaron T. et al., "International River Basins of the World", International Journal of Water Resources Development, Vol. 15 (1999. 4), pp. 387 -427.

Wolf, Aaron T. et al., "*International Waters: Identifying Basins at Risk*", Water Policy (2003. 5), pp. 38 -42.

Wolf, Aaron T., Yoffe, Shira B. and Giordano, Mark, "International Waters: Identifying Basins at Risk", *Water Policy*, Vol. 5 (2003. 1), pp. 29 -60.

Wolf, Aaron T., "Conflict and Corporation along International Waterways", *Water Policy*, Vol. 1 (1998. 2), pp. 251 -265.

World Bank, *World Development Report* 2000 - 2001: *Attacking Poverty* (Washington, D. C.: 2000).

Yoffe, Shira, Wolf, Aaron T. and Giordano, Mark, "Conflict and Cooperation over International Freshwater Resources: Indicators of Basins at Risk", *Journal of the American Water Resources Association*, Vol. 39 (2003: 5), pp. 1109 -1125.

Young, Michael D. and Schafer, Mark, "Is There Method in Our Madness? Ways of Assessing Cognition in International Relations", *Mershon International Studies Review*, Vol. 42 (1998. 1), pp. 63 -96.

Young, Oran, "International Regimes: Problems of Concept Formation", *World Politics*, Vol. 32 (1980. 4).

Zentner, Matthew, *Design and Impact of Water Treaties: Managing Climate Change* (Springer; 2012 edition).

Zeitoun, Mark and Warner, Jeroen, "Hydro-hegemony: A Framework for Analysis of Transboundary Water Conflicts", *Water Policy*, Vol. 8 (2006. 5), pp. 435 -460.

Zeitoun, Mark and Allan, J. A. "Applying Hegemony and Power Theory to Transboundary Water Analysis", *Water Policy* (2008. Supplement 2), pp. 3-12.

Zeitoun, Mark, *Power and Water: The Hidden Politics of the Palestinian - Israeli Conflict* (London: I. B. Tauris, 2008).

图书在版编目(CIP)数据

水霸权、安全秩序与制度构建：国际河流水政治复合体研究 / 王志坚著. —北京：社会科学文献出版社，2015. 1
国家社科基金后期资助项目
ISBN 978 - 7 - 5097 - 6450 - 3

Ⅰ. ①水… Ⅱ. ①王… Ⅲ. ①国际河流 - 水资源管理 - 研究 Ⅳ. ①TV213. 4

中国版本图书馆 CIP 数据核字（2014）第 207754 号

· 国家社科基金后期资助项目 ·
水霸权、安全秩序与制度构建
——国际河流水政治复合体研究

著　　者 / 王志坚

出 版 人 / 谢寿光
项目统筹 / 童根兴
责任编辑 / 胡　亮

出　　版 / 社会科学文献出版社 · 社会政法分社（010）59367156
地址：北京市北三环中路甲 29 号院华龙大厦　邮编：100029
网址：www. ssap. com. cn
发　　行 / 市场营销中心（010）59367081　59367090
读者服务中心（010）59367028
印　　装 / 北京季蜂印刷有限公司

规　　格 / 开 本：787mm × 1092mm　1/16
印 张：16. 25　字 数：254 千字
版　　次 / 2015 年 1 月第 1 版　2015 年 1 月第 1 次印刷
书　　号 / ISBN 978 - 7 - 5097 - 6450 - 3
定　　价 / 69. 00 元